SIBYLLE LUISE BINDER

PFERDERASSEN

HERKUNFT & EIGNUNG, TEMPERAMENT & WESEN

KOSMOS

INHALT

6 Vollblüter

28 Europäische Sportpferde

INHALT

236 *Wild lebende Pferde*

248 *Service*

Spezial-Seiten

VOLLBLÜTER

„VOLLBLUT IST DER SAFT, DER WUNDER SCHAFFT“, HEISST ES IN DER PFERDEZUCHT. AM VOLLBLUT BEGREIFT MAN, WIE PFERDEZUCHT FUNKTIONIERT …

DIE GLORREICHEN VIER

ZU VOLLBLUT FÄLLT UNS MEIST „EDEL" EIN. DOCH DIE VIER VOLLBLUTRASSEN – ARABER, ENGLISCHES VOLLBLUT, ACHAL-TEKKINER UND ANGLO-ARABER – HABEN BEDEUTEND MEHR ZU BIETEN ALS NUR EINE SCHÖNE OPTIK.

Was macht denn eigentlich ein Pferd zum Vollblüter? Um eines gleich vorab zu klären: Mit dem Blut an sich haben die Bezeichnungen „Vollblüter", „Warmblüter" und „Kaltblüter" nichts zu tun. Sie gehören alle zur Spezies der Equiden aus der Familie Equus ferus caballus, sind genetisch vollkompatibel, haben alle ungefähr dieselbe Körpertemperatur und – proportional zum Körpergewicht – auch die gleiche Blutmenge.

„Vollblut" ist ein Oberbegriff für vier Pferderassen, deren Zuchtphilosophie sich durch zwei übereinstimmende Merkmale auszeichnet:

- Die Stutbücher sind schon seit langer Zeit geschlossen.
- Die Zucht wird international betrieben.

GESCHLOSSENE GESELLSCHAFT

Konkret bedeutet das: Ein Pferd bekommt nur dann einen Abstammungsnachweis als Englischer Vollblüter, Araber oder Achal-Tekkiner, wenn seine beiden Eltern schon der entsprechenden Rasse angehört haben. Und für einen Anglo-Araber ist Voraussetzung, dass ein Elternteil Englischer Vollblüter und der andere Araber ist.

Es gibt keine Möglichkeit, ein Pferd aus einer anderen Rasse ins entsprechende Zuchtbuch aufzunehmen. Gleichzeitig spielt es aber keine Rolle, wo das Pferd geboren wurde und aufwächst.

Ein Englischer Vollblüter ist ein Englischer Vollblüter, ob er nun über die saftigen Weiden im englischen Shropshire galoppiert, seine Muskeln auf den grünen irischen Hügeln trainiert oder in Kentucky an einem weiß gestrichenen Zaun entlangtrabt. Ebenso spielt es für einen Araber keine Rolle, ob er je die Wüste gesehen hat. Es gibt World Champions unter den Arabern, die in Amerika geboren sind, und es ist schon vorgekommen, dass Arabergestüte in Arabien zur Blutauffrischung Araber aus dem baden-württembergischen Haupt- und Landgestüt Marbach an der Lauter eingeführt haben.

DIE JETSETTER UNTER DEN PFERDEN

Die Internationalität der Vollblüter führt dazu, dass manche unter ihnen wahre Jetsetter sind. In der Zucht der Englischen Vollblüter ist künstliche Besamung verboten – man möchte sicherstellen, dass weder manipuliert wird noch dass die Blutführung durch den bevorzugten Einsatz einiger weniger Hengste zu eng wird. Daher kommt schon einmal vor, dass Stuten zu einem Rendezvous mit einem guten Hengst von Europa in die USA geflogen werden. Es gibt sogar Hengste mit einem doppelten Wohnsitz: Im Frühjahr und Sommer gehen sie auf einem europäischen Gestüt ihrem Job als Nachwuchsproduzenten nach, im Herbst und Winter findet man sie dagegen in Amerika oder Australien. Da stellt sich natürlich die Frage, ob sich der große Aufwand denn lohnt – und die ist in diesem Bereich mit einem eindeutigen „Und ob!" zu beantworten.
Die Flugkosten – zwischen 5.000 und 10.000 Euro muss man für den Transatlantikflug eines Pferdes schon rechnen – sind im Vergleich zu den Deckkosten bei diesen Rassen nicht relevant. Während selbst die teuersten Warmbluthengste selten mehr als 1.000 Euro pro Sprung kosten, geht es bei den Englischen Vollblütern schon einmal um eine Million. Und nein, dafür bekommt der Käufer kein ganzes Pferd, sondern nur den Samen eines Hengstes, aus dem im besten Fall ein gutes Pferd werden kann.

EXTREME

Den geradezu irrwitzigen Summen, die als Decktaxe bei erfolgreichen Vollbluthengsten und für deren Fohlen bezahlt werden, stehen fast lächerlich geringe Beträge für die nicht so erfolgreichen Pferde entgegen. Einen Vollblüter, der auf der Rennbahn nicht ganz vorne gelaufen ist und es nicht schafft, die sehr hohe

Bei Vollblütern werden hohe Decktaxen bezahlt, um einen erfolgreichen Hengst als Vater zu bekommen.

Für Englische Vollblüter ist die Kindheit kurz: Mit drei Jahren laufen sie ihr erstes Rennen.

Hürde für die Zuchtzulassung zu nehmen, kann man in der Regel für wenig Geld kaufen – wobei der Verkäufer meist noch froh ist, wenn sein Pferd ein gutes neues Zuhause bekommt. Das Problem besteht nämlich darin, dass zumindest Englische Vollblüter und Araber nicht gerade als ideale Reitpferde gelten. Den Englischen Vollblütern sagt man ein zu hitziges Temperament und eine hohe Sensibilität nach. Dem ist bei Weitem nicht jeder Reiter gewachsen. Die edlen Araber sind in vielen Fällen ein wenig zu klein und zu zierlich für einen Erwachsenen.

VEREDLER FÜR DIE WARMBLUTZUCHT

Die meisten Reiter werden wohl nie einen Vollblüter unter dem Sattel haben. Doch sind die Pferde mit dem xx und dem ox hinter den Namen für die Warmblutzucht unverzichtbar. Es gibt keine Warmblutrasse, die ohne ihre Eleganz und Härte ausgekommen ist. Wo immer veredelt werden musste, waren Vollblüter im Einsatz – und übrigens nicht nur Englische. In der Trakehnerzucht ist die Linie des Maharadscha noch heute eine der vitalsten – und sie beruht auf dem in Polen gezogenen Araber Fetysz ox. Die große Dressurlinie des Romadour, aus der zum Beispiel Seriensieger Rembrandt stammte, führt auf den Anglo-Araber Ramzes zurück, dessen Mutter eine Vollblut-Araberstute war. Holsteins Springstarvererber

Die Sache mit dem x

Menschen werden durch Titel ausgezeichnet, Pferde von Geblüt bekommen ein „x" hinter den Namen. Dabei steht das „xx", wie zum Beispiel bei Heraldik xx, für einen Englischen Vollblüter, während das „ox" den Original-Araber auszeichnet – wie zum Beispiel Marbachs legendären Araberschimmelhengst Hadban Enzahi ox. Manchmal sieht man auch noch ein einfaches „x" – damit werden Anglo-Araber bezeichnet. Übrigens: In der Vollblutszene wird das „xx" nicht verwendet. Da gibt es nämlich sowieso nur eine Pferderasse, über die es sich wirklich zu reden lohnt, also muss die nicht speziell markiert werden.

Cor de la Bryère ist ebenfalls ein Sohn eines Vollblüters, und zwar des Cottage Son xx, Landgrafs Vater war der Blüter Ladykiller xx. Auch die amerikanischen Quarter Horses haben ihre Schnelligkeit und Schönheit vollblütigen Vorfahren zu verdanken. Selbst in der Ponyzucht ging es nicht ohne den Einfluss der Araber und Englischen Vollblüter. Auch heute noch hat jede größere Warmblutdeckstation einen Vollbluthengst im Angebot.

Zum Laufen geboren: Rennen sind der Leistungstest der Vollblüter.

Araber sind eine sehr alte Pferderasse und faszinieren die Menschheit durch ihre fast schon mystische Schönheit.

Arabisches Vollblut

Um keine Pferderasse ranken sich so viele Legenden wie um die Arabischen Vollblüter. Das beginnt schon bei ihrem Ursprung. Für den sei nämlich, so sagen die (zweibeinigen) Araber, der Prophet höchstpersönlich verantwortlich gewesen, indem er seine Stutenherde einem Härtetest unterzog und dabei die Besten auswählte, um sie zu den Müttern eines neuen Pferdegeschlechts zu machen. Und angeblich habe seitdem niemand mehr gewagt, fremdes Blut einzukreuzen, sodass es sich bei den (vierbeinigen) Arabern um die reinste aller reinen Pferderassen handle.

Aus der Sicht eines Zuchtgenetikers kann man nur hoffen, dass die Legende nicht stimmt, denn sonst wäre die Zuchtbasis der Araber sehr eng und man müsste sich wundern, wie sie bei einer so kleinen Ausgangspopulation die mit Sicherheit auftretende Inzuchtdepression überstanden hätten.

Inzuchtdepression bedeutet einen Verlust der genetischen Vielfalt, da eng verwandte Individuen miteinander gekreuzt werden. Dadurch kommt es zum Beispiel zu einer erhöhten Anfälligkeit für Krankheiten.

Zwei andere Araberlegenden – nämlich die, dass die arabischen Pferde einen Rückenwirbel weniger haben als andere Rassen und dass sie die alleinige Ausgangsrasse für die Englischen Vollblüter waren – stimmen sicher nicht. Araber sind zwar üblicherweise Pferde mit relativ kurzem Rücken, das basiert aber nicht auf weniger Wirbeln. Sie haben einen sehr kompakten Körperbau, und den wiederum brauchen sie, denn sie wurden und werden in ihrem Ursprungsland vorwiegend als Distanzspezialisten eingesetzt.

WIE ALLES ANFING

Wie bei den meisten sehr alten Rassen liegen auch bei den Arabern die Ursprünge im Dunkeln. Bekannt ist nur, dass spätestens seit Mohammed im Orient auf Reinzucht ausgesprochener Wert gelegt wird. Die Kultur der Wüstenvölker hatte einen starken Einfluss auf die Pferdezucht und andersherum beeinflussten die Pferde auch die Kultur der Völker. Ebenso sicher kann man davon ausgehen, dass bei den Arabern schon sehr früh ein hoher Selektionsdruck bestand.

Die Umstände zwangen dazu: Wer in der Wüste überleben will, muss hart im Nehmen sein. Das Futterangebot ist knapp, Wasser gibt es auch nicht im Überfluss, die Sonne brennt gnadenlos vom Himmel, die Nächte sind dafür eiskalt. Und weil Araber üblicherweise nicht in großen Gestüten gezüchtet wurden, sondern im Lager der Beduinen mit ihren Besitzern zusammenlebten, fand wohl auch eine Auswahl auf die Menschenbezogenheit und die Intelligenz der Tiere statt.
Um Hengst und Stute zusammenzuführen, mussten die Menschen mit ihren Pferden oft weite Strecken zurücklegen. Das Resultat der Zuchtauswahl war ein ausgesprochen edles, hartes Pferd, das durch die Reinzucht seine guten Eigenschaften dominant vererbt.

ARABER UND IHR EINFLUSS AUF DIE REITPFERDEZUCHT

Es gibt kaum eine Reitpferderasse, in deren Entstehung der Araber keine Rolle gespielt hat. Das begann bereits im Mittelalter. Da waren die Mauren in Spanien und sie hatten natürlich bei der Eroberung des Landes ihre Pferde mitgebracht.

Der Einfluss der Araber auf die einheimischen Vierbeiner hat wohl mit dafür gesorgt, dass Pferde über Jahrhunderte einer der wichtigsten Exportartikel des Landes waren. Die Spanier kamen in der Welt herum. Schiffslisten zeigen, dass die Pferde schon im Mittelalter bis Island exportiert wurden. Und mit ihnen reisten die Gene der arabischen Pferde und verbreiteten sich über ganz Europa.
Auch die Türken ließen einige Fohlen in Europa zurück, die einen Araberhengst zum Vater hatten. Das machte sich zum Beispiel in Ungarns Pferdezucht bemerkbar. So ist der Araber Siglavy einer der sieben Stammväter der Lipizzaner. Seine Linie ist heute noch sehr wichtig für die Zucht und quicklebendig.
Im 19. Jahrhundert kam der Orient sozusagen in Mode. Man richtete „türkische Zimmer“ ein und schwelgte in dem, was man für „maurischen Luxus“ hielt. Diesem Trend folgte auch der württembergische König, der sich mit der Stuttgarter Wilhelma einen wunderschönen maurischen Garten baute. Diesem Lebensgefühl folgend importierte man auch arabische Pferde und baute die ersten Arabergestüte unter nördlicher Sonne auf.

Die Wüste und ihre besonderen Bedingungen haben die Araber geprägt.

Charakteristisch für Araber ist der schöne Kopf mit den großen Augen.

König Karl von Württemberg, der durch Heirat mit einer russischen Großfürstin zu Geld gekommen war, leistete sich ebenfalls einige Original-Araber. Den zarten Schönheiten aus dem Morgenland sollte es bei ihm gut gehen, darum wurden sie auf Schloss Weil im Neckartal untergebracht. Dort gab es saftige Wiesen, reichlich Wasser, lange Sonnentage und nicht zu kalte Winter – jedoch bekam den Arabern das milde Klima überhaupt nicht. So ist die württembergische Araberzucht erst zu guter Form aufgelaufen, als sie auf die Schwäbische Alb ins Haupt- und Landgestüt Marbach umgezogen ist. Auf den dort eher kargen Böden und durch die langen, rauen Winter der Alb blieben die Pferde hart und ausdauernd.

Im 20. Jahrhundert halfen die Araber dann in Europa bei der Umzüchtung der Arbeitspferderassen zu Reitpferden. Gleichzeitig verlor die Zucht in den Ursprungsländern an Bedeutung. Jahrhundertelang waren die arabischen Pferde als Fortbewegungsmittel in der Wüste wichtig gewesen, doch mit dem Ölboom kamen die Beduinen darauf, dass ein klimatisierter Geländewagen doch bequemer ist als der Sattel eines Pferdes. Und statt Original-Arabern züchteten sehr viele Ölscheichs von nun an Englische Vollblüter.

Inzwischen schätzen sie ihr vierbeiniges Erbe wieder. In Ägypten sorgt das Staatsgestüt El Zaahra für die Erhaltung der wichtigsten und besten Araberlinien, in anderen arabischen Ländern hat man das Distanzreiten als Sport entdeckt – und in diesem Bereich sind Araber kaum zu überbieten. Damit (und mit der sehr starken amerikanischen Araberzucht) dürfte die Zucht in ihrer ganzen Vielfalt für die Zukunft gesichert sein.

DER ARABER FÜR DEN DURCHSCHNITTSREITER

Wenn Sie nicht gerade 190 Zentimeter groß oder um die 100 Kilogramm schwer sind und Ehrgeiz als Spring- oder Dressurreiter haben, dafür aber unter einer „Arabitis“ leiden, spricht nichts gegen die Anschaffung eines Arabers für den Hausgebrauch. Entgegen landläufiger Ansicht, dass die edlen Orientalen Luxusgeschöpfe sind, kann man nämlich einen „normalen“ Araber durchaus bezahlen. Was die Haltung angeht, stellt er auch keine extrem hohen Ansprüche – im Gegenteil. Araber sind hart im Nehmen. Sie kommen bei entsprechender Gewöhnung sehr gut mit Robusthaltung zurecht, sie brauchen sehr wenig Kraftfutter und wollen nicht in Watte gepackt werden.

Allerdings sollte man sich darauf einstellen, dass ein Araber Zuwendung möchte und dass er mit einem halben Stündchen Bewegung nicht ausreichend beschäftigt ist. Stimmen die Grundvoraussetzungen, haben Sie gute Chancen, mit einem Araber glücklich zu werden – und er mit Ihnen.

Showmaker: Hier präsentiert sich der Champion.

Shagya-Araber

Für etwas größere und schwere Reiter empfiehlt sich der Shagya-Araber.
Die Shagyas sind eine eigenständige Rasse, die auf Original-Araber-Basis gezüchtet ist, in die man aber gezielt über die Stuten Fremdblut eingeführt hat, um sie etwas stabiler zu machen.
Ausgangspunkt für die Rasse war das ungarische Staatsgestüt Bábolna, das im 19. Jahrhundert in der k.u.k. Donaumonarchie vorwiegend Offizierspferde liefern sollte. Dafür wurde unter anderem der 1830 in Syrien geborene Schimmelhengst Shagya eingesetzt, der mit seinen 160 Zentimeter Stockmaß für einen Araber recht groß und kräftig war. Er hat das auch vererbt und ihm wurden gezielt edle, aber durchaus große und starkknochige Stuten zugeführt.
Das Ergebnis war so überzeugend, dass man in den kommenden Jahren auch in den Gestüten Mezőhegyes, Radautz, Piber und Topol'čianky Shagya-Araber züchtete.
Inzwischen sind sie eine etablierte Rasse. Die Pferde sind meist zwischen 150 und 160 Zentimeter groß und edel, aber „stabiler" als die Original-Araber. Wie bei den Original-Arabern gibt es unter den Shagyas sehr viele Schimmel, aber außerdem auch Braune, Rappen und Füchse. Die Hauptzuchtländer sind immer noch die Länder der ehemaligen Donaumonarchie – also Ungarn, Rumänien, Tschechien und die Slowakei. Inzwischen werden Shagyas aber auch in der Schweiz und in Deutschland sowie in den USA und Venezuela gezüchtet.

Im Staatsgestüt Bábolna werden seit 1789 Shagya-Araber auf Original-Araberbasis gezüchtet.

Anglo-Araber

Wenn man Tiere aus verschiedenen Rassen innerhalb einer Spezies kreuzt, bekommt man im besten Fall in der sogenannten F1 – der ersten Generation nach einer solchen Kreuzung – alle Vorteile der beiden Ausgangsrassen. In der Pferdezucht ließ sich das zum Beispiel bei den Arabo-Haflingern sehr gut sehen:
Die F1-Hybriden bekamen die Eleganz, den Adel und die Sensibilität der Araber gekoppelt mit dem Charme, der Robustheit und der Trittsicherheit der Haflinger. Das Problem bei Hybrid-Kreuzungen ist üblicherweise die zweite, die F2-Generation. Da passiert nämlich das, was Genetiker „Streuung" nennen – es kommen Eigenschaften der Vorfahren durch, die nicht unbedingt zusammenpassen. Beim Arabo-Haflinger bedeutete das unter Umständen Blondschöpfe mit einem runden und schweren Haflinger-Rumpf auf zarten Araberbeinen oder ein Pferd mit Haflinger-Kopf und Araberpopo. Auch sind die Pferde im Temperament häufig nicht einfach.
Bei den Anglo-Arabern tritt das Problem der Streuung nicht auf, da zwar zwei homogene Rassen gekreuzt werden, aber Araber und Englische Vollblüter genug gemeinsam haben, um die „Streuverluste" in den folgenden Generationen klein zu halten. Es passt – und das macht diese Kreuzung so erfolgreich. Durch sie bekommt man alles, was in beiden Rassen großartig ist: Die Sanftheit und Menschenbezogenheit der Araber gleicht das manchmal doch recht explosive Temperament der Englischen Vollblüter aus; die Vollblüter geben den Kreuzungsprodukten die fördernden Gänge mit, die das moderne Sportpferd haben sollte und die beim Araber nicht immer zu finden sind. Der Schmelz und die Schönheit des Arabers vereinen sich mit der Härte und der Korrektheit des Vollblüters – Anglo-Araber sind Pferde zum Träumen!
Es gab seit jeher nur sehr wenige Anglo-Araber – um wirklich gute Pferde zu züchten, muss auch das Ausgangsmaterial gut sein. Und das bedeutet, dass es teuer wird.
Der Einfluss der Anglo-Araber auf die Warmblutzucht ist nicht zu unterschätzen. Die Selle Français wären ohne den Einfluss der Anglo-Araber kaum denkbar, aber auch bei anderen europäischen Warmblutrassen wie den KPWN, den Belgischen und den deutschen Warmblütern haben Anglo-Araber ihre Spuren hinterlassen. Auch wenn zum Beispiel Inschallah x keinen Sohn für die Zucht stellte – seine Töchter waren für die Zucht wichtig. Auch Hengste wie Ramzes und Matcho II finden sich in vielen Warmblut-Pedigrees.

Nur Pferde, die im Rennen ihre Leistungsfähigkeit bewiesen haben, kommen in die Zucht.

[a] GRAZIL, FEINGLIEDRIG UND BEWEGUNGSFREUDIG zeigt der kleine Araber bereits alles, was seine Rasse ausmacht.

[b] DER AUFGESTELLTE SCHWEIF und der hoch getragene Kopf im stolzen Imponiertrab sind ein Markenzeichen der Araber. Man nennt die edlen Pferde auch „Trinker der Lüfte".

[c] ANMUT UND ADEL zeichnen den Araberhengst aus, der sich hier in typischer Aufmachung präsentiert. Noch heute ist ein wertvoller Vollblut-Araber der Stolz der Beduinen.

[d] ARABER SIND SEHR MENSCHENBEZOGEN. Die Beduinen schätzen ihre Pferde und geben ihnen die Zuwendung, die sie brauchen.

[e] DER HECHTKOPF, die leicht nach innen gebogene Nasenlinie, ist typisch für den Araber. Das dezent geschmückte Halfter unterstreicht die Noblesse des Pferdes.

Auf der Kurzstrecke sind Englische Vollbüter die schnellsten Pferde der Welt.

Englisches Vollblut

Wer von Englischen Vollblütern redet, kommt um Superlative nicht herum. Sie sind auf der Kurzstrecke die schnellsten Pferde der Welt – ein Tempo um 55 km/h ist in der Endphase eines der großen Rennen nicht unüblich und damit sind sie von keinem anderen Pferd zu schlagen.

Englische Vollblüter sind aber auch die teuersten Pferde der Welt. Wenn ein Warmblut-Dressurpferd für eine Million verkauft wird, ist das eine Schlagzeile in der Zeitung wert. Die Vollblutleute würden eine Million vermutlich als „Sonderangebot“ betrachten – damit kann man auf der entsprechenden Vollblutauktion nämlich noch nicht einmal einen guten Jährling bekommen. Dafür zahlt man für den Sprung eines wirklich guten Vollbluthengstes schon einmal die genannte Summe.

Mit Superlativen geht es auch weiter: Wahrscheinlich gibt es keine andere Pferderasse, die so viel reist. Gefragte Vollbluthengste decken im Frühjahr und Sommer in Europa und im Herbst in Amerika oder Australien. Ihre noch im Sport aktiven Kollegen starten die eine Woche beim Derby in Amerika und in der übernächsten dann schon am anderen Ende der Welt. Wer einmal einen richtig luxuriösen Pferdestall erleben will, sollte sich bei den entsprechenden Vollblutzüchtern umsehen. In Arabien wird der Stall schon mal komplett klimatisiert, in Irland auf dem Gestüt des Aga Khan hat jeder Hengst eine eigene Koppel, eine Sand- und eine Grasbahn sind fast Standard, die Höhensonne gehört ebenso dazu wie der Swimmingpool für die Vierbeiner. Und selbstverständlich werden die vierbeinigen Adeligen von Profis betreut, trainiert und geritten.

DER PREIS FÜR DEN LUXUS

Das Rundum-Komfortpaket kommt die Vollblüter aber teuer zu stehen. Ihre Zucht ist auf Leistung ausgerichtet – und wer die nicht bringt, ist raus. Dabei wird die Latte von Anfang an sehr hoch gelegt. Die Englischen Vollblüter gelten als frühreif, darum kommen sie sehr oft schon zweijährig unter den Sattel und ins Training auf die Rennbahn. Dreijährig – zu einer Zeit, wo Warmblüter noch im „Kindergarten“ auf der Koppel spielen – laufen sie bereits Rennen. Wer nicht vorne mitläuft, wird aussortiert. Wenn er Glück hat, findet er einen einfühlsamen Reiter mit einem Faible für elegante Pferde und bekommt ein neues Zuhause in einem Reitstall. In vielen Fällen endet das Leben eines erfolglosen Vollblüters dann aber beim Pferdemetzger. Das ist die andere Seite des Glamours und der Preis, der für eine rein

auf Leistung basierende Zuchtselektion zu zahlen ist. Andererseits ist das wahrscheinlich die einzige Chance, eine in ihrer Leistung und Belastbarkeit so konstante und homogene Rasse zu züchten.

DIE STAMMVÄTER DER ZUCHT

Die Anfänge der Vollblutzucht liegen wohl in der Wettleidenschaft der Engländer begründet. Schon im frühen 17. Jahrhundert wurden in England Pferderennen ausgetragen, die auch beim Adel sehr beliebt waren, und so mancher Herr von Stand suchte seine Zuchtstuten nach Schnelligkeit aus. Dabei war schon sehr früh klar, dass orientalische Pferde in Sachen Geschwindigkeit den einheimischen, englischen Pferden überlegen waren – und so hat man immer wieder Hengste aus dem Orient eingesetzt. Drei davon wurden als Stammväter des Englischen Vollblüters bekannt: Der Araber Darley Arabian, der Berber Godolphin Barb (früher auch oft als Araber bezeichnet) und Byerly Turk, der mit hoher Wahrscheinlichkeit Achal-Tekkiner war. Sie alle haben erfolgreiche Hengstlinien begründet. Zu nennen wäre aber auch noch Alcock Arabian, der über seine Töchter einen großen Einfluss auf die Zucht hatte. Von ihm stammen alle Schimmel in der Rasse ab.

Der wichtigste der Stammhengste war Darley Arabian: Eine Studie aus dem Jahr 2001 belegt, dass 95 % aller heutigen Englischen Vollblüter auf ihn zurückgehen. In Amerika ist aber momentan auch die Godolphin-Linie wieder stark geworden – der erfolgreiche Hengst Man O' War, der die amerikanische Vollblutzucht geprägt hat, ist ein Nachfahre von ihm und hat die Godolphin-Linie wahrscheinlich vor dem Aussterben bewahrt. Die Byerly-Linie ist allerdings schon sehr schmal geworden und existiert eigentlich nur noch in der französischen Zucht.

DAS GENERAL STUD BOOK

1793 wurde in England das General Stud Book (GSB) für Vollblüter begründet und auch schon geschlossen. Inzwischen ist es zwar so, dass in den einzelnen Ländern, in denen Vollblüter gezüchtet werden, eigene Stutbücher aufliegen, aber da die Aufnahmebedingungen überall gleich sind, erkennen die Verbände die Eintragungen untereinander an, was einen internationalen Austausch ermöglicht. Voraussetzung für die Eintragung eines Fohlens ist, dass die Vorfahren auf beiden Seiten seit mindestens acht Generationen in einem Vollblut-Stutbuch stehen. Daher besteht, obwohl die Zuchtbasis in den europäischen Ländern teilweise recht klein ist, keine Inzuchtgefahr. Insgesamt gibt es auf der Welt um die 200.000 Mutterstuten, wovon ungefähr 65.000 in Amerika zu Hause sind und rund 2.000 in Deutschland.

Um als Vollblüter eingetragen zu werden, muss das Pferd strenge Kriterien erfüllen.

Das Generalausgleichsgewicht spielt nicht nur auf der Rennbahn, sondern auch später in der Zucht eine Rolle. Ein Hengst muss mindestens ein GAG von 95 Kilogramm haben, um in der Zucht anerkannt zu werden.

LEISTUNGSPRÜFUNG IM GALOPP

Für die Zuchteignung eines Vollblüters gibt es nur ein entscheidendes Kriterium: Laufen muss er können!

Die Zuchtselektion findet sowohl für Stuten als auch für Hengste ausschließlich auf der Rennbahn statt, wo aus der Leistung eines jeden Pferdes nach einer sehr komplizierten Formel das sogenannte „Generalausgleichsgewicht" ermittelt wird. Darunter versteht man einen fiktiven Wert, der angibt, wie viel Zusatzgewicht ein schnelles Pferd tragen müsste, um zeitgleich mit einem langsamen ins Ziel zu kommen.

Das GAG, wie es in der Branche abgekürzt wird, ist so etwas wie das Handicap bei den Golfern. Um eine Vorstellung von den Relationen zu geben, in denen sich das bewegt, kann man folgende Werte nennen: Ein eher langsames Pferd, das auf kleinen Rennbahnen immer hinterher läuft, hat meist ein GAG von ungefähr 40 kg, während die internationalen Sieger auf bis zu 110 kg kommen.

Weil man aber keinem Rennpferd 160 kg Jockey auf den Rücken packen könnte, werden Rennen in verschiedenen Gewichtsklassen – in Deutschland „Ausgleich" genannt – gelaufen. Dadurch soll eine gewisse Chancengleichheit auch für jüngere Pferde hergestellt werden, außerdem bleibt der Rennsport auf diese Weise spannend.

VEREDLER

Ohne Vollblüter geht nichts in der Warmblutzucht. Das war schon in Trakehnen so, wo man immer wieder Vollblüter eingekreuzt hat. Sie stehen für Härte, Leistungsbereitschaft und Eleganz. Und auch heute noch wissen Warmblutzüchter, dass die Blutauffrischung durch Vollblüter immer wieder nötig ist. Deswegen gibt es auch keine Warmblutrasse, die unter ihren großen Hengstlinien nicht mindestens eine hat, die auf einen Vollblüter zurückgeht.

Für Hannover ist da zum Beispiel der aus dem legendären Vollblutgestüt Röttgen stammende Der Löwe xx zu nennen, der über 12 gekörte Söhne (darunter die Vollbrüder Lugano I und II) und unzählige Enkel noch heute in vielen Hannoveraner-Stammbäumen auftaucht.

Die Holsteiner wären ohne Ladykiller xx, Marlon xx und Cor de la Bryère, dem in Frankreich gezogenen Sohn des Vollblüters Cottage Son, nicht denkbar.

Bei den Oldenburgern wirkte der imposante Fuchs Furioso II. Er war ein Sohn des Vollblüters Furioso xx.

Nicht vergessen werden darf Heraldik xx, der zwar in Württemberg auf Deckstation war, aber weit über die Landesgrenzen hinaus gewirkt hat und in der Weltrangliste der Vielseitigkeitsvererber ganz oben steht.

Vor dem Start präsentieren sich alle Pferde und die Wettfans können ihren Favoriten noch einmal begutachten.

Auch Stuten müssen sich in Rennen bewähren, ehe sie in der Zucht eingesetzt werden.

EIN BLÜTER ALS REITPFERD?

„Vollblut ist keine Buttermilch", so heißt es in der Branche. Das soll bedeuten: Wer einen der temperamentvollen Renner reiten will, sollte nicht nur Ahnung haben, sondern auch einigermaßen unerschrocken sein. Dann aber bekommt er – wenn er Glück hat – für kleines Geld ein tolles Pferd.

Wer darüber nachdenkt, einen Blüter von der Rennbahn zum Reitpferd auszubilden, sollte sich allerdings erst einmal ein wenig mit Rennreiterei auseinandersetzen. Die Hilfen der Rennreiter unterscheiden sich nämlich erheblich von denen der Englisch- und Westernreiter – so sehr, dass die unweigerlich auftretenden Missverständnisse zwischen Ross und Reiter gefährlich werden könnten. Da wäre zum Beispiel die Parade: Ein Reitpferd versteht das Stehenlassen des Zügels als „Halt, stopp!". Ein Rennpferd hingegen lehnt sich aufs Gebiss und legt einen Zahn zu. Sein Anhaltesignal ist nämlich das Loslassen!

Daher empfiehlt es sich bei einem Kauf auf der Rennbahn, das künftige Reitpferd erst ein paar Mal unter Anleitung des Trainers zu reiten. In den meisten Fällen ist dieser gerne bereit, entsprechend auszuhelfen – denn er wünscht sich ja für die Pferde, die es auf der Bahn nicht schaffen, ein gutes neues Zuhause.

Der zweite Punkt, den Sie beachten sollten: Vollblüter sind hart im Nehmen. Aber im Renntraining wird oft sehr früh sehr viel von ihnen verlangt. Eine Ankaufsuntersuchung durch den Tierarzt sollte man daher auf jeden Fall vornehmen lassen.

Und schließlich der dritte Tipp: Geben Sie Ihrem Vollblüter Zeit. Er kann sich nicht von jetzt auf gleich plötzlich umstellen. Wenn Sie lange Freude mit ihm haben wollen, sollten Sie am Anfang viel Geduld haben – und mit der Ausbildung ganz von vorne anfangen.

Ein Rennpferd von der Bahn ist zu behandeln wie eine rohe Remonte. Man muss drei bis vier Jahre Ausbildung einkalkulieren, damit es seinen Job als Reitpferd solide und reell erlernen kann. Dann aber steht einem vielseitigen Einsatz nichts im Wege. Es gibt eine Menge Vollblutpferde, die ausgesprochen gut springen können – der berühmte Heraldik hatte, bevor er in die Zucht ging, mehrere S-Springen gewonnen. Es gibt aber auch Vollblüter mit Dressurtalent – wie zum Beispiel Monica Theodorescus wunderschöner Arrak xx. Und dass die schicken Renner in der Vielseitigkeit punkten können, bewies der kleine Neuseeländer Charisma unter Mark Todd.

Er hat gleich zweimal – das erste Mal mit acht, das zweite Mal mit 12 Jahren – eine olympische Goldmedaille nach Hause gebracht.

[a]

[b]

[a] HERALDIK IM PORTRÄT. Er war ein Star und er wusste es.

[b] BUTTS LEON unter seinem Ausbilder Andreas Dibowski. Der 1997 geborene Wallach ist einer der erfolgreichsten Heraldik-Söhne in der Vielseitigkeit.

[c] ARALDIK IST ÜBER SEINE MUTTER HERA ein Enkel des großen Heraldik xx. Sein Vater Askari führt auf Vater- und Mutterseite gleich zweimal das begehrte Blut des Cor de la Bryère im Pedigree.

[d] BESSER GEHT ES NICHT: Heraldiks Enkel Sam, ein Sohn des Vollblüters Stan the Man xx aus einer Stute von Heraldik. Unter seinem Ausbilder Michael Jung wurde er Olympiasieger und Weltmeister in der Vielseitigkeit.

[c]

[d]

HERALDIK XX
Starvererber

Mit Heraldik xx verbindet mich eine persönliche Erinnerung an das Turnier in der Stuttgarter Schleyer-Halle 1995.
Am Stand des Gestüts Birkhof strahlte mich Alfred Casper an: „Sibylle, ich hab' den schönsten Hengst gekauft, den du je gesehen hast! Den musst du anschauen kommen!"

DAS IDEALPFERD

Kurz darauf führte er ihn mir vor – und ja, mir blieb die Luft weg, als Casper sen. mit dem Rappen an der Hand auf mich zukam.
Der 1982 in Tschechien geborene Sohn von Caramel xx war geradezu der ideale Vollblüter für die Warmblutzucht – und das nicht nur optisch. Mit 1,70 m Stockmaß war das muskulöse Pferd nicht nur groß genug, sondern als Typ auch imponierend und bei aller feinen Eleganz durchaus männlich.
Er hatte seine Reitpferde-Eignung bereits bewiesen, als er auf den Birkhof kam: Nachdem er zweijährig auf der Rennbahn wegen einer kleinen Verletzung ausgefallen war, wurde er als Springpferd ausgebildet und hatte in Tschechien schon einige S-Springen auf internationalem Niveau gewonnen, bevor es ihn nach Deutschland verschlagen hatte.
Er war aber auch vom Interieur her der Traum eines jeden Hengsthalters. Heraldik war ein Gentleman auf vier Hufen. Thomas Casper lobte ihn einmal: „Er würde dich nie anrempeln oder treten. Er passt immer auf, wo du bist." Ihn zu reiten sei eine Freude. „Er ist ein ganz feiner, immer leistungsbereiter, anständiger Partner."

DER GEBORENE STAR

Unter den Züchtern genoss Heraldik den Ruf einer „coolen Socke": Bei Hengstvorstellungen präsentierte er sich bei lauter Musik im gleißenden Licht mit der Souveränität des geborenen Stars.
2005 ist Heraldik 23-jährig auf dem Birkhof an einem Herzschlag gestorben. Seine Linie werden mehr als ein Dutzend gekörter Söhne fortsetzen.
Außerdem ist er wahrscheinlich der einzige Hengst, der je für sich in Anspruch nehmen konnte, dass in einer Gold-Olympia-Vielseitigkeitsmannschaft gleich zwei Nachkommen von ihm waren: Michael Jungs Sam, der 2012 in London die Einzelgoldmedaille gewann, ist der Sohn einer Heraldik-Tochter. Und neben ihm stand bei der Siegerehrung sein „Onkel", der Heraldik-Sohn Butts Abraxxas, mit Ingrid Klimke im Sattel.
Heraldik-Nachfahren sind aber nicht nur Buschpferde. Ein Dutzend gekörter Söhne haben bewiesen, dass sie Dressur- und Springtalent haben. Auch in hohen Dressurklassen sind sie erfolgreich und natürlich schlagen sich die Nachkommen des Hengstes, der selbst S-Springen gewonnen hat, auch im Parcours hervorragend. Die Gene, die Heraldik ausgemacht haben, sind inzwischen aber auch noch auf einem anderen Weg in die Warmblutzucht gekommen: Auf dem Gestüt Birkhof lebte neben Heraldik seine Vollschwester Herka, die Mutter der Hengste Meraldik (von Münchhausen) und Royaldik (von Royal Diamond) wurde.

Heraldik hat seine Schönheit nicht durchgehend vererbt. Seine Härte, seine Leistungsbereitschaft und seinen Anstand findet man aber bei fast allen Nachkommen.

Buchstäblich in Gold getaucht: Auffallend an den Achal-Tekkinern ist der metallische Glanz des seidenglatten Fells.

Achal-Tekkiner

RUSSLANDS STOLZ

Sie haben etwas von Windhunden, nicht nur durch das hohe Tempo, in dem sie selbst über weitere Distanzen scheinbar unermüdlich unterwegs sind, sondern auch durch ihren grazilen Körperbau mit den langen Beinen und dem schmalen Körper. Achal-Tekkiner sind etwas ganz Besonderes und es umweht sie schon fast etwas Mysteriöses, denn so genau weiß niemand, wo sie herkommen und wie die Rasse entstanden ist.

Ihren Namen verdanken die Achal-Tekkiner ihrem Herkunftsgebiet, der Oasengruppe Achal-Teke am Nordrand des Kopet-Dag-Gebirges im Osten der turkmenischen Hauptstadt Aşgabat. Von dort aus haben sich die harten Wüstenpferde schon vor ungefähr 3.000 Jahren über Turkmenistan und Kasachstan bis nach Afghanistan verbreitet.

DIE WÜSTE LEBT ...

... nicht nur, sondern wirkt auch selektierend. Tage, an denen die Sonne gnadenlos in die schattenlose Landschaft scheint, eiskalte Nächte, knappes Futter und Wasser, Sandstürme – wer in dieser Umgebung überleben will, muss sehr widerstandsfähig und hart sein.

Die Wüste prägt aber auch. Mit den Achal-Tekkinern hat sie einen Pferdetyp herausgebracht, wie es ihn sonst nirgends auf der Welt gibt. Schmal, oft mit recht steiler Schulter, langem, geradem Rücken, abfallender Kruppe und eng stehenden Beinen, die manchmal hinten sogar kuhhessig (= x-beinig) sind.

Doch Tatsache ist, dass die Achal-Tekkiner mit ihrem oft so gar nicht dem Ideal vom Reitpferd entsprechenden Erscheinungsbild extrem schnell und ausdauernd laufen können und auch sehr elastische, raumgreifende Gänge haben. Sie widerlegen alle Aussagen, dass Stellungsfehler zu früher Abnutzung führen: Die meisten Achal-Tekkiner werden bei guter Gesundheit steinalt.

MIT METALLIC-LACKIERUNG

Zu dem, was die Achal-Tekkiner so auffallend macht, gehört ihr extrem feines Fell. Mit einer wallenden Mähne und einem prachtvollen Schweif können sie selten dienen, aber mit überaus seidigem Haar, das zudem bei vielen Achal-Tekkinern glänzt, als wenn es mit Gold- oder Silberstaub überhaucht wäre.
Die Grundfarben sind Füchse, Braune, Rappen und Schimmel, dazu haben aber viele Achal-Tekkiner ein Cream-Gen, sodass Isabellen und Falben in allen Varianten ebenfalls vorkommen. Vor allem die Isabellen waren schon immer sehr begehrt. In China wurden sie „Himmelspferde" genannt und man führte ihretwegen sogar Kriege.
Obwohl die Achal-Tekkiner immer selten waren, hatten sie doch einen nicht zu unterschätzenden Einfluss auf die europäische Pferdezucht. Allerdings fand dies nicht immer Beachtung, weil sie mit Arabern verwechselt wurden – wie zum Beispiel der berühmte Byerly Turk, der zu den Stammvätern des Englischen Vollbluts gehört und in alten Büchern noch oft als Araber geführt wird. Dieses Schicksal teilt er mit Turkmen-Atti, der 1791 aus Russland ins preußische Haupt- und Landgestüt Neustadt a.d. Dosse kam und dort 16 gekörte Söhne hinterlassen hat. Er taucht im Stammbaum so manches Trakehners auf, wird dort aber meist mit „ox" (also als Vollblutaraber) bezeichnet.

DAS WAPPENTIER TURKMENISTANS

Obwohl die Achal-Tekkiner aus Turkmenistan stammen und das Wappentier des wiedererstandenen Staates sind, wird ihr 1917 gegründetes Zuchtbuch immer noch in Russland geführt. Das belegt, dass die Achal-Tekkiner nicht hundertprozentig rassenrein sind. Um 1920 herum gab es Versuche, Englische Vollblüter einzukreuzen. In Turkmenistan werden die Pferde bei Rennen eingesetzt. Vermutlich hoffte man, dass die Engländer die Sprintstärke der Pferde verbessern würden. Doch hiervon nahm man bald wieder Abstand, weil es nicht zum gewünschten Ergebnis führte. Ein paar der Kreuzungsprodukte blieben dennoch in der Zucht. Inzwischen dürfte der Einfluss des Englischen Vollblutes aber wieder verschwunden sein und man bemüht sich jetzt, die Rasse durch Reinzucht und Selektion zu erhalten.

Hochedel, sensibel und menschenbezogen: Achal-Tekkiner werden auch „Himmelspferde" genannt.

Araber

HERKUNFT Ursprünglich Arabien, inzwischen weltweit verbreitet

EXTERIEUR Trocken und kompakt, auffallend edler Kopf, oft mit dem typischen „Araberknick“ in der Nase, große Augen, kleine, bewegliche Ohren, eher kurzer Rücken

GRÖSSE Stockmaß zwischen 145 und 155 cm

FARBEN Sehr viele Schimmel, es gibt aber auch Füchse, Braune und Rappen.
In der traditionellen Araberzucht sind Schecken nicht erwünscht.

INTERIEUR Araber gelten als besonders intelligent, zäh und leistungsbereit, aber auch als sensibel und temperamentvoll.

VERWENDUNG Araber sind hervorragende Distanzpferde, machen aber auch als Freizeitpferde sehr viel Spaß. Außerdem kann man mit ihnen fahren und sie lernen aufgrund ihrer Intelligenz leicht, was sie auch zu sehr guten Zirkuspferden macht.

Anglo-Araber

HERKUNFT Frankreich und Polen sind die Hauptzuchtländer der Anglo-Araber, doch inzwischen gibt es auch in anderen Ländern Gestüte, die Anglo-Araber züchten.

EXTERIEUR Elegante Pferde mit meist guten Gängen und gutem Springvermögen. Meist sehr korrekt gestellt mit guter, schräger Schulter, schön angesetztem Hals und korrekter Oberlinie. Auffallend ist in vielen Fällen der schöne Kopf mit den großen Augen und den zierlichen, beweglichen Ohren.

GRÖSSE Stockmaß zwischen 156 und 166 cm

FARBEN Sehr viele Schimmel, aber auch Braune, Füchse und Rappen

INTERIEUR In vielen Anglo-Arabern vereinigt sich die Freundlichkeit und Menschenbezogenheit der Araber mit der Härte und Leistungsbereitschaft der Englischen Vollblüter. Sie sind temperamentvoll und sensibel, haben dabei aber meist sehr gute Nerven und lernen aufgrund ihrer Intelligenz schnell.

VERWENDUNG Unter einem einfühlsamen Reiter sind Anglo-Araber geradezu Alleskönner. Die meisten springen ausgesprochen gut und gerne, sie haben fast immer genügend Gangvermögen für die Dressur, sind schnell genug für die Vielseitigkeit und eignen sich auch als Freizeitpferde.

Englisches Vollblut

HERKUNFT Ursprünglich Großbritannien, inzwischen werden Englische Vollblüter weltweit gezüchtet.

EXTERIEUR Edel, elegant, hochbeinig. Auffallend ist bei vielen Englischen Vollblütern die sehr schräg gelagerte, bemuskelte Schulter. Dazu haben sie eine breite Brust, in der sich die Lunge gut ausdehnen kann. Feste Hufe gehören ebenso zum Erscheinungsbild wie trockene, harte Beine.

GRÖSSE Stockmaß zwischen 152 und 173 cm

FARBEN Sehr viele Braune und Füchse, Rappen und Schimmel sind seltener. Schecken waren früher nicht erwünscht, treten jetzt aber durchaus – wenn auch sehr selten auf.

INTERIEUR Englische Vollblüter werden seit Jahrhunderten als Rennpferde gezüchtet und im Rennen vorwiegend von Profis geritten. Oft sehr temperamentvoll zeichnen sich aber auch durch hohe Intelligenz, Sensibilität und große Leistungsbereitschaft aus. Sie sind ganz sicher keine Anfängerpferde, aber für die, die mit ihnen umgehen können, ganz besondere Gefährten unter dem Sattel.

VERWENDUNG Hauptsächlich als Rennpferde und als Veredler für die Warmblutzucht.
Es gibt aber durchaus auch Vollblüter, die als Spring- und/oder Dressurpferde begabt sind.

Achal-Tekkiner

HERKUNFT Ursprünglich Turkmenistan, aber auch Kurdistan, Afghanistan und China. Heute werden Achal-Tekkiner weltweit gezüchtet.

EXTERIEUR Schmales Pferd mit langem, geradem Rücken. Der Hals ist eher dünn, der Kopf wird oft hoch getragen. Die Schulter ist manchmal ein wenig steil, die langen Beine sind nicht immer korrekt gestellt, die kleinen Hufe extrem hart. Auffallend sind die großen Augen, die oft durch eine schwarze Umrandung etwas Exotisches haben. Die Ohren stehen weit auseinander und sind manchmal sichelförmig, die Nüstern sind groß und ausgeprägt.

GRÖSSE Stockmaß zwischen 150 und 160 cm

FARBEN Füchse, Braune, Rappen und Schimmel, außerdem Isabellen und Falben

INTERIEUR Achal-Tekkiner gelten als intelligent, sensibel und temperamentvoll. Sie können sehr eigenwillig sein und wollen feinfühlig behandelt werden. Dafür sind sie enorm leistungsbereit, hart, zuverlässig und anhänglich.

VERWENDUNG Ihre größte Stärke ist ihr Stehvermögen und Tempo über lange Distanzen. Es gibt unter den Achal-Tekkinern Linien mit ausgesprochenem Dressurtalent – wie zum Beispiel die, aus der Dressur-Olympiasieger (1960) Absent stammte. Und es gibt eine ganze Menge Achal-Tekkiner, die sehr gut springen können.

EUROPÄISCHE SPORTPFERDE

EUROPAS WARMBLUTZUCHT IST EINE ERFOLGSGESCHICHTE. WO IMMER AUF DER WELT REITSPORT BETRIEBEN WIRD, GEHT ES NICHT OHNE EUROPÄISCHE WARMBLÜTER.

ERFOLGSMODELL WARMBLUT

SIE SIND DIE IDEALEN REITPFERDE: INTELLIGENT, MENSCHENBEZOGEN, MIT GUTEN NERVEN. SIE KÖNNEN SICH ELEGANT BEWEGEN, SIE SIND SCHÖN UND SIE SIND VIELSEITIG. DIE EUROPÄISCHEN WARMBLÜTER BIETEN REITERN ALLES, WAS MAN SICH VON EINEM PFERD NUR WÜNSCHEN KANN.

Die Geschichte der europäischen Pferdezucht reicht wahrscheinlich 5.000 Jahre zurück. Damals existierte am Ufer des Dnepr eine Bauernkultur, bei der es offenkundig einen Kult um Pferde gab. Aber mehr noch: Die Überreste, die von dieser Kultur gefunden wurden, beweisen, dass die Bauern Pferde als Haustiere hielten und bereits geritten haben.
Wer Haustiere hält, wird mit hoher Wahrscheinlichkeit auch bemüht sein, sie zu vermehren und vielleicht auch, sie zu verbessern. Vielleicht haben die Bauern am Dnepr sich damals schon überlegt, welche Stute sie am besten mit welchem Hengst zusammenbringen sollen?
Unklar ist, wie diese Bauernkultur eigentlich an ihre ersten Pferde gekommen ist. Vielleicht wurde ein Fohlen gefunden, das seine Mutter verloren hatte und ein Bauer hat es mit nach Hause genommen, um es mit Milch von der Kuh aufzuziehen?

AUS DEM DUNKELN INS LICHT

Die Anfänge der Pferdezucht liegen im Dunkeln. Aber wir wissen, dass Pferde seit Beginn der Geschichtsschreibung unglaublich wichtig waren und dass schon in den vorchristlichen Hochkulturen Pferde gezüchtet wurden. Wir wissen, dass das Pferd Alexanders des Großen Bukephalos hieß, wir haben Aufzeichnungen darüber, wie die Römer zu Cäsars Zeiten in den eroberten Gebieten Gestüte anlegten und wie man schon damals darum bemüht war, einheimische Pferde durch importierte Hengste zu verbessern.
Wie europäisch vernetzt die Pferdezucht damals schon war, zeigt sich zum Beispiel daran, dass die englischen Pferde bereits einen Schuss Blut aus Friesland bekamen. Am Hadrianswall wurden Gräber von friesischen Handwerkern und Überreste ihrer Pferde gefunden – und wetten,

dass so mancher englische Bauer damals nicht abgeneigt war, seine Stute durch einen der großen, kräftigen Friesenhengste belegen zu lassen?
Im Mittelalter hatten sich bereits richtige Rassen herausgebildet und es wurde quer durch Europa ex- und importiert. Besonders bei den Rittern waren die Friesen begehrt: Sie waren groß, kräftig und konnten problemlos einen Mann mit schwerer Rüstung durch die Lande tragen.
Weil Pferde nicht nur für militärische Unternehmungen, sondern auch für die Landwirtschaft und die Infrastruktur so unverzichtbar waren, waren sie in Europa auch schon immer eine Staatsangelegenheit. Schon im 14. Jahrhundert gab es die „Stutereien" – Staatsgestüte, für die Hengste oft für sehr viel Geld aus anderen Ländern geholt wurden, um so die Landeszucht zu verbessern.

DER STALLMEISTER, EIN ANGESEHENES AMT

An fast allen Höfen Europas gab es einen Stallmeister, der meist nicht nur dafür zuständig war, dass der Stall des Hofes gut bestückt und organisiert war, sondern der auch für die Pferdezucht im Land die Verantwortung trug.
Wie angesehen der Stallmeister war, zeigt sich auch daran, dass Englands Königin Elizabeth I. ihrem Jugendfreund und Favoriten Robert Dudley Earl of Leicester dieses Amt übertrug. Er galt nicht nur als ausgemachter Pferdekenner, sondern als einer der mächtigsten Männer am Hof. Elizabeth hielt ihn schließlich sogar für würdig, Gemahl ihrer Cousine und Rivalin Maria Stuart, der Königin von Schottland, zu werden – nur die wollte ihn nicht.
Doch das änderte nichts daran, dass die königlichen und kaiserlichen Stallmeister wichtige Persönlichkeiten waren. In Frankreich war der Stallmeister des Königs auch für die Ausbildung der königlichen Pferde zuständig und stand somit in engem Kontakt zu seiner Majestät. Dabei hatten vor allem Ludwig XIII. und Ludwig XV. ein glückliches Händchen bei der Auswahl ihrer Stallmeister. Unter Ludwig XIII. war es Antoine de Pluvinel, der mit „L'instruction du roy en l'exercice de monter à cheval" eine noch heute wichtige Reitlehre hinterlassen hat. François Robichon de la Guérinière, der Stallmeister Ludwig XV., verfasste die „École de Cavallerie", die als ein Grundlagenwerk der klassischen Reiterei von Bedeutung ist.

Am Hofe des österreichischen Kaisers Franz Josef I. war der Stallmeister einer der vier führenden Beamten, und selbstverständlich wurde der Rang immer mit einem Aristokraten aus bester Familie besetzt. Der Stallmeister war für die Gestüte des Kaisers zuständig – für Lipica, Piber und die ungarischen Gestüte.
Die Preußen unterdessen waren anders organisiert. Zu ihren Landgestüten zählten neben dem schon im 19. Jahrhundert weit über Deutschland hinaus bekannten, fast legendären Trakehnen auch noch das brandenburgische Haupt- und Landgestüt Neustadt a. d. Dosse und das Vollblutgestüt Graditz. Dort gab es jeweils einen Landstallmeister als Chef. So auch Siegfried Graf Lehndorff (1869–1956), der in allen drei preußischen Staatsgestüten wirkte und weltweit als einer der führenden Hippologen und Spezialisten für Pferdezucht galt.

MODERNE PFERDEZUCHT

Der Zweite Weltkrieg war wahrscheinlich der letzte große Krieg, der in Europa mit Pferden ausgekämpft wurde. Danach machten die Industrialisierung der Landwirtschaft und der zunehmende Wohlstand, der im Westen Europas zur allgemeinen Verfügbarkeit von Autos führte, das Pferd als Wirtschaftsfaktor überflüssig. Pferde wurden für die Arbeit auf dem Feld oder den Gütertransport nicht mehr gebraucht, doch sie eroberten sich einen neuen Platz als Freizeit- und Sportkameraden des Menschen.

Wildpferde sieht man in Europa, anders als früher, nur noch selten.

Warmblut? Sportpferd?

Bevor wir zur modernen europäischen Pferdezucht kommen, sollten wir eine Begriffsklärung voranstellen. Umgangssprachlich wird „Warmblüter" heute meist mit den europäischen Sportpferderassen gleichgesetzt. Folgt man aber der hippologischen Definition von „Warmblüter", fallen alle Reitpferde in diese Kategorie, die mehr als 148 Zentimeter Stockmaß (= mit einem Stab gemessene Schulterhöhe) haben, also auch die Barock-, Western- und viele Gangpferde. Einigen wir uns darauf, dass wir hier dem umgangssprachlichen Gebrauch folgen und mit „Warmblüter" die europäischen Sportpferde benennen – ob es nun die deutschen Warmblutrassen, die Selle Français, die KPWNs oder andere sind, die das vielseitige, für Springen, Dressur und Fahren geeignete Sportpferd als Zuchtziel deklariert haben.

Warmblüter sind besonders begabt für die Dressur, haben aber auch andere Qualitäten.

Das allerdings machte es notwendig, die bisher eher schweren, ländlichen Pferderassen, wie zum Beispiel die Oldenburger, die jahrhundertelang als repräsentative Karossiers mit hoher Knieaktion gezüchtet worden waren, zu eleganten Reitpferden umzuformen.
Betrachtet mit dem Abstand von über 50 Jahren, ist es geradezu faszinierend, wie gut das gelungen ist und wie „einheitlich" das Resultat ausgefallen ist, obwohl der Weg dahin durchaus unterschiedlich war. So setzte man zum Beispiel in Holstein fast ausschließlich auf den Einsatz von Englischen Vollblütern, während die Franzosen Anglo-Araber bevorzugten und die Oldenburger sich auf die eigene Zuchtbasis konzentrierten. Die Süddeutschen – sowohl die Bayern, aber noch viel stärker die Baden-Württemberger – hatten in der Umzüchtungsphase Trakehnerhengste im Einsatz.
In den 70ern und 80ern des vorigen Jahrhunderts begannen sich die regionalen Unterschiede mehr und mehr zu verwischen. Die süddeutschen Züchter importierten norddeutsche Hengste, die Niederländer bedienten sich ebenfalls in Hannover und Holstein, die Belgier bei den Niederländern, die Deutschen wiederum führten französische Hengste ein. Durch die EG-Öffnung und die Einführung der künstlichen Besamung wurde die Warmblutzucht endgültig zur europäischen Angelegenheit. Stutenhalter sind nicht mehr darauf beschränkt, ihre Mädchen zu einem „erreichbaren" Hengst zu bringen, sondern können den auswählen, der ihnen wirklich am passendsten erscheint – und wenn der 500 Kilometer entfernt stationiert ist, ist es auch kein Problem. Der Eimer mit dem in Trockeneis gelagerten Sperma-Röhrchen kommt per Post, den Rest erledigt der lokale Tierarzt.

KÜNSTLICHE BESAMUNG

Bei uns Menschen ist die Produktion von Nachwuchs üblicherweise eine Geschichte, für die es nur zwei Mitwirkende braucht. In der Pferdezucht sind es heute meist drei: Stute, Hengst – und der Tierarzt beziehungsweise Besamungstechniker. Die meisten Warmblüter werden mittlerweile durch künstliche Befruchtung erzeugt.
In der Praxis sieht das so aus: Der Hengst bespringt das sogenannte Phantom, einen lederüberzogenen Bock, der zur Samengewinnung eingesetzt wird. Im Labor wird der Samen aufbereitet, wobei aus dem, was der Hengst in einem Versuch abliefert, bis zu einem Dutzend Portionen gemacht werden. Damit wird die Stute, wenn das Ei befruchtungsfähig ist, besamt. Die Vorteile liegen auf der Hand: Ein Röhrchen

mit Samen ist einfacher und preiswerter zu transportieren als die Stute, der Hengst kann auf diesem Weg mehr Fohlen zeugen als bei der natürlichen Befruchtung und das Risiko, dass die Beteiligten sich beim Deckakt verletzen – was früher doch recht häufig vorkam – ist deutlich geringer.
Am wichtigsten aber ist die Deckhygiene. Wenn Pferde sich nahe kommen, können dabei Krankheiten übertragen werden. Diese werden dann weitergegeben, da die Hengste ja meist noch weitere Stuten decken. Dank künstlicher Besamung ist dieses Risiko minimiert.

DIE HENGSTE

Ein Hengst in Deutschland hat es nicht immer leicht und „freie Liebe" ist für ihn schon gar nicht drin. Bevor der vierbeinige Jüngling decken darf, muss er erst einmal beweisen, dass er als Vererber taugt.
Der erste Schritt dazu ist das, was Pferdeleute „Körung" nennen. Sie wurde in Deutschland 1819 durch ein Gesetz eingeführt, in dem der Einsatz nicht geprüfter (gekörter) Vatertiere zur Zucht mit Geldstrafe belegt wurde. Der Sinn der Maßnahme war eine Verbesserung der Zucht und vor allem ein Ausschluss charakterlich schwieriger Hengste als Vererber. Inzwischen ist das deutsche Körgesetz einer EG-Verordnung geopfert worden, aber wer für sein Fohlen volle Papiere und einen Brand von einem Pferdezuchtverband haben möchte, kommt trotzdem nicht umhin, ihm einen von diesem Zuchtverband anerkannten Hengst zum Vater zu geben.
Zu dieser Anerkennung gehört im ersten Schritt die Körung. Dazu muss der junge Hengst vor Ablauf seines dritten Lebensjahres einer Kommission von Fachleuchten, die der Zuchtverband auswählt, vorgestellt werden. Sie prüfen, ob er dem Zuchtziel entspricht.
Doch mit der Körung alleine ist es nicht getan. Ein Jahr später muss der Jungvererber zur Hengstleistungsprüfung antreten. Er zieht für 70 Tage in eine der deutschen Hengstprüfungsanstalten, wie zum Beispiel Marbach a.d. Lauter, Adelheidsdorf oder Neustadt a.d. Dosse, wo er von professionellen Reitern ausgebildet wird. Dabei beurteilen sie seinen Charakter, sein Temperament, seine Leistungsbereitschaft und Konstitution und natürlich seine Grundgangarten, seine Rittigkeit, sein Verhalten im Gelände und sein Talent in Springen und Dressur. Am Ende der Prüfungszeit steht ein zweitägiger Test an – und nur, wenn der junge Hengst allen Anforderungen genügt, darf er weiter decken.

DIE STUTEN

Manchmal könnte man in der Pferdezucht meinen, unsere Vierbeiner wären, wie einst die Göttin Athene, dem Kopf ihres jeweiligen Vaters entstiegen, ohne dass irgendeine Mutter einen Anteil hatte. Natürlich, der Zuchtwert eines Hengstes ist einfacher zu beurteilen als der einer Stute. Wenn der Hengst gut ist und entsprechend vermarktet wird, kann er es in ein paar Jahren locker auf tausend und mehr Nachkommen bringen. Eine Stute dagegen wird selten mehr als ein Dutzend Fohlen im Lauf ihres Lebens haben.
Das ändert aber nichts daran, dass Stuten einen größeren Einfluss auf ihre Fohlen haben als die dazugehörigen Väter. Von der Mutter kommen 60% der Gene, dazu der nicht zu unterschätzende prägende Einfluss auf die Psyche des Fohlens. Gute Züchter wissen das und selektieren dementsprechend auch die Mutterstuten.

Typen gibt's …

Eine gut sortierte Deckstation hat üblicherweise mindestens drei Hengste im Angebot – und jeder davon entspricht einem bestimmten Typ, nämlich dem Veredler, dem Verstärker und dem Erhalter. Was die Herren bewirken sollen, wird schon aus den Bezeichnungen klar: Der Veredler – sehr oft ein Vollbluthengst oder zumindest einer mit sehr hohem Blutanteil – ist sozusagen der „Mann fürs Grobe". Er soll bei „robusten" Stuten für Adel, Eleganz und Geschmeidigkeit sorgen.
Die Verstärker unterdessen werden meist nicht nur auf Größe, sondern auch für ein korrektes, stabiles Fundament ausgesucht und sollen beim Nachwuchs leichter Stuten für mehr Kaliber sorgen.
Der Erhalter schließlich ist der Idealpartner für Stuten, die dem Zuchtziel entsprechen. Aber deswegen muss er nicht weniger sorgfältig ausgesucht werden als Veredler und Verstärker. Ganz im Gegenteil! Bei Erhaltern ist es oft noch schwieriger, denn in ihrem Fall muss alles passen und harmonieren.

Das Ziel jeder Zucht sind gesunde Fohlen.

Die deutschen Zuchtverbände unterstützen sie insofern dabei, dass heute auch Stutenleistungsprüfungen angeboten werden. Und mehr noch: Ob eine Stute – und damit ihr Nachwuchs – im Hauptstammbuch eingetragen wird, entscheidet sich dann, wenn sie ihr erstes Fohlen vorzeigen kann.

ZUCHTZIELE

Pferdezucht soll nicht allein der Vermehrung dienen, sondern auch der Verbesserung. Um dies zu erreichen, bedarf es nicht nur der Selektion, also der gezielten Auswahl, sondern vor allem eines enormen Wissens und einer Idee, wo man eigentlich hin will.
Darum haben die deutschen Zuchtverbände ein Zuchtziel definiert, das ihr ideales Pferd beschreibt. Für Baden-Württemberg klingt das zum Beispiel so: „Erwünscht ist das Erscheinungsbild eines eleganten, großlinigen und harmonischen Reitpferdes. Die Prägung durch Edelblut soll in einem trockenen und ausdrucksvollen Kopf, einem großen Auge, gut geformter Halsung, plastischer Bemuskelung sowie korrekten, klaren Gliedmaßen zum Ausdruck kommen. Zuchthengste und Zuchtstuten sollen über einen deutlichen Geschlechtsausdruck verfügen."

Der baden-württembergische Warmblüter soll zwischen 160 und 177 Zentimeter Stockmaß haben, als Farben sind Füchse, Braune, Rappen, Schimmel und Schecken zugelassen.

ZUCHT HEISST VERBESSERN ...

Wenn ich an Zucht denke, fallen mir zwei Sätze ein. Der erste: „Zucht heißt verbessern, nicht nur vermehren." Und der zweite, der vom Erfolgszüchter Alfred Casper stammt: „Zucht bedeutet, in Generationen zu denken." Im zweiten Satz steckt auch das Lernen und Wissen über den Genotyp. Pferde kommen nämlich dummerweise nicht mit einem Etikett, auf dem die „Zutaten" aufgeschlüsselt sind, zur Welt. Stattdessen ist es der Job des Züchters, herauszufinden, was bei seinen Zuchtpferden Geno- und was Phänotyp ist. Und das geht am einfachsten, wenn man „in Generationen" denkt – und sich die Familie eines Pferdes anschaut.
Wer ganze Pferdefamilien – Eltern, Onkel, Tanten, Geschwister und Nachkommen – kennt, kann erkennen, was innerhalb einer bestimmten Linie vererbt wird. Er sieht die Stärken, aber auch die Schwächen, die es auszugleichen gilt. Und ein guter Züchter weiß, dass man in der Zucht auch Geduld braucht – und das nicht nur, weil man das „Zuchtprodukt" endgültig ja erst dann beurteilen kann, wenn es vier oder fünf Jahre alt und unter dem Sattel ist, sondern weil auch der tollste Hengst nicht alle Mängel einer durchschnittlichen Stute ausgleichen kann. Andersrum könnte es eher funktionieren – genetisch bekommen Kinder wie gesagt ein bisschen mehr von ihren Müttern als von ihren Vätern mit.
Zucht bedeutet, Schritt für Schritt – oder besser gesagt, Generation für Generation – vorzugehen. Und je mehr man über die Vorfahren eines Pferdes weiß, desto größer wird die Chance, einen passenden Partner zu finden. Natürlich bleibt manches dennoch „Glückssache" – Vererbung ist viel zu komplex, als dass man sie berechnen oder auf für jedermann anwendbare Formeln herunterbrechen könnte. Der Erfolg eines Züchters wird immer auch von seinem „Gefühl" bestimmt – und das ist schlecht zu fassen. Es kann aber bei entsprechendem Talent durch Beobachtung und Erfahrung geschult werden. Und es ist ganz sicher hilfreich, wenn man sich bei der Entwicklung des Gefühls auf entsprechende Papiere und Unterlagen stützen kann.

DIE NAMENSWAHL
Der Tradition verpflichtet

Bei den alten Trakehnern gab es seltsame Pferdenamen: Tempelhüter und Pythagoras gehen ja noch, aber Hirnschale und Kätzerin sind doch sehr eigenwillig. Heutzutage wählt man auch gerne einen englischen Namen, wobei sich gewisse Traditionen erhalten haben.
So ist es bei fast allen Warmblutrassen üblich, dass der Name eines Pferdes mit dem Anfangsbuchstaben des Vaters anfängt. Ganz geschickte Züchter schafften es manchmal sogar, die komplette Abstammung ihrer Pferde in einen Namen zu stecken.
Ich erinnere mich zum Beispiel an eine Stutenfamilie auf dem Gestüt Birkhof: Da war die zauberhafte Fuchsstute Koriolistin von Koriolan und ihre Frau Mama, die Jolistin von Jod. Sie wiederum stammte aus der Himalistin von Himalaya, die eine Tochter der Solistin gewesen war.
Koriolistins Vater Koriolan wiederum war ein Sohn von Kornett II – und da wurde die Reihe gebrochen, denn der war ein Sohn von Maharadscha aus der Korinthe von Schwarzer Prinz xx. Kornett II war nämlich, obgleich er in der baden württembergischen Zucht deckte, ein Trakehner – und die führen Namen traditionell (wie übrigens auch die Englischen Vollblüter) über die Mutterlinie.

ORDNUNGSNUMMERN

Und noch etwas ist bei Pferdenamen wichtig zu wissen: Den Namen einer Stute und eines Wallachs kann man recht frei wählen. Ist der, den Sie für Ihr Pferd aussuchen, beim jeweiligen Zuchtverband schon vertreten, bekommt das Pferd, wenn es auf Turnieren starten soll, kurzerhand eine arabische Ordnungsnummer angehängt. So heißt die Rusalka von Rubinstein dann offiziell eben Rusalka 123.

Bei Zuchthengsten legen die Verbände allerdings Wert darauf, dass der Name einmalig ist. Dennoch gibt es Hengste, die eine römische Ordnungszahl hinter dem Namen haben – berühmt sind die fünf holsteinischen Calypsos. Und dann waren da noch die drei Calettos, die mit den Calypsos den Vater Cor de la Bryère gemeinsam hatten. Außerdem hatten alle drei Calettos, ebenso wie die fünf Calypsos, jeweils die gleiche Mutter. Bei Vollbrüdern, die ja genetisch sehr ähnlich sind, werden Namen doppelt vergeben – aber eben mit römischer Ordnungszahl.
Dennoch gibt es in der Pferdezucht genug Beispiele, die belegen, dass dieselben Gene nicht unbedingt auch die gleiche Vererberqualität bewirken: Landgraf I ist einer der Stammväter der Sportpferdezucht – von Landgraf II hingegen redet heute niemand mehr.

Namen sind bei Pferden nicht nur Schall und Rauch. Sie geben oft auch Auskunft über die Abstammung des Pferdes und müssen für den Eintrag ins Zuchtbuch bestimmten Vorgaben folgen.

Als Warmblüter wird das Fohlen wahrscheinlich auch den Anfangsbuchstaben vom Papa erben.

Die Abstammung der Eltern fließt in die Papiere des Fohlens ein.

WOZU BRAUCHEN PFERDE PAPIERE?

Die Frage kennt wahrscheinlich jeder, der sich ein wenig mit Pferdezucht beschäftigt hat: „Wozu braucht ein Pferd eigentlich Papiere?“ Tatsächlich gab und gibt es unbestritten sehr gute Pferde ohne Papiere und sogar mit unbekannter Herkunft. Das berühmteste Beispiel ist Hans-Günther Winklers „Wunderstute“ Halla. Sie war eines der besten Springpferde ihrer Zeit – und hätte dennoch höchstens „halbe“ Papiere bekommen. Ihre Mutter war nämlich eine französische Stute, die es durch die Kriegswirren nach Westfalen verschlagen hatte. Über ihre Herkunft wusste man nichts.

Doch gerade Halla ist auch ein Beispiel dafür, wieso die Zucht Organisation braucht – und nichts anderes als das drücken die Papiere aus. Das Weiterzüchten mit Halla war nämlich kein Erfolg. Keines ihrer Fohlen war auch nur halb so gut wie die Mutter – was wohl nicht zuletzt daran lag, dass man für eine Stute, deren Herkunft man nicht kennt, nur schwer einen passenden Partner finden kann.

Dafür ist unter anderem der mögliche Unterschied zwischen Geno- und Phänotyp verantwortlich, der es unmöglich macht, die Vererbung eines Individuums ohne Kenntnis seiner Vorfahren zu beurteilen.

Dieses Phänomen kann man oft in der eigenen Familie beobachten. Da haben dunkelhaarige Paare mit braunen Augen blonde, blauäugige Kinder. In diesem Fall kommt der Genotyp eines Vorfahren zum Vorschein. Dass der Phänotyp das wahre genetische Potential überlagern kann, zeigt sich bei Kriegskindern, die in schlechten Jahren aufgewachsen sind. Sie erlitten vielleicht den einen oder anderen Mangel, der ihr Wachstum stoppte, und wuchsen nicht zu ihrer genetisch veranlagten Größe heran.

Darum unterscheiden Züchter auch zwischen Phänotyp und Genotyp. Der Phänotyp ist das äußere Erscheinungsbild und er repräsentiert die Summe aller Eigenschaften eines Individuums – also auch der nicht erblich bedingten, sondern der erworbenen Eigenschaften, wie zum Beispiel einen durch Mangel verursachten Minderwuchs oder einen ausgeschlagenen Zahn. Beim Genotyp hingegen geht es um das, was ein Individuum an Erbgut mitbringt. Da manche Erbanlagen stärker, dominanter sind als andere, zeigen sie sich im Phänotyp möglicherweise nicht, können aber durchaus in der nächsten Generation zum Vorschein kommen. Daher unterscheiden sich Geno- und Phänotyp manchmal deutlich.

Unter Pferdeleuten hört man auch manchmal den Spruch: „Auf Papieren kann man nicht reiten!“ Aber wie ist das eigentlich mit diesem Papierkram? Warum haben manche Pferde zwar „halbe Papiere“, aber dennoch einen vollständigen Pferdepass? Wer stellt eigentlich welche Papiere aus?

Die deutsche Warmblutzucht ist eine echte Klassengesellschaft. Jedes Pferd, das zu einer der deutschen Warmblutrassen gehört, ist in einem Zuchtbuch eingetragen. Und davon hat der jeweilige Zuchtverband fünf: drei für Stuten und zwei für Hengste.

Bei den Stuten gibt es:

- das Stutbuch 1 (früher Hauptstammbuch genannt)
- das Stutbuch 2 (früher Stammbuch genannt)
- das Vorbuch

Im Stutbuch 1 werden die Pferdemütter aufgenommen, deren beide Elternteile ebenfalls in der ersten Abteilung eines von ihrem Verband anerkannten Zuchtbuches stehen und die dem Zuchtziel entsprechen. Dies bedeutet konkret: Eine in Hannover geborene und gebrannte Stute kann zum Beispiel in Baden-Württemberg ins Stutbuch 1 aufgenommen werden.

Im Stutbuch 2 findet man die Stuten, deren Eltern zwar in der ersten Abteilung ihres Zuchtbuches stehen, die aber dem Zuchtziel nicht entsprechen (also zum Beispiel zu klein sind). Hier werden aber auch die Stuten eingetragen, die nicht von Eltern aus dem Stutbuch 1 stammen, die dafür aber dem Zuchtziel entsprechen.

Im Vorbuch schließlich stehen die Stuten, die weder dem Zuchtziel entsprechen noch eingetragene Eltern haben.

Bei den Hengsten gibt es:

- das Hengstbuch 1
- das Hengstbuch 2
- das Vorbuch

In das Hengstbuch 1 werden die gekörten Hengste, die die Hengstleistungsprüfung erfolgreich absolviert haben, eingetragen.

Im Hengstbuch 2 stehen die Hengste, die einen vollen Abstammungsnachweis haben und die gesundheitlichen Voraussetzungen zur Zucht erfüllen, aber weder gekört noch geprüft sind.

Im Vorbuch stehen schließlich die Hengste, die weder einen Abstammungsnachweis haben noch dem Zuchtziel entsprechen.

Aus dem Eintrag der Eltern ergibt sich, ob das Fohlen „volle“ oder „halbe“ Papiere bekommt. „Volle“ Papiere bekommt ein Fohlen, bei dem beide Eltern im jeweils ersten Buch stehen, alle anderen Fohlen erhalten „halbe“ Papiere. Relevant ist das eigentlich nur dann, wenn man mit dem jeweiligen Pferd züchten möchte, für die Körung als Hengst sind nämlich volle Papiere Voraussetzung.

Haupt- und Landgestüte

Früher war Pferdezucht eine durchaus politische Angelegenheit. Pferde waren nicht nur ein Wirtschaftsfaktor, sondern konnten einer Armee im Krieg auch den entscheidenden Vorteil verschaffen. Daher gab es in den meisten deutschen Ländern staatseigene Gestüte, die den Züchtern gute Hengste preiswert zur Verfügung stellten. Die Tradition hat sich erhalten. Noch heute gibt es in Deutschland zehn staatliche Gestüte:

- Landgestüt Redefin (Mecklenburg-Vorpommern)
- Brandenburgisches Haupt- und Landgestüt Neustadt an der Dosse
- Niedersachsisches Landgestüt Celle
- Nordrhein-Westfälisches Landgestüt Warendorf
- Landgestüt des Landes Sachsen-Anhalt Prussendorf
- Sächsische Gestütsverwaltung Landgestüt Moritzburg
- Hessisches Landgestüt Dillenburg
- Landgestüt Zweibrücken (Rheinland-Pfalz)
- Haupt- und Landgestüt Marbach an der Lauter (Baden-Württemberg)
- Bayrisches Haupt- und Landgestüt Schwaiganger

Dabei steht „Landgestüt“ für eine Einrichtung, in der nicht gezüchtet wird. Im Landgestüt gibt es keine Stuten, sondern nur Hengste – die sogenannten „Landbeschäler“, die der Landeszucht zur Verfügung gestellt werden.

Im Hauptgestüt dagegen wird gezüchtet. Dort gibt es Stutenherden und die dazugehörigen Hauptbeschäler. Besonders berühmt ist eine der Stutenherden des Hauptgestüts Marbach: Dort werden neben Württembergern und Trakehnern auch Araber gezüchtet – und die Marbacher Araberzucht, die einst von einem württembergischen König begründet wurde, hat schon Weltchampions gestellt.

DEUTSCHLANDS WARMBLÜTER

IN DER SPORTPFERDEZUCHT IST DEUTSCHLAND FÜHREND. EGAL, OB ES UM DIE WELTRANGLISTE DER DRESSUR-, DER SPRING- ODER DER VIELSEITIGKEITSPFERDE GEHT: DEUTSCHE PFERDE SIND AN DER SPITZE. DAS IST ABER NICHT NUR DEM KÖNNEN DER DEUTSCHEN ZÜCHTER ZU VERDANKEN, SONDERN AUCH DER TRADITION UND ORGANISATION DER DEUTSCHEN WARMBLUTZUCHT.

DEUTSCHE ZUCHTGESCHICHTE

Der Erfolg der deutschen Reitpferdezucht beruht wahrscheinlich auch darauf, dass sie auf eine lange Tradition zurückgeht. Während in anderen Ländern „je nach Bedarf" mal Reitpferde, mal Karossiers und mal Arbeitspferde gezüchtet wurden und die Zucht auch immer wieder gewissen „Moden" unterworfen war, organisierte man sich in deutschen Landen bereits sehr früh. Ein Zentrum der Reitpferdezucht war Preußen. Der sparsame Soldatenkönig Friedrich Wilhelm I. beschloss 1731, künftig seine Kavalleriepferde nicht von überall her einzukaufen, sondern gezielt zu züchten. Er gründete dazu in Ostpreußen das „Königliche Stutamt Trakehnen". Und Friedrich Wilhelm I. zeigte dabei, dass er „groß" dachte: 600 Soldaten legten sechs Jahre lang ein Flussgebiet der Pissa trocken. Als dann im Mai 1732 das Gestüt eröffnet wurde, ging es mit 1.101 Pferden – davon 513 Mutterstuten – an den Start. Unter Friedrich dem Großen, dem Sohn des Soldatenkönigs, dümpelte Trakehnen ein wenig dahin, dafür lebte es dann unter seinen Nachfolgern auf.

Und schließlich war es der Großneffe des „alten Fritz", König Friedrich Wilhelm III., der nicht nur Trakehnen förderte, sondern auch das Haupt- und Landgestüt Neustadt a.d. Dosse errichten ließ, in dem ebenfalls vorwiegend Kavalleriepferde gezüchtet wurden.

Klar im Kopf: Warmblüter werden auch auf ihr Interieur hin geprüft.

Außerdem versorgte Neustadt a. d. Dosse, ebenso wie Trakehnen, die Landeszucht mit Beschälern.

Ganz wichtig für die Geschichte der deutschen Pferdezucht waren auch die Körgesetze. In Bayern wurde zum Beispiel 1881 ein Gesetz eingeführt, das den Einsatz von nicht gekörten Vatertieren zur Zucht – nicht nur bei Pferden, sondern auch bei Rindern – unter Strafe stellte. Bei den Pferden ging es damals nicht nur darum, die Landeszucht zu verbessern, sondern es sollte auch der Umgang mit ihnen sicherer werden, schließlich prägten sie den Straßenverkehr. Jeder potenzielle Pferdevater musste einer Körkommission vorgestellt werden, um sicherzustellen, dass sich Hengste mit schwierigem Temperament nicht vererbten.

Das Konzept ging auf. Das Körgesetz war bis in die 80er Jahre des vorigen Jahrhunderts in Kraft und wurde dann durch EG-Verordnungen aufgehoben, worauf die Zuchtverbände fluggs interne Regelungen einführten, die im Grunde dem Körgesetz entsprachen. Allerdings muss heute niemand mehr mit Strafe rechnen, wenn er einen nicht gekörten Hengst zur Zucht verwendet.

DIE PHASE DER UMZÜCHTUNG

Nach dem Zweiten Weltkrieg wurden keine schweren Arbeitspferde mehr benötigt. Die meisten Landeszuchten standen vor der Herausforderung, umzüchten zu müssen. Reitpferde waren gefragt und Veredelung das Gebot der Stunde.

In dieser Zeit war Pferdezucht noch eine recht regionale Veranstaltung. Man konnte oft auf den ersten Blick den Unterschied zwischen einem Württemberger und einem Hannoveraner Warmblut sehen, die Linien kreuzten sich noch relativ wenig.

Das hat sich inzwischen sehr geändert. Dafür sorgte unter anderem die künstliche Besamung, die in den späten 90ern des vorigen Jahrhunderts aufkam. Sie ermöglichte Stutenhaltern eine sehr viel größere Auswahl an potenziellen Vätern für ihr Fohlen. Plötzlich war es keine Frage mehr, ob ein Hengst erreichbar war. Der große Vorteil dieser Entwicklung liegt auf der Hand. Der Nachteil ist allerdings, dass es seitdem manch junger Hengst schwerer hat und dass Modehengste hochgejubelt werden könnten, ohne dass ihre Vererberqualität wirklich bewiesen ist. Damit wird es zunehmend zur Aufgabe der Haupt- und Landgestüte, auch einmal eine weniger populäre Linie zu erhalten und dafür zu sorgen, dass die Genvielfalt in der deutschen Warmblutzucht gewahrt wird.

Für die Umzüchtung zum modernen Sportpferd setzte man vorwiegend Trakehner- und Vollbluthengste ein.

DER BRAND ALS MARKENZEICHEN

Das Resultat der offenen Zuchtpolitik ist, dass die früher regionalen Brandzeichen inzwischen nicht mehr wirklich als „Herkunftsnachweis" gesehen werden können.

Ein Paradebeispiel dafür ist der zweimalige Bundeschampion Denario. Der schöne Schimmelhengst ist bayrisch gebrannt und stand in Baden-Württemberg auf dem Gestüt Birkhof. Man könnte also meinen, man hätte mit ihm ein Produkt der süddeutschen Pferdezucht vor sich – dem ist aber nicht so. Denarios Vater Denaro war Oldenburger – und ein Sohn des Hannoveraners De Niro, der wiederum vom Oldenburger Donnerhall abstammte. Auf seiner Mutterseite steht der Oldenburger Halbblüter Volturno, ein Sohn des Englischen Vollblüters Vollkorn xx.

Denarios Mutter wiederum stammt vom Oldenburger Fair Play und einer Stute vom Hannoveraner Wiener Dom. Wenn man dessen Stammbaum verfolgt, stößt man auf den Hannoveraner-Liniengründer Detektiv – und der wiederum steckt auch hinter dem Oldenburger Donnerhall. So schließt sich der Kreis bei diesem Hengst mit Bayern-Brand, der keinen Tropfen bayrisches Blut hat.

Der ehemalige Boxennachbar Denarios, der schwarzbraune Genesis ist Westfale – obwohl sein Vater Gribaldi (der Vater des Dressurspitzenhengstes Totilas) Trakehner war. Die Mutter ist eine Tochter des Oldenburgers Sir Donnerhall. Der führt auf der Mutterseite tatsächlich Westfalenblut über Ramino, der allerdings ein Sohn des Holsteiners Ramiro war – und dahinter kommen dann der Anglo-Araber Ramzes und der Englische Vollblüter Cottage Son xx. Auf der Mutterseite des Ramino steht dann wieder die hannoversche D-Linie. Das nennt man „Blutanschluss" und es sorgt meist für gute Resultate.

Schwirrt Ihnen jetzt der Kopf? Machen Sie sich nichts draus – wir fragen das später nicht ab … Wir wollten nur zeigen, wie überregional die Warmblutzucht mittlerweile ist und dass das Brandzeichen nicht mehr sehr viel über ein Pferd aussagt – außer, dass es ein Qualitätsprodukt aus der deutschen Sportpferdezucht ist, die inzwischen durchgehend von Süden nach Norden auf ganz hohem Stand ist.

Das Brandzeichen bedeutet nicht gleich Herkunftsnachweis.

DONNERHALL
Ein ganz Großer

Er war schon etwas ganz Besonderes: Der Oldenburger-Fuchs Donnerhall von Donnerwetter aus der hannoverschen Linie des Detektiv. 1981 geboren, war er bei seiner Körung 1984 noch ein relativ unauffälliger, wenn auch hübscher Junge. Er hatte korrekte Grundgangarten, allerdings soll ihm damals die Eleganz noch gefehlt haben. Doch sobald er unter den Sattel seiner Ausbilder Herbert und Karin Rehbein kam, zeigte sich, dass er das Zeug hatte, ein ganz Großer zu werden. Er wurde immer geschmeidiger und entwickelte zunehmend das, was Reiter im Allgemeinen „Gummi" nennen: eine schwingende Elastizität.

Der mächtige Fuchs Donnerhall war einer der Stempelhengste der deutschen Warmblutzucht.

STERN AM DRESSURHIMMEL

Zu seinen elastischen Gängen kam sein Charakter: Immer gut gelaunt, leistungsbereit, intelligent und konzentriert, lernte er sehr schnell und hatte Spaß an seinem Job als Dressurpferd. Als Dressurpferd war er für Jahre eine Bank für die deutsche Mannschaft – und dabei war er auch als Vererber ein Volltreffer. In der deutschen Dressur-Olympiamannschaft von 2012 gingen alle Pferde auf Donnerhall zurück.
Bei ihm kann man wirklich von einem Liniengründer reden: Er hat 77 gekörte Söhne hinterlassen, darunter Starhengste wie De Niro, Davignon I und Don Schufro.
2002 ist er auf dem Grönwohldhof, auf dem er auch geboren wurde, an einer akuten Darmvergiftung gestorben. Dafür wurde ihm aber die Ehre zuteil, als Statue verewigt zu werden – seit 2007 steht ein lebensgroßer Donnerhall aus Bronze in der Oldenburger Fußgängerzone. Noch wichtiger ist aber, wie Donnerhalls Gene die deutsche Dressurpferdezucht geprägt haben. Auf Auktionen und Turnieren sind seine Söhne und Töchter immer vertreten und daraus resultierte zum Beispiel, dass es beim Bundeschampionat 2013 keine Dressurklasse gab, in der nicht mindestens ein Donnerhall-Nachkomme unter den ersten drei war.

GUTE NACHKOMMENSCHAFT

Dressurreiter schätzen dabei auch, dass ihre Donnerhall-Enkel und -Urenkel gute Nerven haben, freundlich und fleißig sind und auch wenn der eine oder andere von Haus aus nicht der allerbeweglichste ist: Entsprechend gymnastiziert sehen die Pferde immer sehr gut aus.

Vielen Württembergern sieht man die Abstammung vom Trakehner an.

Baden-Württemberger

1997 gab es beim Bundeschampionat in Warendorf, auf dem jeweils die Besten unter den jungen Pferden gekrönt werden, eine kleine Sensation: Bei den dreijährigen Dressurpferden gewann die Baden-Württemberger-Stute Lettina von Lanthano als erstes Pferd aus einem süddeutschen Verband die goldene Schleife. Die Württemberger waren in der Bundesliga angekommen – und während sich die norddeutschen Züchter wohl damit trösteten, dass Lettinas Vater Hannoveraner war, durften sich die Württemberger daran erfreuen, dass die braune Schönheit vom Donzdorfer Erfolgsgestüt Birkhof mütterlicherseits eine echte Schwäbin war. Ihre Mutter, die schöne Fuchsstute Koriolistin, stammte von Koriolan, einem Sohn des Marbacher Trakehners Kornett II. Und die Mutter der Koriolistin war die Jolistin von Jod, einem Julmond-Sohn. Und damit wären wir bei einer der schönsten Geschichten, die die deutsche Pferdezucht zu bieten hat.

VOM TELLERWÄSCHER ZUM LINIENGRÜNDER: JULMOND

Als der kompakte Fuchs 1938 bei einem Bauern in Ostpreußen geboren wurde, deutete nichts darauf hin, dass man noch im nächsten Jahrhundert über ihn reden und schreiben würde. Er war gut genug, um als Landbeschäler in Trakehnen angenommen und eingesetzt zu werden, doch war er da einer unter vielen. Doch den Gestütsbeamten, die mit ihm zu tun hatte, fiel er auf – und das war es dann wohl auch, was einen der Herren im Winter 1944 dazu brachte, Julmond zu satteln, als er mit einer der Trakehner-Stutenherden auf die Flucht ging. Julmond half ihm, die Herde über das vereiste Haff und insgesamt 1.000 Kilometer bis in die Sicherheit nach Holstein zu treiben. Von Holstein aus ging es nach Warendorf ins westfälische Landgestüt. Dort allerdings war der Hengst Julmond kein Knaller. Er passte einfach nicht zu den westfälischen Stuten, sodass er nach einiger Zeit nur noch als Reit- und Fahrpferd eingesetzt wurde, bis er schließlich als Weidehengst auf ein kleines Trakehnergestüt in Westfalen kam. Dort traf er nicht nur

die passenden Stuten, sondern auch Dr. Georg Wenzler, seines Zeichens Landoberstallmeister im baden-württembergischen Haupt- und Landgestüt Marbach a.d. Lauter. Ihm war die Aufgabe zugefallen, den schweren Altwürttemberger zum Reitpferd umzuzüchten – und er erkannte in Julmond den Hengst, den er dazu brauchte.
1960 kam der immerhin schon 22-jährige Fuchs auf die Schwäbische Alb – und schlug ein wie eine Bombe. Trakehnersöhne wie Absynth, Ikarus, Achill und Lothar sowie Württemberger wie Lajos, Jod, Jugol und Armin führten seine Linie fort, als er 1965 starb. Er ist der einzige Hengst, der in Marbach ein Grab bekommen hat – und darauf liegen heute noch oft Blumen. Wer je auf einem Julmond-Nachkommen gesessen hat – und in den meisten württembergischen Pferden ist noch ein bisschen Julmond erhalten – erlebt nicht nur die Härte und die Leistungsbereitschaft, mit der der Stammvater aus Trakehnen übers Haff gekommen ist, sondern auch seine Liebenswürdigkeit, seine Freundlichkeit und seine Intelligenz. Die Julmonds sind – ich kann es aus Erfahrung mit einigen Vertretern dieser Linie bescheinigen – charmante und sympathische Pferde.

Bei der Hengstparade in Marbach zeigen sich Ross und Reiter in den traditionellen württembergischen Farben.

„Furchtlos und treu" – der alte Wahlspruch der Württemberger gilt auch für die Pferde.

Allerdings hatte Dr. Wenzlers Konzept der Umzüchtung mit Trakehnern einen Nachteil: Noch in den 80ern hatten Württemberger den Ruf, zu klein zu sein. Die Trakehner hatten sich für den damaligen Geschmack zu sehr durchgesetzt und so mancher kritisierte, in Württemberg würden „Kätzchen" gezüchtet – sehr elegante, aber zu zierliche Pferde.
Das notwendige Kaliber kam dann aus dem Norden – zum Beispiel durch den Landgraf II-Sohn Landioso aus Holstein und den Hannoveraner Lanthano. Des Weiteren nahmen Hengste aus Hannovers W-Linie und Marbachs Starvererber Gardez (ein Sohn des Hannoveraners Ganymed aus einer Württemberger-Stute mit viel Trakehnerblut) Einfluss. Mit ihnen wurde der Württemberger zum modernen Sportpferd – und heute fehlt es ihm weder an Größe und Springvermögen noch an Gang. Württemberg hat inzwischen sogar einen Olympiasieger gestellt: 2012 siegte in London in der Vielseitigkeit der Württemberger Sam unter Michael Jung. Sam ist ein Sohn des Marbacher Vollblüters Stan the Man xx aus einer Stute vom ebenfalls in Württemberg stationierten Heraldik xx.

In Bayern werden inzwischen exzellente Sportpferde gezüchtet.

Bayerisches Warmblut

Bayern hat eines der ältesten deutschen Haupt- und Landgestüte: Schwaiganger wurde als Gestüt zum ersten Mal 955 urkundlich erwähnt. Im 16. Jahrhundert kam es in den Besitz des regierenden Hauses Wittelsbach und hatte dann eine wechselhafte Geschichte: Mal wurden dort schwere Arbeitspferde gezüchtet, mal diente es als Sommerresidenz einer bayrischen Herzogin und als Remontendepot, mal gab es dort Kavalleriepferde und irgendwann auch Haflinger.
Für die bayerische Pferdezucht standen jahrhundertelang die Rottaler, eine süddeutsche Kaltblutrasse. Wie bei den Altwürttembergern folgte man der Philosophie vom „Herrn und Bauern" – es wurde also versucht, Pferde zu züchten, die sowohl bei der Arbeit auf dem Feld und im Wald als auch unter dem Sattel und vor der Kutsche eingesetzt werden konnten. Die Rasse ging – so vermutet man wenigstens – auf einheimische Stuten und orientalische Hengste zurück, die während der Türkenkriege ins Land gekommen waren. Weil diese Pferde aber zu leicht waren, hat man im 19. Jahrhundert Hengste importiert.

VERSTÄRKUNG FÜR BAYERINNEN

Die feschen Buben, die dafür sorgten, dass die Rottaler mehr Kaliber bekamen, stammten größtenteils aus England: Cleveland-, Yorkshire- und Coach-Hengste wurden eingeführt und in der bayrischen Zucht eingesetzt. Außerdem hinterließen einige Hengste aus Oldenburg ihre genetischen Spuren – und das Konzept ging auf: Die Rottaler gingen als schwere Warmblüter ins 20. Jahrhundert.
Nach dem Zweiten Weltkrieg war aber auch in Bayern Umzüchten angesagt, wobei man im bayrischen Haupt- und Landgestüt Schwaiganger Traditionsbewusstsein zeigte und von Anfang an zweigleisig fuhr: Man erhielt den Rottaler – er wird noch heute in Schwaiganger gezüchtet – gleichzeitig hat man aber auch mit Trakehner-Hengsten und Hengsten aus Norddeutschland umgezüchtet.
Einer der wichtigsten Liniengründer in Bayern wurde der Ramiro-Sohn Rasso, dazu kommen Nachkommen der Hannoveraner Grande, Don Carlos und Duellant. Für das nötige Springvermögen sorgten dann „Cordes"-Nachkommen des in Holstein eingesetzten Supervererbers Cor de la Bryère, wie zum Beispiel Campari und Calypso II.

DENARIO, BAYERNS VORZEIGEHENGST

Bayerns bestes Stück steht in Baden-Württemberg. 2003 als Sohn des Denaro aus einer Stute von Fair Play auf dem Birkhof in Donzdorf geboren, begann die Karriere des Denario 2006 bei den Süddeutschen Hengsttagen in München. Der damals noch recht schmale Graue marschierte in die Arena, als ob er für die große Show geboren wäre, zeigte federnd-elastische Gänge, Nerven „wie breite Nudeln“ (so sein begeisterter Besitzer und Vorführer Thomas Casper) und eroberte mit seinem Charme und seinem Charisma nicht nur die Zuschauer, sondern auch die Richter.
2007 machte Denario so weiter: Er gewann das Bayrische Championat in Ansbach, das Süddeutsche Championat in Nördlingen und, weil er schon dabei war, auch noch das Bundeschampionat in Warendorf.
Zwei Jahre später bewies er dann, dass für ihn der böse Satz „Je preiser gekrönt, desto durcher fallen sie“ nicht zutrifft. Er wurde das erste deutsche Pferd, das zweimal das Bundeschampionat gewann.
Inzwischen ist der junge Herr erwachsen und im Sport unterwegs. Die erste Intermediaire hat er unter seiner Ausbilderin Nicole Casper bereits gewonnen, außerdem sind mittlerweile die ersten Denario-Kinder unter dem Sattel und ein Sohn ist gekört. Die Reiter seiner Nachkommen sind begeistert: Sie haben vom Vater den Charme, die Intelligenz, die Rittigkeit und die wundervoll federnden, dabei aber immer reellen Gänge.
Mit Pferden wie Denario sind auch die Bayern angekommen – und es steht außer Frage, dass wir von den Pferden, die unter dem weiß-blauen Himmel auf saftigen Almwiesen aufwachsen, auch in der Zukunft noch einiges hören werden.

Doppelbundeschampion Denario unter seiner Ausbilderin Nicole Casper

Von deutschen Warmblütern wird nicht nur Leistung erwartet, sondern auch Eleganz.

Deutsches Sportpferd

2003 beschlossen vier Zuchtverbände – die in Brandenburg, Sachsen-Anhalt, Sachsen und Thüringen – einen radikalen Schritt: Sie gaben ihre Eigenständigkeit auf und schlossen sich zum Zuchtverband für das Deutsche Sportpferd zusammen. Sie verwenden seitdem als Brandzeichen den von einer Schlange umwundenen Pfeil, der bereits in der DDR als Markenzeichen für die Pferde der Landeszuchten stand.

Dabei hatten die Brandenburger und Sachsen in Sachen Pferdezucht eine lange Tradition, auf die sie mit Stolz zurückschauen können – und zwei der schönsten Gestüte Deutschlands. Für Sachsen stehen Moritzburg und Graditz, für Brandenburg steht Neustadt a.d. Dosse.

LEGENDÄRE GESTÜTE

Der Name „Graditz“ war früher genug, um bei Pferdeleuten ein sehnsüchtiges „Ach!“ zu produzieren, war Graditz doch schon seit den Zeiten August des Starken, dessen Hofarchitekt das Gestüt gebaut hat, als Zuchtstätte für edle Pferde bekannt. Um genau zu sein: Graditz war sogar einmal eines der bedeutendsten Vollblutgestüte in Deutschland. In Graditz war der legendäre irische Vollblüter Dark Ronald, der die europäische Vollblutzucht geprägt hat, zu Hause, und der Erfolg der Graditzer Pferde führte einst dazu, dass auf der Rennbahn Hoppegarten in Berlin Rennen ausgeschrieben wurden, in denen Graditzer Pferde ausdrücklich nicht teilnehmen durften.

In Neustadt a. d. Dosse war man von solchen Extravaganzen wie Vollblutzucht weit entfernt. Die schöne Anlage mit Schloss, Allee, Ställen und dem großen Verwaltungsbau sieht nobel genug aus, aber es herrschte dennoch preußische Sparsamkeit und so hat man in Neustadt-Dosse immer vorwiegend Kavallerie- und Arbeitspferde gezüchtet. Man versorgte den Hof mit Karossiers, die Armee mit Reitpferden und stellte dazu über das Landgestüt noch Beschäler für die Landeszucht, in der es vorwiegend um schwere Warmblüter ging.

Der Zweite Weltkrieg wirbelte die Pferdezucht im Osten komplett durcheinander. Je schwieriger die Versorgung mit Öl und Benzin wurde, desto mehr Pferde wurden eingesetzt. Die Gestüte bluteten aus und was ihnen am Ende des Kriegs noch geblieben war, wurde von den Besatzern verschleppt oder überstand die Hungerjahre nicht. Dafür schwemmte der Krieg viele Pferde in die Gestüte, die meist aber keine Papiere mitbrachten.

Damit nicht genug. Während im Westen die ländliche Reiterei recht schnell dafür sorgte, dass die Pferdezucht nicht nur erhalten blieb, sondern einen neuen Aufschwung erfuhr, dümpelte sie im Osten vor sich hin. Der Arbeiter- und Bauernstaat war an der „elitären“ Reiterei zuerst einmal nicht sonderlich interessiert.

Die verbliebenen Pferdeleute schienen auf verlorenem Posten zu kämpfen – bis in den 60ern des vorigen Jahrhunderts den Verantwortlichen in den entsprechenden Ministerien dämmerte, dass Pferde ein guter Exportartikel waren und der Westen den neu entstandenen Markt für Reitpferde nicht allein bedienen konnte. Für gute Reitpferde gab es die begehrte D-Mark.

Deutschlands Osten hat als Pferdezuchtregion den Vorteil, weitläufige Koppeln zu haben.

EDLES WARMBLUT DER DDR

Um den Anschluss an die westliche Sportpferdezucht nicht zu verlieren und konkurrenzfähig zu bleiben, wurde das Zuchtziel für das edle Warmblut der DDR – das als Brand den von der Schlange umwundenen Pfeil mit einem großen „E“ darunter bekam – angepasst. Und man ging sogar noch weiter: Schon 1960 wurde in Verden auf dem Pferdemarkt der dreijährige Halbblüter Julier erworben, ein Sohn des Vollblüters Julius Cäsar xx.
1974 bekam das Haupt- und Landgestüt Neustadt mit dem Hannoveraner Adept, einem dreijährigen Hengst aus der Linie des Trakehners Abglanz, einen Neuzugang, der die Zucht sehr prägen sollte. Seine 19 gekörten Söhne verbreiteten sich in der ganzen DDR-Zucht und noch heute hat so manche Mutterstute im Osten die A-Linie im Pedigree – und bestimmt nicht zu ihrem Nachteil.

KOLIBRI

Die DDR-Zucht brachte ihren wichtigsten Hengst aber selbst hervor und seine Nachkommen sind heute als Springpferde in der ganzen Welt unterwegs. In Kolibris Geschichte spiegelt sich die Historie der Pferdezucht im vorigen Jahrhundert wider.
Nach dem Krieg wurde in Mecklenburg ein Hengst ohne Papiere unter dem Namen „Tropfen“ ins Zuchtbuch eingetragen. Es dauerte einige Jahre, bis ihn jemand als Körling und wahrscheinlich den letzten Nachkommen der Celler-Linie des Vollblüters Kingdom xx erkannte. 1959 fiel ein Sohn dieses Hengstes, der als „Komet“ gekört werden sollte – und es nicht schaffte. Das hätte in der DDR eigentlich die Kastration bedeutet, doch irgendwie entkam Komet diesem Schicksal und wurde Springpferd, wobei er dem brandenburgischen Landstallmeister auffiel, der den mittlerweile Elfjährigen als Beschäler für Neustadt a.d.

Dosse einkaufte. Dort zeugte er als Hauptbeschäler die Hengste Kobold I, Kobold II, Komparse, Kontakt, Kosmos I und Kosmos II. Kobold I blieb in Neustadt und deckte die Stute Lorelei, die aus der Trakehnerlinie des Labyrinth stammte.
Der Schimmel, der aus dieser Paarung entsprang, fiel schon als Fohlen auf und wurde als „Kolibri" 1982 in Neustadt gekört. Bis 2004 hat er rund 2.000 Stuten gedeckt und 20 gekörte Söhne hinterlassen, darunter so erfolgreiche Hengste wie Korsar I und II, Kolibris As, Kai, Kornfink, Kulman, Kaiserwind und King Kolibri. Kolibris Kinder haben ungefähr 1,3 Millionen Euro in Springwettbewerben verdient und das Blut des Kolibri ist inzwischen auch in einigen westdeutschen Stammbäumen vertreten.

PFERDE GEGEN KLOSCHLÜSSELN

Die Reiter in der DDR waren nicht zu beneiden. Ihre besten Pferde wurden üblicherweise in den Westen verkauft. Pferde waren ein Exportschlager der DDR – und sehr viele Pferdeleute werden sich noch daran erinnern, wie in den 80ern die ostdeutschen Landstallmeister mit einem großen LKW voller Pferde zur Equitana oder ähnlichen Pferdemessen in den Westen kamen.

Auch das Deutsche Sportpferd ist vom Adel und der Härte der Trakehnervorfahren geprägt.

Zurück fuhren sie dann – nein, nicht mit Pferden, und auch nicht mit den Taschen voller Geld, sondern mit Artikeln, die im Osten Mangelware waren und dort wunderbar für Tauschgeschäfte eingesetzt werden konnten. Geradezu legendär war in dieser Beziehung der clevere Neustadter Landstallmeister, der einst einen LKW voll Kloschlüsseln Richtung Heimat transportierte und von dem behauptet wird, er habe damit die Renovierung seines halben Gestütes finanziert. Dabei hat er es offenkundig aber auch geschafft, immer wieder gute Zuchtstuten und -hengste vor dem Verkauf in den Westen zu bewahren.
Als die Pferdezucht nach der Wiedervereinigung wieder privatisiert wurde und sich die ostdeutschen Zuchtverbände formierten, war in Neustadt a. d. Dosse ein guter Bestand an Zuchtpferden vorhanden – und mehr noch: Ein sehr engagierter und kompetenter Mitarbeiterstab ließ das brandenburgische Haupt- und Landgestüt inzwischen in neuem Glanz erstrahlen. Es ist im Konzert der deutschen Staatsgestüte durchaus zu hören. Nicht wenige westdeutsche Hengste reisen alljährlich zu ihrer Hengstleistungsprüfung nach Neustadt a.d. Dosse.

REGER AUSTAUSCH

Der Zuchtverband für die Deutschen Sportpferde kooperiert inzwischen mit den süddeutschen Zuchtverbänden, es findet ein reger Austausch statt.
So präsentiert Neustadt a. d. Dosse den Schimmel Arctic stolz als einen der Starhengste für die Zukunft – und der wiehert wahrscheinlich immer noch mit einem leicht schwäbischem Unterton, denn der Alassio-Sohn ist auf dem Birkhof in Baden-Württemberg aufgewachsen. Dafür stehen Neustadter und ehemals sächsische Pferde in vielen westdeutschen Ställen, und in der Zukunft wird sich wohl noch mehr vermischen.
Vermutlich spielt es auch eine Rolle, dass zwei westdeutsche Züchter mit einigem Anspruch an qualtitativ hochwertige Pferde inzwischen ihre Pferde im Osten aufziehen: Paul Schockemöhle hat das ehemalige Staatsgestüt Lewitz übernommen, in dem zur Zeit an die 4.000 Pferde stehen und jedes Jahr um die 700 Fohlen geboren werden. Und in Sachsen führt der bayrische Spediteur Theo Steinle sein Gestüt Sachsen, auf dem hervorragende, hoch im Blut stehende Pferde gezogen werden.

Hannoveraner können auf eine lange Zuchtgeschichte zurückblicken.

Hannoveraner

Bei amerikanischen Pferdeleuten ist „Hannoveraner“ das Synonym für Deutsche Sportpferde. Und auch wenn es noch ein paar andere deutsche Pferderassen gibt, die auf internationalen Springplätzen und Dressurvierecken gewinnen – so ganz unrecht haben die Amerikaner dennoch nicht. Ohne die Hannoveraner wären die deutschen Warmblüter nicht denkbar und es gibt wahrscheinlich keinen, der nicht in den letzten vier Generationen mindesten einen Hannoveraner im Stammbaum hat.
Wie viel Tradition die Pferdezucht in Niedersachsen hat, sieht man nicht nur im Landeswappen mit dem steigenden Pferd. Eine Fahrt über Land zeigt es noch viel deutlicher: An jedem der prachtvollen, alten niedersächsischen Höfe prangen oben zwei gekreuzte Pferdeköpfe am Giebel. Das Zeichen als „Schutzzauber“ für das Haus reicht in vorchristliche Zeiten zurück, doch dass es sich gerade in Niedersachsen erhalten hat, dürfte sehr viel damit zu tun haben, dass man rund um Hannover stärker als in anderen deutschen Gebieten „aufs Pferd setzte“.

PFERDEZUCHTLAND

Die schweren Böden der fruchtbaren niedersächsischen Tiefebene mussten mit Pferden bearbeitet werden. Da man auf den großen Erbhöfen üblicherweise mehr als ein Gespann hatte, lag es nahe, auch zu züchten – und so war Hannover schon im Mittelalter Pferdezuchtland.
Die ersten Stutereien in Niedersachsen wurden im 16. Jahrhundert beurkundet. 1735 bekam das Land dann sein Gestüt: König Georg II. gründete das Landgestüt Celle, das bis heute besteht und die Aufgabe hat, das Land mit guten Hengsten zu versorgen. Die Könige von Hannover waren aber nicht nur in Niedersachsen

Den schönen Kopf hat der Hannoveraner den Vollblutvorfahren zu verdanken.

zu Hause, sondern in Personalunion Könige von England – und so war es wohl unvermeidlich, dass die hannoversche Zucht stark von England beeinflusst wurde. Deshalb wurden schon im 19. Jahrhundert immer wieder Vollblüter aus England eingeführt und als Veredler in der Zucht eingesetzt.

Die Landwirtschaft brauchte aber starke Pferde, die sowohl vor dem Pflug als auch unter dem Sattel arbeiten konnten, daher verstärkten auch englische Arbeitspferde die Zucht: Yorkshire-Hengste, Cleveland Bays und vor allem die schweren Norfolks.

Die Hannoveraner hatten weit über das Land hinaus einen guten Ruf als belastbare, vielseitig einzusetzende Pferde – und im Ersten und Zweiten Weltkrieg waren Tausende von ihnen bei der Artillerie als Zugpferde im Einsatz.

Nach dem Zweiten Weltkrieg war Hannover dann eine der Keimzellen der „Erhaltet das Pferd“-Bewegung. In Niedersachsen hatte es immer ländliche Reiterei gegeben. Vielleicht erklärt sich das durch den Einfluss der bekannt sportlichen Engländer. Die Bauernsöhne präsentierten am Wochenende ihre Pferde auf Turnieren, für sie war auch nach dem Krieg klar, dass weiter geritten werden würde.

LINIENBEGRÜNDER

Doch auch in Hannover war nach dem Krieg erst einmal Umzüchten das Gebot der Stunde. Der Hannoveraner musste leichter und eleganter werden, um in der Zukunft als Sportpferd bestehen zu können.

Dafür sorgten dann vor allem drei Hengste aus Trakehnen und ein Vollblüter. Der bedeutendste unter den Trakehnern war vermutlich ein Sohn des berühmten Trakehner-Stempelhengstes Dampfroß: Semper Idem, der mit Senator einen sehr erfolgreichen Sohn für die Hannoveraner-Zucht stellte. Nummer zwei und vielleicht noch wichtiger: Abglanz – der einen solchen mit den drei Vollbrüdern Abhang I, II und III sowieso den Hengsten Archimedes und Absatz hinterließ. Die Linie ist heute noch durch die Absatz-Söhne Akzent II und Argentan vertreten. Der Dritte im Bunde war schließlich der elegante Lateran, der den Araber Fetysz ox zu seinen Vorfahren zählte. Er war das Paradebeispiel für einen Veredler, der besonders mit robusten Stuten gute Erfolge hatte – gelungen ist sein Sohn Lasso, dessen Mutter aus Hannovers alter F-Linie stammt.

Und schließlich war da der Blüter, der zur Legende wurde. Der in Röttgen gezogene Braune Der Löwe xx. Obwohl kein Riese an Gestalt, imponierte er mit mächtigen Linien und einem sehr eigenwilligen Charakter, den er durchaus auch vererbt hat. Löwen-Nachkommen waren insofern berühmt-berüchtigt, als dass sie alles gewinnen konnten – es aber nur taten, wenn ihnen der Sinn danach stand. Der unsensible Reiter, der die Sympathie und Kooperationsbereitschaft seines Löwen verloren hatte, war geliefert. Intelligent und hart im Nehmen sind die Löwen-Nachkommen, die Linie hat sich über Lugano I und II in Hannover durchgesetzt.

HANNOVERS D UND G

In Hannover ist es wie bei den meisten deutschen Warmblutverbänden Sitte, dass Pferde in ihrem Namen immer den Anfangsbuchstaben des Vaters übernehmen.

Von dieser Regel gab es nur einmal eine Ausnahme: Die hannoversche F-Linie, deren letzter großer Vertreter der Springvererber Ferdinand war, wechselte zu W. Der Ferdinand-Sohn Wedekind begründete eine eigene Linie, die über Weltmeister und seinen Sohn Welt As vertreten ist – aus ihr stammt zum Beispiel Anky van Grunsvens Olympiasieger Bonfire. Ferdinand

hat übrigens als alter Herr noch einen Ausflug in einen Bereich gemacht, den man bei einem Hannoveraner-Springvererber nicht vermutet hätte: Er wurde nach Österreich ins Gestüt Piber ausgeliehen, wo die Lipizzaner dringend Blutauffrischung brauchten.
Ebenfalls zum W wurden die Fs von Flügeladjutant, der über Woehler und Woermann zum Vorfahr von World Cup I und seinen beiden Brüdern wurde. World Cup I wiederum war der Vater von Weltmeyer, der eine der wichtigsten Hannoveraner-Dressurlinien begründete. Ansonsten waren eine Zeit lang in Hannover zwei Gs fast übermächtig: Die Linien der Hengste Gotthard und Grande. Zu ihnen zählten zum Beispiel Grannus und Top Gun auf der Springseite und Gigolo und Grunox bei den Dressurpferden. Der etwas eckige Schimmel Gotthard lieferte aber noch eine Erfolgsgeschichte: In Belgien ist sein Blut sehr stark vertreten. Sehr viele der erfolgreichen Almé-Z-Kinder, die dort die Zucht prägen, hatten Gotthard-Mütter. Mittlerweile hat sich aber eine andere alte Hannoveraner-Linie wieder nach vorne geschoben: Die über Oldenburg in alle Welt verbreitete Linie des Donnerhall geht auf den Hannoveraner Detektiv zurück, der zum Beispiel auch für Duellant verantwortlich war. Und einer ihrer berühmtesten Vertreter war interessanterweise ein Springpferd– obwohl die Ds doch eigentlich als Dressurpferde gelten: Deister, unter Paul Schockemöhle eines der erfolgreichsten Springpferde überhaupt, war ein Nachkomme des Duellant.

DEUTSCHLANDS GRÖSSTER ZUCHTVERBAND

Mit an die 17.000 eingetragenen Stuten ist Hannover der größte deutsche Zuchtverband. Und es ist derjenige, der eine wichtige Erkenntnis über Zucht, die ein bisschen untergegangen war, wieder aufgenommen und umgesetzt hat: Hengste sind sehr wichtig, weil sie viel mehr Nachkommen zeugen können als Stuten Fohlen gebären.
Das ändert aber nichts an der Tatsache, dass die Mütter in Sachen „Vererbung“ eine höhere Relevanz als die Hengste haben. Eine Ursache dafür liegt in der Genetik begründet: Mutter und Vater eines Individuums liefern je 50 %

Hannoveraner sind leistungsbereite Pferde, aber auch zuverlässige Partner für die Freizeit.

seiner Gene. Aber die Mitochondrien-DNA, die (vereinfacht gesagt) für den Energiehaushalt der Zellen zuständig ist, kommt nur von der Mutter. Rechnet man dazu, dass Pferdekinder ja selten ihren Erzeuger kennenlernen und in ihrem Sozialverhalten – das sicher auch eine nicht zu kleine Rolle in ihrem Verhältnis zum Menschen, ihrem Lernverhalten und ihrer Kooperationsbereitschaft spielt – komplett und ausschließlich von den Müttern geprägt werden, wird begreiflich, warum die Stuten in der Zucht so wichtig sind.

In Hannover hat man sich darum der Stuten angenommen und 2010 eine Systematik für die Stutenstämme entwickelt, bei der alle eingetragenen Zuchtstuten auf die jeweilige Stammstute zurückverfolgt wurden. Dafür hat man sich des ersten Bandes des Hannoveraner-Stutbuches von 1888 bedient, mit dem man über 1.500 Stutenstämme hannoverschen Ursprungs belegen konnte. Das Wissen um die Herkunft der Stuten hilft den Züchtern bei ihrer Anpaarungsentscheidung – und die Erfolge der Hannoveraner-Zucht bestätigen, wie wichtig diese Zuchtpolitik ist.

OLYMPISCHE ERFOLGE

Welche Bedeutung die Hannoveraner in der Sportpferdezucht immer noch haben, zeigt sich alle vier Jahre bei Olympia. Dabei waren die Spiele in Hongkong 2008 ein kompletter Hannoveraner-Triumph: Einzelgold in der Dressur ging an den Hannoveraner Salinero von Salieri/Lungau (ja, da ist sie wieder, die gute alte Lugano-Der Löwe-Linie) unter Anky van Grunsven. Das Mannschaftsgold in der Dressur nahmen die Deutschen mit nach Hause – und mit ihnen Hannoveraner: Heike Kemmers Bonaparte, ein Sohn von Bon Bonaparte aus einer Consul-Mutter, Isabell Werths Satchmo von Sao Paulo/Legat und Nadine Capellmanns Elvis von Esprit/Garibaldi II. In der deutschen Vielseitigkeitsmannschaft, die ebenfalls mit Gold belohnt wurde, waren zwei Söhne des Vollblüters Heraldik vertreten: Butts Abraxxas unter Ingrid Klimke, ebenso hannoversch gebrannt wie Butts Leon, der unter Andreas Dibowski unterwegs war. Und Ingrid Klimkes „Braxxi“ hat 2012 in London die zweite Mannschaftsgoldmedaille in der Vielseitigkeit für Hannover heimgebracht.

Hannoveraner sind im Pferdesport in allen Disziplinen sehr erfolgreich.

Braxxi, Ingrid Klimkes erfolgreiches Vielseitigkeitspferd, genießt sein Rentnerleben.

Vom Vollblut geprägt, sind die modernen Holsteiner überaus elegante Pferde.

Holsteiner

Fruchtbare Marschweiden, gesunde Salzluft und viel Fläche, auf der junge Pferde sich austoben können – das ist Holstein, ein Pferdezuchtland mit großer Tradition. Schon im 14. Jahrhundert sind in der Marsch „Stutereien" urkundlich nachgewiesen und wie im benachbarten Oldenburg züchtete man in Holstein damals vorwiegend „schwere Brummer". Bei denen legte man jedoch bereits Wert auf eine gewisse Eleganz, weswegen damals immer wieder neapolitanische, spanische und orientalische Hengste eingeführt wurden.
Dementsprechend waren Holsteiner schon im 17. Jahrhundert ein beliebter Exportartikel, die Bauern in der Marsch verdienten gutes Geld mit ihren Pferden. Ihre Obrigkeit profitierte davon und erließ Vorschriften zur Pferdehaltung. Im 18. Jahrhundert waren die Holsteiner als repräsentative Karossiers etabliert. Man setzte bereits zu jener Zeit auf englischen Einfluss und importierte immer wieder Yorkshire Coaches, wobei man ein gewisses Faible für Halbblüter hatte. Das Ergebnis konnte sich sehen lassen: große Pferde, die trotz ihres Kalibers Chic hatten und sich mit der hohen Knieaktion bewegten, die damals bei Kutschpferden so begehrt war.

DURCHSCHLAGENDER VERERBER: LADYKILLER

Im Gegensatz zu vielen anderen Zuchtverbänden setzten die Holsteiner nach dem Zweiten Weltkrieg nicht auf die Trakehner, um ihre Pferde zu veredeln, sondern zu hundert Prozent auf Englische Vollblüter. Dabei waren es vier Hengste, die aus den schweren Karossiers leichte, schnelle Reitpferde mit viel Springvermögen und deutlich flacheren Gängen machten: Cottage Son xx, Anblick xx, Marlon xx und Ladykiller xx.
Es war vor allem der in England gezogene Ladykiller, der in der Holsteiner-Zucht zum Stempelhengst wurde. Er brachte alles mit, was einen Vollblüter für die Warmblutzucht ausmacht: Mit 164 Zentimeter Stockmaß war er zwar kein Riese, aber ausreichend groß. Dazu stand der etwas herb wirkende Braune auf einem stabilen Fundament, hatte eine mächtige Schulter und eine sehr gute Rückenlinie. Er konnte sich hervorragend bewegen und er konnte springen. Sein Pedigree geht auf St. Simon xx zurück. Von ihm war bekannt, dass er in Mutterlinien ein großes, besonders leistungsfähiges Herz vererbte – und in Ladykillers Pedigree taucht er gleich zwölfmal auf. Ladykillers bedeutendster Sohn in der Holsteiner-Zucht wurde der braune Landgraf I

Die Holsteiner Zucht hat sich vor allem auf Springpferde spezialisiert.

aus einer Mutter, die auf Anblick xx zurückgeht. Allerdings war auch Landgraf I nicht von Anfang an der Superstar unter den Hengsten, so wie wir ihn heute sehen. Er verbrachte seine Jugendjahre in Baden-Württemberg – und zu den Stuten, die er dort vorfand, scheint er nicht besonders gut gepasst zu haben. Jedenfalls fiel in dieser Zeit kein Landgraf I-Fohlen, das bedeutend gewesen wäre. Landgraf I, obwohl im Exterieur ein typischer Warmblüter, führte ja nicht nur über seinen Vater Ladykiller, sondern auch über die Mutterlinie Vollblut – und er brauchte offenkundig die etwas schwereren Holsteiner-Stuten, um seine hervorragenden Eigenschaften zu vererben.

Ladykillers Nachkommen waren immer dann besonders gut, wenn sie auf der Mutterseite entweder Cottage Son xx oder Cor de la Bryère hatten. Beide Hengste gehen auf Dark Ronald xx zurück, was offenkundig sehr gut zur Ladykiller-Linie passt, die sich vor allem über Landgraf I in Holstein so durchgesetzt hat, dass einem manchmal schon bange wird. Wenn bei Holsteiner-Körungen die eine Hälfte der Körkandidaten Landgraf-Nachkommen aus einer Mutter von einem Cor de la Bryère Nachkommen sind, während die andere Hälfte aus der Paarung Cor de la Bryère x Landgraf I stammt, fragt man sich schon, ob die Blutführung da nicht etwas eng geworden ist – und bedauert, dass es den Holsteinern nicht gelungen ist, die Linie des Marlon xx im Mannesstamm zu erhalten.

IM- UND EXPORT

Andererseits ist auch Holstein heute etwas „durchlässiger“. Die Zeiten, in denen ein Hengst den Holsteiner-Brand haben musste, um dort decken zu dürfen, sind vorbei. Holsteiner decken heute nicht nur in allen anderen Zuchtverbänden, sondern in Holstein sind auch Hengste aus anderen Zuchtverbänden im Einsatz.

Der Vollblüter Heraldik xx hat auch Nachkommen mit Holsteiner-Brand hinterlassen, unter den aktuellen Hengsten sind mehrere Nachkommen des Selle Français Quidam de Revel und der Sohn eines Anglo-Arabers. Dass die meisten Hengste Corde oder Landgraf auf der Mutterseite haben – wer kann es den Holsteinern verdenken, dass sie auf Blutanschluss setzen? Sie sind damit in der Vergangenheit gut gefahren und es wird ihnen sicher auch in der Zukunft nicht schaden.

COR DE LA BRYERE
Stempelhengst

Wie schaffen es Züchter, Pferde auf einen Blick in die Linie einzusortieren, in die sie gehören? Wer diese Fähigkeit erlernen will, sollte mit den Nachkommen des großen „Corde" anfangen. Cor de la Bryère, wie der Selle Français mit vollem Namen hieß, schlägt nämlich noch in der vierten und fünften Generation durch und es gibt ein Merkmal, an dem sogar Anfänger in Sachen Hippologie seine Nachkommenschaft in vielen Fällen erkennen können: Ihre fast perfekte Bascule über dem Sprung.

SPÄTENTWICKLER FÜR HOLSTEIN

Der 1968 in Frankreich geborene Braune war nicht von Klein auf ein „Knaller". Ganz im Gegenteil: Als Dreijähriger gefiel er einer französischen Körkommission so wenig, dass er gelegt werden sollte. Zum Glück weigerte sich sein Besitzer Xavier Ribard, denn kurz darauf waren einige Herren vom Holsteiner-Verband in Frankreich auf der Suche nach einem Hengst. Ihnen gefiel der mächtige Braune – und vermutlich haben sie sich auch sein Pedigree genau angeschaut, in dem sowohl hinter Vater Rantzau xx wie auch bei Mutter Quenotte B der große Dark Ronald auftaucht. Und dass dessen Nachkommen in der Warmblutzucht taugen, war oft genug bewiesen worden.

Cor de la Bryère zog 1971 nach Holstein um, gewann im gleichen Jahr die Hengstleistungsprüfung und startete seinen Siegeszug, der inzwischen dazu geführt hat, dass in 70 % aller Holsteiner Corde-Blut fließt. Dabei funktionierte bei ihm die Sache mit dem „Blutanschluss" besonders gut: Immer dann, wenn Cor de la Bryère auf Stuten traf, die ebenfalls Dark Ronald im Stammbaum hatten, kamen großartige Pferde heraus, so zum Beispiel bei der Stute Tabelle, mit der er fünf gekörte Söhne – darunter Calypso I und II – hatte. Ebenso erfolgreich war er mit Furgund, die er 18-mal gedeckt hat, wobei sechs gekörte Söhne herauskamen. Und mit Deka: Caletto I, II und III haben sie als Mutter.

VIELSEITGE TALENTE

Cordes-Nachkommen waren und sind alle sehr schicke, großrahmige Pferde, die nicht nur springen können, sondern außerdem auch schöne, elastische Gänge haben. Das berühmteste unter den Corde-Dressurpferden war sicher Corlandus unter Margit Otto-Crepin. Und dass die Cordes-Nachkommen in allen Disziplinen gewinnen, liegt ganz sicher auch daran, dass sie intelligent, liebenswürdig, leichtrittig und sehr leistungsbereit sind.

Schön, vielseitig begabt, leistungsbereit und liebenswert – die Kinder und Enkel des großen Franzosen Cor de la Bryère

Auch bei der Vielseitigkeit brillieren Cordes Nachkommen wie zum Beispiel Calypso Sun.

2020 wird das Brandzeichen der Oldenburger Pferde – das O mit der Krone – 200 Jahre alt.

Oldenburger

Die oldenburgische Pferdezucht reicht sehr weit zurück. Graf Johann von Oldenburg importierte bereits 1580 Orientalen, Neapolitaner und Spanier zur Verbesserung des einheimischen Schlages. Sein Sohn Anton Günther von Oldenburg, als großer Pferdekenner bekannt, kreuzte Friesen ein. Was dabei in Nordholstein herauskam, war ein elegantes, schon relativ leichtes Kutschpferd, während im Süden Holsteins eher der mittelschwere Karossier-Typ mit hoher Knieaktion gefragt war.
Auffallend dabei ist, dass in Oldenburg immer auf Privathengsthaltung gesetzt wurde. Es gab nie ein Landgestüt, aber dafür hat man sich sehr früh in Zuchtverbänden organisiert und ein Brandzeichen als eine Art „Markenzeichen" eingeführt.

VIELFALT ALS ZUCHTPOLITIK

In Oldenburg ging man schon immer eigene Wege, auch nach dem Zweiten Weltkrieg. Ganz Deutschland züchtete seine schweren Arbeitspferde zu Reitpferden um. Nur in Oldenburg wartete man erst mal ab. Die meist bäuerlichen Oldenburger-Züchter konnten sich wohl nicht vorstellen, dass das Pferd in der Landwirtschaft wirklich nicht mehr gebraucht wurde. Und während in anderen Ländern schon die erste Generation leichterer Pferde unter den Sattel kam, dröhnte in Oldenburg immer noch der schwere Marschboden, wenn eine Herde Oldenburger im Galopp über die Koppel stürmte.
Als sich die Oldenburger dann aber zum Umzüchten entschlossen, gingen sie konsequent vor. Vollblüter wie Adonis xx, Manolete xx, Ballyboy xx, More Magic xx, Vollkorn xx und Vierzehnender xx kamen ins Land und veredelten die schweren Stuten. Außerdem kaufte man in Frankreich ein und fand die beiden Furioso xx-Söhne Furioso II und Futuro. Die beiden Selle Français passten. Sie waren bunte Füchse, wobei Furioso II vermutlich sogar ein Scheckgen mitbrachte (er hatte selbst einen weißen Fleck am Bauch, den er oft vererbte).
Zu den Vollblütern und Franzosen kamen dann Hengste aus den Nachbarländern, wie zum Beispiel die Holsteiner Landadel (von Landgraf I) und Tin Rocco, die Westfalen Rubinstein und Ramino und die Hannoveraner Grundstein I und II, Argentinus, Akzent II und Grannus. Dazu setzen sich zwei Hengste aus Frankreich durch:

Der Selle Français Zeus und der elegante weiße Anglo-Araber Inschallah, der sich vor allem als Stutenmacher bewährte.
Ein absoluter Glücksfall für die Oldenburger-Zucht waren dann Donnerhall und Rubinstein, die zwei der heute wichtigsten deutschen Dressurlinien begründeten. Ihnen folgte Sandro Hit – auf der Vaterseite über Sandro Song auf den Vollblüter Sacramento Song xx und auf der Mutterseite auf Ramiro Z zurückgehend. Inzwischen gilt bei den Oldenburgern, dass es die Mischung macht – wie zum Beispiel beim Doppelbundeschampion Denario, der auf der Vaterseite mit Donnerhall und Vollkorn xx zwei Oldenburger-Stammhengste im Pedigree hat. Mit rund 10.000 eingetragenen Stuten gehört Oldenburg zu den großen deutschen Zuchtverbänden und ist für die Zukunft gut aufgestellt. Auf der Elite-Auktion in Vechta werden alljährlich Spitzenpreise erreicht. Oldenburger-Hengste findet man in allen deutschen Zuchtgebieten und wie die Hannoveraner haben inzwischen auch sie einen „Ableger" in Amerika, wo Oldenburger nachgezüchtet werden.

Hale Bob zeigt: Oldenburger haben Springtalent.

Auch heute noch sieht man Oldenburger, die den ursprünglich schweren Typ verkörpern.

[a] NICOLE UPHOFF und ihr legendärer Rembrandt, der über Jahre die Dressurszene dominierte. Er war ein Halbbruder von Rubinstein.

[b] ROBIN GOODFELLOW von Rubinstein und einer Stute aus der hannoverschen A-Linie war der sehr geliebte vierbeinige Freizeitgefährte der Autorin.

[c] RENOIR von Rubinstein unter Ann-Kathrin Linsenhoff-Kroth. Er war einer der vielen erfolgreichen Rubinstein-Söhne in der Dressur.

RUBINSTEIN

Elegant und sensibel

Er war eine Schönheit, vor allem in Bewegung: Der Westfale Rubinstein von Rosenkavalier, der die Oldenburger-Zucht mit geprägt hat, glänzte vor allem durch das, was Hippologen kurz „Gummi" nennen. Seine federnden, elastischen Gänge schienen den lackschwarzen Hengst geradezu dahinschweben zu lassen. Balance schien für ihn kein Problem zu sein und Ausstrahlung hatte er wahrlich für zwei Pferde. Er faszinierte jeden Betrachter.

DRESSURCHAMPION

So ist es kein Wunder, dass Rubinstein selbst zu den besonders erfolgreichen Dressurpferden gehörte. Er stammte aber auch aus der entsprechenden Familie.
Sein Halbbruder war der vierfache Olympiasieger Rembrandt und seine Mutter Antine war die Vollschwester von Dr. Reiner Klimkes Erfolgspferd Ahlerich. Über Vater Rosenkavalier gehört er zur Linie des Westfalen-Starhengstes Romadour II, die wiederum auf den hocheleganten Araber Ramzes zurückgeht. Mutter Antine lieferte über ihren Vater Angelo xx das Blut. Rubinstein war ein Paradebeispiel für eine gezielte Leistungszucht, bei der hervorragende Hengste und sorgfältig selektierte Stuten zusammenkamen.

ERFOLGREICH IN DER ZUCHT

Rubinstein als Zuchthengst war ein Erfolg. Die Söhne, wie zum Beispiel Rohdiamant und auch Royal Diamond, wurden wie der Vater dafür bekannt, gescheite und besonders rittige Pferde zu liefern. Besitzer von Rubinstein-Kindern können inzwischen aber noch etwas berichten: Ihre meist sehr schicken Braunen sind intelligent und sensibel – und wenn sich das gegen den Reiter wendet, sind sie stur und Weltmeister im Verweigern und Sich-Entziehen. Ihre Leistungsbereitschaft ist nicht immer 100%ig gewährleistet und darum empfiehlt sich bei der Anschaffung eines Rubinstein-Nachkommens ein Blick ins Pedigree. Rubinstein lieferte die besten Kinder mit hohem Blutanteil auf der Mutterseite.

Hochelegant, geschmeidig, intelligent und ausgesprochen charmant haben die Rubinstein-Nachkommen viele Freunde gewonnen.

DER SPORTLER

Ein Hengst muss heute generell einiges an Eigenleistung bringen.
Rubinstein brillierte auf diesem Gebiet. Als Youngster bewies er mit sehr guten Noten für Dressur, Springen und Gelände in der Hengstleistungsprüfung seine Vielseitigkeit; in der weiteren Ausbildung gedieh er zum Dressurspezialisten, der erfolgreich im Grand Prix unterwegs war und sogar einmal als Olympiakandidat gehandelt wurde.

Im Gestüt Redefin werden seit 1812 Pferde gezüchtet.

Mecklenburger

Die Mecklenburger hatten eine wechselvolle Geschichte: Ihr Landgestüt Redefin wurde zwar schon 1812 gegründet, aber es dauerte bis ins 20. Jahrhundert, bis die Rasse – schwere Arbeitspferde mit viel Knieaktion, dementsprechend auch als Karossiers tauglich – einigermaßen konsolidiert war. Allerdings währte die Freude nicht allzu lange: Ein Großteil ihrer Pferde ging im Zweiten Weltkrieg verloren und von 172 Hengsten, die dann noch in Redefin standen, mussten 159 als Reparationsleistung in die Sowjetunion abgegeben werden. Dafür kamen Hengste aus dem Osten, was aber auch nicht viel geholfen hat. Die Zucht in der DDR dümpelte vor sich hin. Erst 1961, nachdem der Deutsche Pferdesport-Verband der DDR gegründet worden war und man entdeckt hatte, dass Pferde gute Exportartikel sind, wurde im ehemaligen Hengstdepot Ganschow wieder ein Aufzuchtbetrieb für Fohlen im Reitpferdetyp eingerichtet.
In den nächsten Jahren entfiel die Rassebezeichnung „Mecklenburger" und wurde ersetzt durch den Namen „Edles Warmblut der DDR". Innerhalb Mecklenburgs waren die gute alte Detektiv-Linie und die des Vollblüters Julier xx besonders vertreten. Dazu kam die Linie des King, der mit Kolibri einen der wichtigsten Hengste der DDR-Zucht stellte.

NACH DER WENDE

1993 wurde das Landgestüt Redefin in die Zuständigkeit des Ministeriums für Ernährung, Landwirtschaft, Fischerei und Forsten in Schwerin gestellt, seitdem wird die historische Anlage mit Nachdruck saniert. 29 Warmblut- und 2 Kaltbluthengste stehen in Redefin und seinen 11 Stationen.
Auch in Mecklenburg haben sich westdeutsche Hengste – und viele davon mit einem „C" als Anfangsbuchstaben – durchgesetzt. Mecklenburgs größter züchterischer Erfolg ist auch ein Nachfahr des großen Cor de la Bryère: der Chambertin-Sohn Chacco Blue. Der erfolgreiche Springhengst hat aber auf der Mutterseite Mecklenburger Blut zu bieten: Er stammt aus der Mecklenburger D-Linie, die auf den Hannoveraner-Gründerhengst Detektiv zurückgeht.

Rheinisches Warmblut

Das Rheinland stand über Jahrhunderte für „Dickschiffe“. Wer einen richtig schweren Kaltblüter brauchte – und wir reden hier von Pferden, die gute 1.000 Kilogramm auf die tellergroßen Hufe stellen – war im Rheinland bestens bedient. Hier bekam man jede Menge Pferd fürs Geld, und wenn die sich in die Seile stemmten, ging es voran. Rheinländer zogen Brauereiwagen und die großen Scharpflüge, waren im Wald im Einsatz und zogen im letzten Krieg die schwere Artillerie durch den russischen Schlamm.
Doch den Rheinländern war nach dem Zweiten Weltkrieg klar, dass sie das schwere Kaltblut kaum zum Reitpferdetyp umzüchten konnten. Deswegen experimentierten sie gar nicht erst, sondern machten einen radikalen Schnitt. Ein neuer Zuchtverband mit einem neuen Brandzeichen wurde gegründet – und die meisten Züchter kauften neue Zuchtstuten, um von vorne zu beginnen. Dabei waren besonders Trakehnerinnen beliebt, denn das Brandzeichen war ja an die Elchschaufeln der Trakehner angelegt.

EINFLUSS AUS WESTFALEN UND HANNOVER

Was die Hengste angeht, haben die Rheinländer sich sehr erfolgreich in der Nachbarschaft bedient. Man ließ in Westfalen decken und besonders beliebt waren dabei Romadour II und seine Nachkommen. Romadour II geht auf den Anglo-Araber Ramzes zurück und passte gut zu den Stuten mit dem Trakehnerbrand. Mit seinen Söhnen Rheingold und Romanow gründete er im Rheinland eine eigene Linie.
Die zweite wichtige Hengstlinie im Rheinland reicht nach Hannover zurück: Sie beruht auf Salut von Senator, der als Nachkomme des Trakehners Semper Idem Blutanschluss zu den Rheinländer-Stuten bot.
Heute ist das Rheinland ein kleiner, aber feiner Zuchtverband, der mit einer sehr guten Stutenbasis und ein paar exzellenten Hengsten in die Zukunft schaut.

Der rheinländische Zuchtverband kann dank einiger excellenter Pferde unbesorgt in die Zukunft schauen.

Trakehner

Trakehner sind etwas ganz Besonderes. Sie sind die älteste deutsche Reitpferderasse und werden schon seit Bestehen der Bundesrepublik in ganz Deutschland gezüchtet. Ihre wechselvolle Geschichte reicht wahrlich für einen ganzen Roman.
Sie sind die einzigen, deren Stutbuch – zumindest weitgehend – geschlossen ist. Den Trakehnerbrand bekommt nur ein Fohlen, dessen Mutter eine eingetragene Trakehnerstute und dessen Vater entweder Trakehner oder ein vom Trakehnerverband anerkannter Englischer Vollblüter, Anglo-Araber oder Araber ist. Andere Pferde haben keine Chance.
Bei den Trakehnern wird diese Zuchtpolitik schon sehr, sehr lange betrieben. Vor dem Ersten Weltkrieg, als es das Hauptgestüt Trakehnen noch gab, waren die Regeln sogar noch strenger: Den vollen Trakehnerbrand – die beiden Elchschaufeln – bekamen nur die Pferde, die im Hauptgestüt Trakehnen geboren wurden. Die Nachkommen der Trakehner-Landbeschäler, die draußen im Land von eingetragenen Stuten fielen, durften sich noch nicht einmal „Trakehner" nennen. Sie bekamen nur eine Elchschaufel als Brand und waren laut ihren Papieren ein „Ostpreußisches Warmblut Trakehner Abstammung".

WECHSELVOLLE GESCHICHTE

Die Ursprünge der Trakehner reichen ins 13. Jahrhundert zurück, als Ostpreußen vom Deutschorden kolonialisiert wurde. Die Ordensherren brachten ihre Pferde mit, die mit den kleinen, aber wendigen und zähen Ponys der Einheimischen zusammen zu einem neuen Schlag wurden.
Soldatenkönig Friedrich Wilhelm I. gründete dann 1732 das Königliche Stutamt Trakehnen. 1739 schenkte er es seinem Sohn, dem späteren Friedrich dem Großen, der damals an seine Frau Elisabeth Christine schrieb: „Der König war sehr freigiebig und schenkte mir das Gestüt (Trakehnen), das sehr prächtigen Gewinn abwirft. Das ist ein sehr schönes Geschenk und erweist mir die größte Gunst der Welt." Obgleich der „alte Fritz" seinen Schimmel

Typisch Trakehner: elegant, blutgeprägt und intelligent

Die Härte und das Stehvermögen der Trakehner sind legendär.

Conde sehr geliebt haben soll – ein Pferdekenner war er nicht. Für ihn war Trakehnen vorwiegend eine Geldquelle. Sein Großneffe Friedrich Wilhelm III. hingegen wusste, was er an seinem Gestüt in Ostpreußen hatte. Unter ihm wurde Trakehnen weiter ausgebaut, bis es zum Ende seines Bestehens an die 140 Quadratkilometer Weideland umfasste. Außerdem fiel in diese Zeit die Einführung der Stutbücher und der Leistungstests sowie der großen Trakehner-Jagden, die später sehr bekannt wurden und bei denen vor allem die Hengste ihre Härte und ihren Mut unter Beweis zu stellen hatten.

50 PROZENT VOLLBLUT

Im 19. Jahrhundert investierte man in Preußen in die Pferdezucht. Für Graditz wurde für den damals umwerfenden Preis von 500.000 Goldmark der englische Siegerhengst Dark Ronald xx eingekauft und auch Trakehnen bekam jede Menge Vollblut und einige Araber als Veredler für die Zucht.

Das Ergebnis war ein leichtes, aber dafür sehr hartes, widerstandsfähiges Kavalleriepferd, wobei die Pferde mit der Elchschaufel echte Halbblüter waren.

Fast alle Trakehner in dieser Zeit hatten mindestens 50 % Vollblutanteil.

Hyperion, Dampfroß, Pythagoras, Tempelhüter – die Namen der Trakehner-Stempelhengste lassen noch heute die Herzen von Pferdefreunden schneller schlagen. Sie waren Legenden, die auf den heckenrosen-umkränzten Paddocks in Trakehnen als wahre Paschas lebten und deren Kinder und Enkel in dieser Zeit den Reitsport beherrschten.

Ob Dressur, Springen, Vielseitigkeit oder Fahren – wer damals ein richtig gutes Pferd haben wollte, kaufte einen Trakehner.

Selektion auf Härte: Die heutigen Trakehner sind Nachkommen der Pferde, die die Strapazen der Flucht aus Ostpreußen überlebt haben.

MIT MANN UND ROSS UND WAGEN …

„Mit Mann und Roß und Wagen, so hat sie Gott geschlagen“, dichtete der Primaner Friedrich August einst über das Ende von Napoleons Heer in Russland. Im Winter 1944 hat wohl mancher der Menschen in Trakehnen an diese Zeilen gedacht, als Trakehnen geräumt wurde. Die Russen kamen – und die stur an den „Endsieg“ glaubenden Nazis erlaubten die Evakuierung des Gestüts erst im allerletzten Moment. Den Gestütsbeamten blieben drei Stunden, um zu packen und ihre Pferde zusammenzutreiben.

Das Ergebnis war, dass von den insgesamt 25.000 in Ostpreußen registrierten Pferden nur 575 Stuten und 45 Hengste im Westen ankamen. Ein nicht zu kleiner Teil ging auf der Flucht verloren, ein noch größerer Teil wurde von den Russen beschlagnahmt und in Gestüte am Don, bei Kaluga und Kaliningrad überführt, einige blieben in Polen zurück.
Es sah fast so aus, als ob dies das Ende der Legende vom Trakehner bedeuten würde. Doch wer das glaubte, hatte die zwei- und vierbeinigen Ostpreußen unterschätzt. Sie fingen im Westen neu an, und dabei zeigte sich, dass auch in einer Katastrophe noch ein kleines Fünkchen Positives stecken kann: Die Flucht aus Ostpreußen war die Härteprüfung für die Trakehner. Die, die dabei durchkamen, waren die Elite, was Durchhaltevermögen und Leistungsbereitschaft angeht. Sie bewiesen ihre Vitalität, als in der Bundesrepublik der Trakehner Zuchtverband gegründet wurde und in ganz Deutschland, aber auch in den Benelux-Ländern und sogar in Amerika, Trakehnergestüte entstanden, in denen die Pferde mit der Elchschaufel gezüchtet wurden. Gleichzeitig wurden die Trakehner zu Veredlern für alle anderen deutschen Warmblutrassen. Ob Semper Idem und Abglanz in Hannover oder Julmond in Baden-Württemberg – Trakehner standen für die Umzüchtungsphase.

Die Trakehner sind auch für ihre ausgesprochen schönen Köpfe bekannt.

Trakehnerschecken

Der Trakehnerverband hat es schriftlich festgehalten: „Alle Farben, auch die Scheckfarbe, sind zugelassen." Dabei sind die Damen und Herren keinesfalls einem neuen Trend gefolgt, sondern stehen in der Tradition ihrer Rasse.
Es gab schon im 18. Jahrhundert Trakehnerschecken, in Trakehnen stand teilweise eine kleine Scheckherde und bei den Züchtern im Land, vor allem den Adeligen, gab es eine kleine, aber feine Scheckzucht.
Nach dem Zweiten Weltkrieg kam wenig davon in Deutschland an. Trakehnerschecken waren so selten, dass man sie fast vergessen hatte. Doch in Polen wurden sie weitergezüchtet. Als die Grenzen sich öffneten und die ersten Trakehnerschecken in den Westen kamen, stellte man fest, dass darunter wirkliche, echte, reine Trakehner waren. Inzwischen sind einige von ihnen wieder im Zuchtbuch, wobei fast alle Trakehnerschecken Braun- und Rappschecken sind und es nur Tobianos – also Plattenschecken – gibt.

TYPISCH TRAKEHNER

Zu den Stärken der Trakehnerzüchter gehört ganz sicher ihre Konsequenz, mit der sie am einmal definierten Zuchtziel festhalten, ohne sich von Modeerscheinungen irritieren zu lassen. Natürlich ist auch ihnen aufgegangen, dass die Menschen immer größer und teilweise auch schwerer werden und daher Pferde mit mehr Kaliber gefragt sind. Aber wenn es bei den Trakehnern einen Trend zur Verstärkung gibt, so wird er aus den eigenen Reihen und mit eigenen Hengsten bestritten. Auf Experimente lässt man sich nicht ein – und das ist wohl auch gut so.
Das Problem ist nur, dass die Trakehner inzwischen ein kleines Imageproblem haben. Ihre hochblütigen, eleganten Pferde sind intelligent und sensibel – und teilweise vielleicht ein bisschen zu sensibel für Reiter, die mit mehr Kraft als Einfühlungsvermögen ans Werk gehen. Und so ging den „Trakis", wie ihre Fans sie liebevoll nennen, eine Zeitlang der Ruf nach, „spinnert" zu sein. Dazu schienen sie den Anschluss im Sport verloren zu haben. Natürlich, in der Vielseitigkeit waren sie immer da – ihre Härte

und Schnelligkeit qualifizierte sie dafür. Wahrscheinlich spielte dabei aber auch eine Rolle, dass Vielseitigkeitsreiter daran gewöhnt sind, ein Vertrauensverhältnis zu ihren Pferden aufzubauen und sie mit Geduld und Einfühlungsvermögen auszubilden.
Inzwischen hat sich der Wind aber wieder gedreht – und dafür sind vor allem eine Dame und zwei Herren verantwortlich. Die Dame ist Ingrid Klimke, einer der Herren ist ihr Mannschaftskollege Michael Jung. Beide sind nicht nur Vielseitigkeitsreiter auf Weltniveau, sondern dazu auch exzellente Dressurausbilder und „wahre Pferdemenschen".
Beide haben reichlich Trakehnererfahrung: Michael Jung fiel im „großen Sport" das erste Mal mit dem Trakehnerhengst Grafenstolz von Polarion auf, der sich unter ihm für das Spring-, Dressur- und Vielseitigkeitsfinale des Bundeschampionats 2004 qualifizierte. Er startete in der Vielseitigkeitsprüfung, gewann sie souverän und setzte dann noch die Weltmeisterschaft der jungen Vielseitigkeitspferde im gleichen Jahr drauf. Danach ging er sehr erfolgreich in der internationalen Vielseitigkeit – und ganz „nebenbei" gewann er 2007 auch noch seinen ersten Grand Prix als Dressurpferd. Inzwischen ist er nach England verkauft, wo er sich als Dressurpferd und Vererber brillant bewährt hat.
Bei Ingrid Klimke war es der etwas herbe Trakehnerhengst Grand Prix, der vorwiegend in der Vielseitigkeit unterwegs war, aber auch eine hervorragende Dressurausbildung hatte.
Und dann ist da natürlich Totilas. Der schwarze Wunderhengst, der unter seinem Ausbilder Edward Gal das Dressurpublikum zu wahren Begeisterungsanfällen hingerissen hat, trägt zwar den KWPN-Brand, ist aber ein Sohn des Trakehners Gribaldi, der ebenfalls unter Edward Gal international startete und einen Grand Prix-Sieg nach dem anderen einheimste. Hinter Gribaldi steht Kostolany, der erfolgreiche Dressur- und Springpferde hervorbrachte. Der schöne Rappe ließ die Herzen der Trakehnerzüchter auch durch seinen Stammbaum höherschlagen: Das „K" in seinem Namen – Trakehner werden, auch darin eine Ausnahme in der deutschen Zucht, nach ihren Müttern benannt – hat er nämlich seiner Herkunft aus der Stutenfamilie der in Trakehnen geborenen Kassette zu verdanken.
Trakehner werden inzwischen fast weltweit gezüchtet. Russland hat das Beste aus seinen Beutetrakehnern gemacht, Polen hat eine kleine, aber sehr feine Trakehnerzucht, in den Benelux-Ländern gibt es Trakehnergestüte und Amerika hatte einst mit dem Trakehner-Schimmelhengst Abdullah ein ganz erfolgreiches Trakehner-Aushängeschild auf den Springplätzen der Welt.

Ingrid Klimke und der Trakehner Parmenides von Sir Chamberlain. Er ging zunächst in der Vielseitigkeit, ist aber inzwischen als Springpferd erfolgreich.

Es dauerte lange, bis der Westfale ein einheitliches Erscheinungsbild zeigte.

Westfale

Den Westfalen – vor allem den zweibeinigen – sagt man nach, dass sie gerne ihr eigenes Süppchen kochen. In der Pferdezucht traf das früher sicher zu. Westfalen war ein fruchtbares Land, dessen Bauern auf großen Höfen saßen und gutes Geld verdienten, aber es war auch das Land in der Mitte Deutschlands, das in fast jeden Krieg hineingezogen wurde. Dementsprechend wurde die Pferdezucht in Westfalen von allem beeinflusst, was durchs Land zog: Orientalen, Franzosen, nordischen Pferden, importierten Engländern, Friesen – die alten Westfalen waren wahre Europäer. Zusätzlich hatte auch noch jeder westfälische Bauer sein eigenes „Zuchtziel", und das Landgestüt in Warendorf konnte zwar Hengste anbieten, aber seine Züchter damit nur bedingt beeinflussen.

Zur Einigung auf ein gemeinsames Zuchtziel und damit zu einer relativ homogenen Pferderasse kam es in Westfalen erst in der Umzüchtungsphase nach dem Krieg.

EINHEITLICHES ZUCHTZIEL

Die Umzüchtungsphase nach dem Krieg dauerte mehrere Generationen. Es waren Hengste notwendig, die selbst aus einer sehr stabilen, homogenen Zuchtbasis kamen. Trakehner hätten diesen Anspruch erfüllt, aber was bei den eleganten Ostpreußen und den doch recht kalibrigen Westfalenstuten herausgekommen wäre, hätte sicher schon als Hybridkreuzung gelten müssen – mit allen bekannten Nachteilen für die Zucht. Westfalen setzte daher auf bewährte Hannoveraner-Linien.

Die ersten Hengste aus Hannover, die ins Land kamen, waren Burggraf II, Collino und Herrscher. Sie vererbten sich bestens. Die erste große Hengstlinie gründete dann Frühling, ein Enkel des Frühsport aus der alten hannoverschen F-Linie. Ihm folgte der Ferdinand-Sohn Weingau. Der Grande-Sohn Graphit und Söhne des Grande aus Hannover verankerten endgültig die Springveranlagung in den Westfalen.

VEREDELUNG MIT VOLLBLUT

Nach der Konsolidierungsphase ging es auch in Westfalen daran, Adel, Eleganz und Härte in die Zucht zu bringen. Dafür standen zwei Blüter, die sich vor allem im Zusammenspiel als echter Glücksgriff erwiesen: Der weiße Anglo-Araber Ramzes von Rittersporn xx und der Englische Vollblüter Angelo xx.
Ramzes gründete über Radetzky eine der wichtigsten deutschen Dressurlinien: Radetzky wurde Vater von Remus I, Romulus I und Romadour II. Letzterer war der Vater von Rosenkavalier, der mit der Angelo-Tochter Andine Vater von Rubinstein wurde. Außerdem war Romadour II der Großvater von Rembrandt, dem erfolgreichsten Dressurpferd aller Zeiten, Angelo xx war der Vater von Dressur-Olympiasieger Ahlerich.
Nennenswert sind auch zwei weitere Vollblüter: Papayer xx und Pluchino xx. Von Papayer xx stammte der Warendorfer Landbeschäler Paradox I, der eine neue Westfalen-Springlinie begründete. Pluchino xx ist der Urgroßvater von Pilot, dessen Nachkommen als Überflieger auf den Springplätzen der Welt Furore machen.

Zweibrücker

Die Pferde des Zuchtverbandes Rheinland-Pfalz-Saar sind als „Zweibrücker" bekannt. Den Namen haben sie von ihrem Landgestüt in Zweibrücken nahe der französischen Grenze. Reitpferde hatten in dem schon 1755 gegründeten Gestüt eine lange Tradition. Allerdings führte die Lage an der französischen Grenze dazu, dass Zweibrücken immer wieder eingenommen, evakuiert und neu aufgebaut wurde. In den napoleonischen Kriegen wurde ein Teil der Pferde nach Frankreich verschleppt, später kam Zweibrücken unter bayerische Herrschaft. Im Ersten und Zweiten Weltkrieg wurden die Pferde nach Schwaiganger und Achselschwang evakuiert. Erst nach dem Ende des Zweiten Weltkrieges wurde es ruhiger und es kam zur Konsolidierung der Zucht.

UMZÜCHTUNG ANDERSRUM

Fast alle deutschen Zuchtverbände mussten nach dem Zweiten Weltkrieg veredeln. Nur die Zweibrücker nicht – die mussten verstärken. Ihre sehr eleganten Pferde waren etwas zu leicht für den Sport. So setzte man in Zweibrücken vorwiegend auf die Hannoveraner-Hengste. Danach kam eine Konsolidierungsphase, in der hannoversche und westfälische Vererber das Bild prägten.
Besonders wichtig für den Zuchtverband Rheinland-Pfalz-Saar wurde schließlich ein Hengst aus dem belgischen Erfolgsgestüt Zangersheide: Alexis, ein Sohn des großen Almé Z aus einer hannoversch gezogenen Weingau-Mutter. Sie sorgte für den Blutanschluss mit den Zweibrückern. Von Alexis stammte Apricot D, der später unter Hugo Simon den Zweibrücker-Brand erfolgreich im großen Springsport präsentierte.
Inzwischen ist in Zweibrücken das holsteinische „C" sehr präsent: Vier von den elf Zweibrücker-Landbeschälern sind Nachkommen von Cor de la Bryère. Ansonsten brilliert Zangersheide mit mehreren Ramiro Z-Nachkommen und der französische Einfluss ist durch den Quidam de Revel-Enkel Qui Lago vertreten. Mit Hambacher kann Zweibrücken aber auch die Heraldik-Linie vorweisen, und schließlich sind mit zwei Hengsten aus der Sandro Song-Linie auch die Oldenburger vertreten.

Die Zweibrücker wurden nicht veredelt, sondern verstärkt: Die eleganten Pferde waren zu leicht für den Sport.

ZUCHTVERBAND FÜR DEUTSCHE PFERDE

Der ZfdP wurde 1974 gegründet und war damals eine kleine Revolution. Pferdezüchter, die den traditionellen Verbänden und ihrer damals noch recht konservativen Zuchtpolitik nicht folgen wollten, hatten sich zusammengetan, um „offen, liberal und fortschrittlich" auch denen eine Heimat zu offerieren, die nicht den Zuchtzieldefinitionen der Großverbände folgen wollten. So steht es noch heute unter dem Signet, einem Kreuz im Wappenfeld. Der Zuchtverband für deutsche Pferde definierte, dass alle Hengste, „die bei anderen anerkannten Züchtervereinigungen der EU eingetragen sind, beim ZfdP anerkennungs- und eintragungsfähig sind". Es gibt keine Diskriminierung aufgrund von Herkunftsgebieten.
In der Anfangszeit betraf das zum Beispiel Schecken – die ersten Trakehnerschecken, die aus Polen in den Westen gekommen waren und die vom Trakehnerverband noch mit Misstrauen beäugt wurden. Auch heute noch ist der ZfdP Heimat für alle Spezialrassen, die sonst in Deutschland keinen Verband haben.

VIELE RASSEN UND BUNTE SPORTPFERDE

Auch wenn der ZfdP eine ganze Reihe von Rassen betreut: Das Deutsche Sportpferd ist auch bei ihm eine der wichtigsten – und da ist das Zuchtziel ähnlich definiert wie bei allen anderen Warmblutverbänden.
Man möchte ein vielseitiges, leichtrittiges, elegantes Sportpferd. Nur ist man beim ZfdP immer noch offener für Einkreuzungen als bei anderen Verbänden. Dementsprechend hat kein anderer Verband einen so hohen Anteil an Schecken zu bieten – und die sind teilweise sehr interessant gezogen.
Ein Paradebeispiel ist der vom ZfdP gekörte Hengst Ilasso. Auf der Vaterseite des Braunschecken stehen über Ico der Trakehner Marco Polo und die holländische Stute Sonja. Auf der Mutterseite ist er von Hannover geprägt: Muttervater Lasso von Lateran, auf der anderen Seite die F-Linie. Er ist selbst ein Tobiano-Plattenschecke und bei entsprechender Anpaarung – er braucht natürlich eine Stute, die ebenfalls ein Scheckgen hat – vererbt er das auch. Dabei ist er aber auch ein Deutsches Sportpferd mit allen bekannten, guten Eigenschaften.

Das Deutsche Sportpferd ist eine der wichtigsten Rassen, die der ZfdP betreut.

Deutsche Sportpferde

EIN WORT VORAB Die Zuchtzieldefinitionen der deutschen Zuchtverbände stimmen weitestgehend überein, fast alle tragen auch die Pferde der anderen Verbände ein. Darum wäre es wirklich nicht sinnvoll, wenn wir bei jeder Einzelrasse die Daten liefern würden. Einmal für alle genügt in diesem Fall.

HERKUNFT Deutschland
Einzelne Rassen, wie zum Beispiel Hannoveraner oder Trakehner, werden inzwischen aber auch in den USA und England nachgezüchtet.

GRÖSSE Stockmaß zwischen 158 und 170 cm

FARBEN Alle Farben, Schecken sind allerdings sehr selten und nicht von allen Zuchtverbänden erwünscht.

EXTERIEUR Ein elegantes Reitpferd, das auf einem stabilen Fundament im Langrechteckformat steht.
Erwünscht ist ein nicht zu hoch angesetzter, gut bemuskelter Hals, eine ausreichende Tiefe der Brust, eine schräge Schulter, ein schwingender, aber stabiler Rücken und eine runde Kruppe. Trockene Beine und feste Hufe machen das Bild eines vierbeinigen Athleten komplett.

INTERIEUR Liebenswürdig, menschenbezogen, intelligent und leistungsbereit – das sind die Haupteigenschaften der Deutschen Sportpferde. Sie werden auf ihre guten Nerven hin ebenso selektiert wie darauf, dass sie vertrauensvoll und offen auf Menschen zugehen. Sie sind das, was Reiter „anständig" nennen. Sie lernen gut, haben eine hohe Fehlertoleranz und sind wirkliche „Mitmacher", die ihre Reiter nie hängen lassen, wenn man sie anständig behandelt.

VERWENDUNG Das Deutsche Warmblut ist äußerst vielseitig, egal ob Dressur, Springen, Vielseitigkeit, Fahren oder Wanderreiten – es macht alles mit.
Dazu zeichnen sich gute Vertreter der Rasse durch federnde, fördernde Grundgangarten aus, sind ausbalanciert und können springen. Eine gute Ausbildung ermöglicht, dass sich das Deutsche Warmblut sowohl unter einem Dressur- als auch unter einem Westernsattel wohlfühlt. Es lässt sich auch als Jagdpferd reiten, die stabileren Exemplare sind als Voltigierpferd geeignet und wer im Fahrsport etwas erreichen will, ist mit einem Gespann Warmblüter ebenfalls gut bedient. Es wird seinem Zuchtziel in allen Facetten gerecht.

WARMBLUTZUCHT IN EUROPA

IN DER EUROPÄISCHEN SPORTPFERDEZUCHT IST BEREITS ZUSAMMENGEKOMMEN, WAS ZUSAMMEN GEHÖRT. ZÜCHTER AUS GANZ EUROPA ZIEHEN AN EINEM STRANG, WENN ES DARUM GEHT, EINE DER ERFOLGREICHSTEN RASSEN DER WELT IN DIE ZUKUNFT ZU FÜHREN.

Die Naivität, mit der wir Kinder der Neuzeit manchmal glauben, Europäisierung und die Öffnung der Grenzen für die Pferdezucht seien eine Errungenschaft unserer Zeit, hat schon fast etwas Rührendes.
Zwar war es bis zur Mitte des 20. Jahrhunderts häufig, dass Menschen nicht weiter als eine Tagesreise von ihrem Geburtsort wegkamen, aber ihnen standen schon immer andere gegenüber, die zu Pferd oder mit der Kutsche reisten – wie zum Beispiel der berühmte Giacomo Casanova, der von Venedig bis Russland kam. Und sein Freund, Mozarts Librettist Lorenzo da Ponte, reiste nicht nur quer durch Europa, sondern lebte in den letzten Jahren seines Lebens in Amerika. Ebenso gab es unter den Pferden in Europa schon immer weit gereiste – wobei das vor allem auf die Hengste zutraf.

Dazu brauchte es gar nicht die vielen europäischen Kriege, die die Pferdezucht jedes Mal durcheinanderwirbelten. Auch in Friedenszeiten waren jede Menge Pferde unterwegs. Zum Beispiel begleiteten im Mittelalter Hunderte von Pferden den Stauferkaiser Friedrich II. auf seinen Reisen durch Frankreich und seine deutschen Stammlande. Unterwegs wurden Pferde getauscht oder gekauft.
In der Renaissance und vor allem im Barock waren an den Höfen repräsentative, „barocke" Pferde mit Schwanenhals und großer Knieaktion gefragt – Pferde mit „eingebauter Piaffe". Da diese vorwiegend in Spanien und Neapel gezüchtet wurden, importierte man an allen Höfen Europas Hengste aus dem Süden. Andersherum waren friesische Hengste in ganz Europa gefragt.

INTERNATIONALITÄT

Seit dem 18. Jahrhundert waren englische Pferde in Europa begehrt. Dabei bedienten die Engländer sowohl den Bedarf an Veredlern wie auch den an Verstärkern.
Für die Veredelung waren natürlich die Englischen Vollblüter zuständig. Es war einfacher, aus England einen Vollblüter einzuführen, als den Versuch zu machen, im Orient oder in der Mongolei einen entsprechenden Hengst zu finden. Außerdem war der Englische Vollblüter bereits eine konsolidierte, homogene Rasse, als in anderen Ländern noch relativ planlos gezüchtet wurde.
England stand aber auch für Verstärker. Die Yorkshire Coaches, die Norfolks oder die Shires Horses hatten gegenüber anderen Kaltblut-Rassen den Vorteil, dass sie nicht nur unglaubliche Gewichte ziehen konnten, sondern als relativ leichtfuttrig galten und sich meist auch noch recht hübsch bewegten. Um das Zuggewicht zu verdeutlichen: Das Fünffache seines Körpergewichts – also so um die 5.000 Kilogramm – ist zum Beispiel für ein Shire Horse kein großes Problem.
Gleichzeitig waren aber auch die Franzosen nicht schlecht im Export von Pferden. Die Anglo-Normänner – die Rasse, aus der der heutige Selle Français hervorgegangen ist – waren ebenso

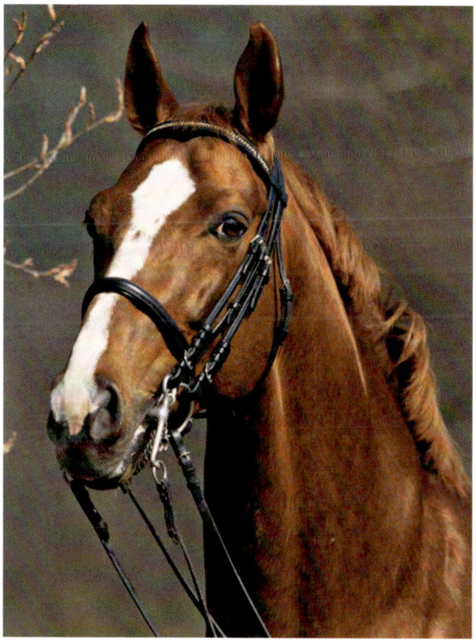

In der Pferdezucht ist ein vereintes Europa fast erreicht.

Europäische Gemeinschaft

In unserer Zeit ist der Austausch in Europa wahrscheinlich nicht so viel mehr, aber dafür sehr viel einfacher geworden. Früher musste, entweder der Hengst oder die Stute reisen, wenn Fremdblut eingekreuzt werden sollte. Heute reist ein Eimerchen mit Trockeneis und Samen. Dazu haben sich die Gesetzeslage und die Gebräuche in der Warmblutzucht verändert. Während sich die europäischen Warmblutverbände früher abgeschottet haben und es schwierig war, eine Stute bei ihnen eintragen zu lassen, wurden sie immer offener. Dazu fiel Anfang der 80er Jahre des vorigen Jahrhunderts das deutsche Körgesetz. Es wurde nun deutlich einfacher, einen Hengst aus dem Ausland in einem deutschen Gestüt einzusetzen.

Exportschlager wie die schweren Kaltblüter. In den belgischen Brabantern steckt einiges an Percheron-Blut, die Rheinländer und Rottaler wurden mit belgischen und auch französischen Hengsten verstärkt, für die Alt-Württemberger stand als Liniengründer der Anglo-Normanne Faust.
Die Zucht funktionierte tatsächlich in alle Richtungen: Trakehner reisten von Ostpreußen nach Frankreich, Oldenburger-Karossiers waren zu Queen Victorias Zeiten der letzte Schrei bei den Londoner Dandys und Kaiserin Elisabeth von Österreich, als „Sisi“ zur Legende geworden, war als begeisterte und sehr gute Reiterin nicht nur mit Lipizzanern und ungarischen Halbblütern unterwegs, sondern teilte dem leidgeprüften Gatten eines Tages mit, dass alle seine Pferde für irische und englische Reitjagden nicht taugen würden, weswegen sie dann in England einkaufte.

ZANGERSHEIDE

Der Holländer Leon Melchior war als Springreiter nicht ganz so erfolgreich, umso mehr aber als Bauunternehmer. Er bewies Anfang der 70er Jahre des vorigen Jahrhunderts, dass auch in der Pferdezucht mit dem Prinzip „Klotzen, nicht kleckern!“ und einer Vision Großes zu erreichen ist.

Ob Selle Français, KPWN, belgisches oder schwedisches Warmblut, ob englischer Hunter oder russischer Budjonny – Europa hat seinen Reitern eine Menge zu bieten.

Melchior kaufte in der Nähe des belgischen Lanaken das Gut Zangersheide und baute einen eigenen Springstall auf. Damit aber nicht genug. Er begann, selbst Springpferde zu züchten – und auch da galt bei ihm das Prinzip „Think big!". Er setzte sich über alle Zuchtverbandsgrenzen hinweg und kaufte überall nur die besten Stuten und Hengste ein. Dabei war es ihm völlig gleichgültig, ob sie ein hannoversches Brandzeichen trugen, aus Belgien, Frankreich oder aus seiner Heimat in den Niederlanden stammten. Melchior selektierte auf Springvermögen und sorgte dafür, dass seine Pferde – die alle ein großes „Z" hinter dem Namen tragen – entsprechend ausgebildet und von hervorragenden Springreitern vorgestellt wurden. Dazu gründete er ein eigenes Zuchtbuch – erst für seine, dann allgemein für europäische Springpferde.
Die Ergebnisse können sich sehen lassen und vor allem zwei Hengste aus Zangersheide sind heute aus Europas Sportpferdezucht nicht mehr wegzudenken: Ramiro Z und Almé Z. Ramiro Z wurde holsteinisch gebrannt, hatte auf der Vaterseite den Anglo-Araber Ramzes und ging auf der Mutterseite auf den in Holstein so wichtigen Vollblüter Cottage Son xx zurück. Selbst in großen Springen erfolgreich, wurde er unter anderem Vater der Superstute Ratina Z. Außerdem begründete er eine eigene Hengstlinie, die in ganz Europa verbreitet ist.
Der zweite Stempelhengst aus Zangersheide war der Selle Français Almé Z, der neben einigem Vollblut auch bewährte französische Linien in sich vereinte. Springreiter wissen: Wo Ramiro Z und Almé Z in einem Stammbaum zusammen kommen, ist das Springvermögen garantiert.

DEUTSCHES BLUT FÜR DIE INSEL

Die Engländer gingen jahrhundertelang in Sachen Reitpferdezucht ihren ganz eigenen Weg. Strenge Zuchtverordnungen wollten die Individualisten auf der Insel nicht haben. Der Englische Hunter war in vielen Fällen eine Hybridkreuzung mit einer einheimischen Stute (deren Stammbaum oft genug im Dunkeln lag, denn in England galt wirklich die Regel, dass ein gutes Pferd keine Papiere braucht) und einheimischen Ponys, zur Verstärkung vielleicht auch mit einem Kaltblut, das sich gut bewegen konnte oder hin und wieder auch einem Englischen Vollblüter. Was dabei herauskam, war nicht unbedingt schön, aber meistens schnell, und es konnte springen!
Doch inzwischen hat sich auch in England einiges getan – und exemplarisch dafür war die Entwicklung eines Gestüts: Catherson Stud. Gegründet wurde es 1949 von dem pensionierten Offizier Jack Bullen und seiner Frau Anne. Jack Bullen stammte aus einer alten englischen Familie – sein Familiennamen ist in der Ge-

Manches Pferd, das als „Selle Français" eingetragen ist, hat belgisches oder deutsches Blut.

Leistungsprüfung für englische Jagdpferde: die Jagd hinter der Meute

schichte vor allem in der französischen Version, nämlich „Boleyn", bekannt. Anne Boleyn überlebte ihr Gastspiel als Gemahlin von Henry VIII. und Königin von England zwar nicht lange und ihr Familienzweig starb wieder aus, aber die Bullens blieben.

Colonel Jack wurde Vater von sechs Kindern, von denen zwei – Sohn Michael und Tochter Jane, verheiratete Holderness-Roddam – für England in der olympischen Vielseitigkeit erfolgreich waren.

Noch wichtiger für die englische Reiterei und Pferdezucht wurde aber Jennie Loriston-Clarke, geborene Bullen, die Catherson Stud bis heute führt. Sie war eine der ersten Engländerinnen, die in der internationalen Dressur Erfolg hatte. Außerdem stellte sie den holländischen Dutch Courage und seinen in England gezogenen Sohn Dutch Gold nicht nur in der Dressur vor, sondern brachte beide Hengste auch in die Zucht. Dutch Courage wurde einer der einflussreichsten Hengste in der englischen Reitpferdezucht mit sechs gekörten Söhnen. Wahrscheinlich war er es, der den Engländern klarmachte, dass man mit Hengsten vom Kontinent die Hunter verbessern konnte. Schaut man heute zum Beispiel die Website der in England sehr stark frequentierten Deckstation „The Stallion Company" an, findet man darin eine gesamteuropäische Sammlung: Der Trakehner Grafenstolz, der Selle Français Baloubet du Rouet, der KWPN-Hengst Vivaldi, ein Ramiro Z- und ein Almé Z-Nachkomme, ein Nachkomme des Supervielseitigkeitsvererbers Heraldik xx und Royaldik, ein Sohn von Heraldiks Vollschwester Herka xx und dem Rubinstein-Sohn Royal Diamond.

Warmblüter sind treue Freunde.

NIEDERLANDE UND BELGIEN

PFERDEZUCHT WAR IMMER UND ÜBERALL AN DIE POLITISCHEN UND WIRTSCHAFTLICHEN VERHÄLTNISSE IM JEWEILIGEN LAND GEBUNDEN – UND SO KANN ES NICHT VERWUNDERN, DASS DIE HISTORIE DER PFERDEZUCHT IN DEN NIEDERLANDEN UND BELGIEN RECHT WECHSELHAFT IST.

NEUE GRENZEN

Im Mittelalter gehörten die heutigen Niederlande und das Gebiet, das heute Belgien ist, zu Burgund. 1477 heiratete Maria von Burgund dann aber Maximilian von Österreich und brachte ihm ihre Länder als Heiratsgut mit in die Ehe.
Im Reich der Habsburger ging damals, wie einer der Herren stolz verkündete, die „Sonne nicht unter". In den Niederlanden war man aber nicht immer glücklich darüber, aus Spanien regiert zu werden. In Schillers Don Carlos wirft der Marquis de Posa dem König nicht zu Unrecht vor, dass seine Politik wohl dazu führen solle, dass in Flandern „die Ruhe eines Kirchhofs" herrsche. 1568 eskalierte die Situation dann endgültig: Wilhelm von Oranien wurde Anführer eines Volksaufstandes der protestantischen Niederländer gegen die katholischen Spanier, der nach 80 Jahren Krieg zu einer Spaltung führte.
1648 wurde im „Frieden von Münster" der neue Zustand festgeschrieben: Die Generalstaaten – dem Staatsgebiet der heutigen Niederlande entsprechend – wurden Republik mit einem Statthalter. Das Gebiet, das heute Belgien ist, kam unter österreichische Herrschaft.

EIN REICHES LAND

Die Niederlande wurden in den folgenden Jahrhunderten ein sehr reiches Land. Durch die Verbindung nach Indonesien, Seefahrt, Handel und natürlich die Landwirtschaft auf sehr fruchtbaren Böden wurde ein großer Wohlstand erreicht. Dazu half den Niederländern natürlich auch, dass sie in Sachen Infrastruktur ihren Nachbarn überlegen waren. Andere mussten mühsam Straßen bauen und Güter auf Wagen befördern. Die Niederländer bekamen ihre „Straßen“ von der Natur geliefert – und da, wo es keine schiffbaren Flüsse gab, bauten die holländischen Ingenieure Kanäle.

DIE KÖNIGSHENGSTE

Die Napoleonischen Kriege hatten einen großen Einfluss auf die Pferdezucht in Europa – und das nicht nur, weil darin Pferde quer durch ganz Europa verteilt wurden, sondern auch, weil sich darin die Kavalleriestrategie endgültig veränderte. Davor waren berittene Soldaten vor allem für den Einzelkampf geschult gewesen – dementsprechend saßen sie auf Pferden, die sich im Nahkampf gegen Angreifer zu Fuß wehren konnten. So sind die „Schulen über der Erde“ – die Schulsprünge wie die Courbette und Pesade – entstanden, die heute noch an der Spanischen Hofreitschule in Wien oder beim Cadre Noir in Frankreich gezeigt werden.
Dafür brauchte man kräftige Pferde, die auf kleinem Raum viel „Action“ machen konnten. Im napoleonischen Heer ging die Kavallerie geschlossen vor. Sie überrollte mit schnellen Attacken feindliche Stellungen und sie bewährte sich dadurch, dass sie auch in schwierigem Gelände sehr beweglich war. Dafür waren ganz andere Fähigkeiten gefragt. Man brauchte Pferde, die galoppieren und springen konnten. Nun war nicht mehr der muskelbepackte Barockpferdetyp gefragt, sondern der elegante und leichtfüßige Blüter.

SPÄTE WARMBLUTZUCHT

Der holländische König Wilhelm I. ärgerte sich darüber, dass er die Pferde für seine Kavallerie für teures Geld im Ausland kaufen musste und gründete darum 1818 das erste staatliche Hengstdepot. 1821 folgte die Gründung des Staatsgestüts Borculo, das die „Königshengste“, Deutsche Reitpferde und Englische Vollblüter, für die Landeszucht offerierte. Doch die Hengste wurden von den bäuerlichen Züchtern nicht gut angenommen. Sie erschienen ihnen zu leicht, die Gänge zu flach, ihre Haltung zu anspruchsvoll – und so verlief dieser erste Versuch einer Reitpferdezucht im Sande.
Dazu kam, dass in den calvinistischen Niederlanden der Rennsport nicht Fuß fassen konnte, daher gab es keine Vollblutzucht.
Erst nach dem Zweiten Weltkrieg kam die Warmblutzucht auf, doch seitdem hat sie gewaltig an Tempo aufgenommen und inzwischen ist sie auf dem höchsten Stand.

BELGIEN

Im heutigen Belgien verlief die Pferdezuchtgeschichte stringenter. Es gab praktisch keine Warmblutzucht, dafür produzierte man sehr konsequent schwere Kaltblüter. Die Brabanter waren weit über die Grenzen hinaus bekannt und wurden bis zur Mitte des vorigen Jahrhunderts überall da in Europa angesetzt, wo man wirklich Kraft im Zug brauchte.
Zu meinen ersten Kindheitserinnerungen gehören die Besuche in Urgroßvaters Stall, wo riesige, aber ausgesprochen gutmütige Pferde standen. Das muss um 1962/63 herum gewesen sein, und meine Mutter und Großmutter erinnerten sich, dass der Urgroßvater sein Fuhrunternehmen mit eindrucksvollen Belgischen Kaltblütern betrieb.

Boote und Pferde

Man sollte denken, dass in einem Land, in dem Güter vorwiegend auf dem Wasser transportiert wurden, Pferde eine kleinere Rolle spielten als in Nachbarländern, in denen man für den Verkehr vorwiegend auf Straßen angewiesen war. Dem war aber nicht so. Im Binnenverkehr ist Segeln schwierig, Rudern und Staken ist mühsam – und so kamen die Holländer schon sehr früh auf die Idee, ihre Boote auf den Kanälen zu treideln. Neben fast jedem Kanal in Holland gab es einen gepflasterten Weg, auf dem Pferde unterwegs waren, die die Kähne zogen. Auf dieser Art konnten riesige Lasten mit vergleichsweise wenig Aufwand bewegt werden. Es dauerte seine Zeit, aber Zeit hatte man damals mehr als heute. Dazu wurden in der Landwirtschaft Pferde gebraucht – und so war Holland bis ins 19. Jahrhundert vorwiegend Heimat starker Zugpferde. Die Zuchtbasis dafür hatte man: Schon zu Zeiten der Römer waren die großen, starken Pferde aus Friesland bekannt, im Mittelalter waren sie als Reitpferde für Ritter begehrt, in den folgenden Jahren wurden sie zu kräftigen Zugpferden umgezüchtet.

KWPN

Die Abkürzung KWPN steht für „Koninklijk Warmbloed Paard Nederland“ (Königliches Warmblutpferd der Niederlande), eine Bezeichnung, die zugegebenermaßen für den Alltagsgebrauch etwas umständlich wäre.
Innerhalb des KWPN werden drei Zuchtbücher geführt. Das erste umfasst die Spring- und Dressurpferde, das zweite die rassenrein gezogenen Gelderländer – die Ursprungsrasse, aus der sich die Sportpferdezucht entwickelt hat – und das dritte die Tuigpaarden, das sind die leichten Zugpferde.
Um keine Verwirrung zu stiften, behandeln wir die drei Rassen hier getrennt und befassen uns zuerst mit den Spring- und Dressurpferden. Bis 1969 gab es in den Niederlanden zwei Zuchtverbände, von denen der eine vorwiegend die relativ schweren Groninger und der andere die deutlich leichteren, mehr im Reitpferdetyp stehenden Gelderländer züchtete. Mit dem zunehmenden Bedarf an eleganten Reitpferden beschloss man, zu fusionieren, der KWPN-Verband wurde gegründet. Zu Beginn war die Zuchtphilosophie des KWPN alles andere als nachvollziehbar und geradlinig. Man wusste nicht so recht, was man mit den Ursprungsrassen anfangen sollte. Konnte man die Gelderländer und Groninger umzüchten? Sollte man versuchen, die alten Linien zu erhalten? Welche Hengste waren am besten geeignet, um moderne Sportpferde zu erzeugen? Während manche Züchter kurzerhand in Oldenburg und Holstein Stuten einkauften, hielten andere an den alten Linien fest. Die Zuchtleitung schien auch nicht so ganz zu wissen, wo es hingehen sollte. So kam es einmal sogar vor, dass der Zuchtleiter einen Gelderländer-Hengst für die Zucht empfahl – und dieser Hengst im nächsten Jahr abgekört wurde, weil man ihn doch nicht so passend fand.

EINZELSTÜCK NIMMERDOR

In den ersten zehn Jahren des Bestehens der KWPNs wurde dann auch nur ein Hengst aus einer Gelderländer-Linie anerkannt: Nimmerdor, der noch heute im Pedigree vieler KWPN-Pferde auftaucht und der vor allem gute Dressurpferde hervorgebracht hat. Für das Springblut kaufte man in Holstein ein. Einer

KWPN: Diese vier Buchstaben stehen für die erfolgreiche Sportpferdezucht der Niederlande.

Mit Ladykiller, Capitol, Cor de la Bryère und Almé Z kam das Springgen in die niederländische Pferdezucht.

der wichtigsten Hengste war der Vollblüter Ladykiller xx, der Lord und Landgraf I für die KWPN-Zucht lieferte. Mit ihnen begann der Aufschwung. Als dann noch einige Nachkommen des Selle Français Cor de la Bryère und des Cottage Son xx dazukamen, hatte man beim KWPN den Weg in die Zukunft gefunden. Als wichtigster Vertreter der Cottage Son-Linie in den Niederlanden gilt heute Capitol I – und mit ihm hat sich eine andere wichtige Linie durch die Hintertür über die Mutterseite eingeschlichen: Der Anglo-Araber Ramzes. Auf den war Capitols Mutter ingezogen, und so war sein Einfluss auf den Nachwuchs des Enkels unübersehbar. Aber man hätte schlechter fahren können als mit Ramzes, der dann auch über die aus Deutschland importierten Hengste Rolls Royce, Rossini und den Rubinstein-Sohn Iglesias Einzug in die KWPN-Zucht gefunden hat. Immerhin wurde da gleich der wichtige Blutanschluss zu Ramiro Z geliefert, der in Holland ebenfalls einige Nachkommen für die Zucht gestellt hat.

DER FRANZÖSISCHE EINFLUSS UND DIE TRAKEHNER

Fast noch wichtiger für die KWPN-Zucht wurde aber ein Hengst, der aus dem benachbarten Belgien kam: Zangersheides großartiger Selle Français-Hengst Almé Z. Er stellte der Zucht in den Niederlanden sieben gekörte Söhne, die vor allem als überragende Springvererber bedeutend waren.
Nachholbedarf gab es aber noch bei den Dressurpferden – und da setzten die Niederländer schließlich auf Trakehner. Besonders der Halbblüter Marco Polo (von Poet xx) gab den KWPN-Pferden Gangvermögen und lieferte die Basis, auf der schließlich Gribaldi einer der wichtigsten Dressurvererber der Welt werden konnte. Der 1992 geborene, lackschwarze Trakehner war ein Sohn des Kostolany aus der Gondola von Ibikus und damit ein Nachkomme der Trakehnerstammstute Kassette. Er fiel schon dreijährig auf, als er Siegerhengst der Körung in Neumünster wurde. In die Niederlande verkauft, brillierte er 1996 bei der KWPN-Körung in 's-Hertogenbosch und schloss erfolgreich die Hengstleistungsprüfung in Ermelo ab.
Von Edward Gal ausgebildet, trat er dann seinen Siegeszug über die Dressurplätze der Welt an – und zeugte außerdem viele beeindruckende Fohlen. Allein in Deutschland wurden 14 Gribaldi-Söhne gekört, und sein Trakehnersohn All Inclusive hat inzwischen mit den Söhnen Donauzar, Donauzauber, Donauklang, C'est bon, Düsterberg, Hamilton und Herzog von Nassau selbst eine Hengstlinie gegründet.
Ein anderer KWPN Hengst, der 1993 geborene Braune Lingh, zeigt, dass die Niederländer wahre Kosmopoliten geworden sind. Der Sohn des KWPN-Hengstes Flemmingh, der selbst auf Landgraf I zurückgeht und unter anderem auch den Dressurhengst Krack gezeugt hat, war unter Edward Gal ein überragendes Dressurpferd. 2005 gab er dann in Holland sein Zuchtdebüt, wechselte von dort aus zu seiner heutigen Besitzerin nach Amerika und wurde 2009 und 2010 als Pachthengst im schwedischen Nationalgestüt Flyinge eingesetzt.
Mittlerweile steht Lingh in Baden-Württemberg auf dem Gestüt Birkhof – und ist nicht nur für alle süddeutschen Zuchtverbände, sondern auch für Hannover, Oldenburg, Westfalen, Dänemark, Finnland, Frankreich und Schweden zugelassen.

SUPERHENGST TOTILAS
Der Showstar

Der lackschwarze Hengst, der das Blut einer großen Trakehner-Linie mit niederländischem Blut verbindet, war jahrelang der Liebling auf den Dressurplätzen der Welt.

Das Aushängeschild der KWPN-Zucht ist der Hengst Totilas. Und auch wenn der Rappe über seinen Trakehner-Vater Gribaldi und die Trakehner Stammstute Kassette das Blut des Dark Ronald führt – auf der Mutterseite ist er wirklich und wahrhaft Niederländer. Seine Mutter Lominka stammt vom KWPN-Hengst Glendale aus der Stute Elsa, die auf den Groninger Akteur zurückgeht.

Totilas sorgte für Furore auf den Dressurplätzen der Welt.

Totilas große Karriere ist ganz eng mit seinem Ausbilder Edward Gal verbunden, der den im März 2000 geborenen Hengst 2006 übernahm. Er habe, so sagte er einmal in einem Interview, sehr schnell gespürt, wie viel Kraft und Energie der Schwarze habe.

Innerhalb von drei Jahren hatte er aus ihm ein Grand Prix-Pferd gemacht, das auf allen Dressurplätzen der Welt auffiel.

BEWEGUNGSTALENT

Allerdings war „Toto", wie der Hengst im Gal-Stall liebevoll gerufen wurde, nie ganz unumstritten. Der extravagante Trab, mit dem er die Zuschauer zu Begeisterungsstürmen hinriss, sei, so fand mancher Kritiker, eher ein spanischer Trab als der im Reglement geforderte starke Trab. Doch wie auch immer: Sein besonderes Bewegungstalent bestreitet niemand.

Ende 2010 ist Totilas umgezogen. Er wurde von Paul Schockemöhle gekauft und verbringt nun den Winter jeweils auf dessen Deckstation in Oldenburg, während er im Sommerhalbjahr bei Ann-Kathrin Linsenhoff auf dem Schafhof steht und von Matthias Rath geritten und auf Turnieren vorgestellt wird.

Auch als Vererber scheint Totilas der Spezialist für Superlative zu sein. 2010 wurde der damals 10-Jährige erstmals in der Zucht eingesetzt, 2011 erzielte sein Nachwuchs bereits Spitzenpreise bei den Fohlenauktionen. 2012 wurde ein Totilas-Fohlen aus einer Sandro Hit-Mutter mit einem Preis von 200.000 Euro das teuerste Warmblut-Fohlen, das je auf einer Auktion verkauft wurde.

Gelderländer sind oft sehr interessant gezeichnet und geben im Gespann ein schmuckes Bild ab.

Gelderländer

Gelderländer sind echte Europäer. In ihrem Genmaterial kommt so ziemlich alles zusammen, was die europäische Pferdezucht zu bieten hat: Neapolitaner, Spanier, Anglo-Normänner, Alt-Oldenburger – bis in die Anfänge des 20. Jahrhunderts hinein wurde in den Niederlanden „frei Schnauze" gezüchtet.
Dabei kam es auch zu Experimenten, die nicht immer erfolgreich waren. So scheiterte zum Beispiel der Ende des 19. Jahrhunderts gestartete Versuch, die Trabaktion der Gelderländer noch exaltierter zu gestalten, indem man englische Hackneys in die Rasse einzüchtete. Die Engländer und Niederländer passten charakterlich nicht zusammen, mit dem Temperament, das bei der Mischung herauskam, war schwer umzugehen.
1947 wurde der aus Frankreich importierte Anglo-Normänner L'Invasion für die Gelderländer angekört und „schlug ein". Der Dunkelfuchs mit viel Weiß führte 12,5% Vollblut und war für ein Fahrpferd ein ausgesprochen schicker Typ. Er wurde von den Züchtern gut angenommen und eine Generation später waren rund 30 L'Invasion-Söhne in der Zucht. Doch leider ging der Schuss nach hinten los: L'Invasion, der selbst wegen Hufproblemen getötet werden musste, hatte offenkundig nicht nur seine Farbe und seine Aufmachung vererbt, sondern leider auch die Neigung zur Hufrolle und zu nicht besonders gutem Hufmaterial. Inzwischen ist das Problem wieder gelöst – die Gelderländer haben bei ihren Hengsten sehr darauf geachtet, dass sie auf gesunden Beinen mit festen Hufen stehen.
Aber nachdem der Gelderländer inzwischen auch im internationalen Fahrsport nicht mehr wirklich gefragt ist, sieht es für die Zukunft der Rasse nicht allzu rosig aus. Es ist zwar relativ einfach, mit den bunten Füchsen ein passendes Gespann zusammenzustellen, aber leider ist im Fahrsport inzwischen auch Tempo gefragt, und da können die Gelderländer mit den auf Galoppiervermögen gezüchteten Sportpferden nicht immer mithalten.

Extravaganz vor der Kutsche: Tuigpaarden fallen auf.

Tuigpaard

In den Niederlanden wird traditionell gefahren. Die reichen Bauern, die etwas auf sich hielten, hatten hochrädrige Kutschen, mit denen sie am Sonntag in die Kirche fuhren. Davor spannten sie einen flotten Tuigpaard, der im imposanten Trab unterwegs war.
Die Tradition hat sich erhalten und darum werden in den Niederlanden noch heute Tuigpaards gezüchtet. Meist sind es bunte Füchse, deren Bewegungsablauf wirklich als extravagant zu bezeichnen ist: Mit ihrem langen, hoch aufgesetzten Hals können sie sich im Zug gut aufrichten, dazu schieben sie aus der tief untergesetzten Hinterhand, was den optischen Eindruck erweckt, dass die Tuigpaards im Trab vorne größer werden.
Entstanden ist die Rasse aus den Gelderländern. Über lange Zeit wurden die Tuigpaards gar nicht speziell gezüchtet. Eigentlich wurden sie sogar erst durch den Einsatz der beiden Hengste Oregon und Cambridge Cole zur eigenständigen Rasse. Ersterer kam aus einer alten Gelderländer-Linie, die schon öfter gute Showpferde gestellt hatte, letzterer war ein Import aus England. Er galt als Hackney, soll aber laut seinem Importeur über seine Großmutter ein Yorkshire Coach gewesen sein.
Die beiden Hengste dominieren heute die Tuigpaard-Zucht, wobei allerdings in den letzten Jahren Versuche gemacht wurden, der drohenden Inzuchtdepression in der doch recht kleinen Population durch den Einsatz von American Saddlebred-Hengsten zu entkommen.

Belgisches Warmblut

Über Belgische Sportpferde kann man nicht reden, ohne gleichzeitig über Leon Melchiors Gestüt Zangersheide zu reden. Aber da wir das im Einleitungstext zu den Benelux-Warmblütern schon ausführlich getan haben, unterhalten wir uns jetzt über einen Pfarrer.

LÄNDLICHE REITVEREINE

Der katholische Hilfsgeistliche Kanonikus Andre de Mey saß in Nordwest-Flandern in seiner Pfarrgemeinde Boezinge und machte sich Sorgen über die zunehmende Landflucht seiner Pfarrkinder. 1937 beschloss er, ihr entgegenzusteuern, indem er den ersten ländlichen Reitverein in Belgien gründete.
Das Problem war nur, dass es in Belgien, dem Stammland der Zucht schwerer Kaltblüter, sehr wenige Reitpferde gab. Aber der pferdebegeisterte Priester hatte im wahrsten Sinne des Wortes aufs richtige Pferd gesetzt. Schon zum ersten von ihm angestoßenen Turnier kamen 4.000 Zuschauer und bald begannen die belgischen Bauern, über Reitpferdezucht nachzudenken.
Der Zweite Weltkrieg kam ihren Bemühungen in die Quere. Belgien wurde, ohne es zu wollen, in die Kriegswirren hineingezogen. Doch der Gedanke an Reitpferde und Reiterei hatte sich anscheinend schon so weit gefestigt, dass er nach Kriegsende sofort wieder aufgenommen wurde.

Der Kanonikus spielte beim Aufbau der ländlichen Reiterei und Sportpferdezucht eine so wichtige Rolle, dass sein Bischof, der den Wert von de Meys Arbeit für die belgische Landwirtschaft erkannte, ihn 1953 von seiner normalen Gemeindearbeit freistellte, sodass er sich mit ganzer Kraft um den Fortschritt der Reiterei und Sportpferdezucht in Belgien kümmern konnte.

EINE ERFOLGREICHE UMZÜCHTUNG

Die superschweren Belgischen Kaltblüter zu Reitpferden umzuzüchten, wäre ein sehr mühsames Unterfangen gewesen, das viel Geduld und einige Generationen gebraucht hätte.
De Mey schaffte es jedoch, seine Bauern davon zu überzeugen, dass mit Reitpferden künftig Geld zu verdienen sein würde. Man kaufte in den Nachbarländern Pferde ein.
1955 wurde der Verband für das Het Landbouw Rijpaard (das Bauernreitpferd) in Belgien gegründet, 1965 berichtete Hochwürden Andre de Mey, dass inzwischen schon an die 5.000 Pferde im Stutbuch des Verbandes eingetragen seien. 1987 wurde aus den mittlerweile drei Verbänden in Belgien einer, der sich seitdem Fokvereniging van het Belgish Warmbloedpaard (Zuchtvereinigung für das Belgische Warmblutpferd), kurz „BWP“, nennt.

HENGSTE AUS DEN NACHBARLÄNDERN

Die Hengste, die das Belgische Warmblut geprägt haben, kamen vorwiegend aus Frankreich, den Niederlanden und Deutschland. So wurde zum Beispiel der in Elmshorn eingekaufte Cottage Son-Sohn Codex in Belgien zum Liniengründer. Meist waren es aber Hannoveraner, wie zum Beispiel Drost von Duft II-Abendjäger oder Lugano van la Roche (Lugano I-Ableger I). Auffallend ist, dass die Belgier relativ wenig Trakehner und Vollblüter eingesetzt haben.
Sie setzten von Anfang an auf Leistung – und diesbezüglich erzielten sie schöne Erfolge.
Die Belgischen Warmblüter zeigten schnell sehr gute Springanlagen.
In einem anderen Punkt aber bestand Nachholbedarf: Sie waren oft – gelinde gesagt – eher „herbe“ Typen. Inzwischen setzt man zwar immer noch auf Leistung, aber es wird bei den Hengsten auch deutlich mehr auf ein ansprechendes Exterieur geachtet.

Farbe und Springstil lassen erkennen, dass hier ein Cottage Son-Nachkomme unterwegs ist.

KWPN

HERKUNFT Niederlande

EXTERIEUR Über dem Langrechteck stehendes, typisches, europäisches Warmblutpferd mit kräftigem Hals, edlem Kopf und stabilem, korrekt gestelltem Fundament

GRÖSSE Stockmaß zwischen 160 und 175 cm

FARBEN Alle Farben sind erlaubt, Braune und Füchse sind sehr verbreitet.

INTERIEUR Lebhaft und unerschrocken, leistungsbereit und leichtrittig – das jedenfalls wünscht sich der Verband. Das das Ziel erreicht wird, bestätigen viele KWPN-Reiter.

VERWENDUNG Während es früher ein leichtes Übergewicht in Richtung Springtalent gab, hat der KWPN inzwischen auch einige sehr gute Dressurpferde in die Welt geschickt. Für die Vielseitigkeit sind die meisten KWPNs nicht schnell genug.

Gelderländer

HERKUNFT Niederlande

EXTERIEUR Mittelschwere, mittelgroße, oft recht kompakte Pferde. Auffallend ist bei vielen Gelderländern der hoch aufgesetzte, aber dafür lange Hals und eine manchmal etwas steile Schulter.

GRÖSSE Stockmaß zwischen 155 und 163 cm

FARBEN Außer Falben und Isabellen kommen alle Farben vor, Schimmel und Braune sind aber selten. Die meisten Gelderländer sind Füchse, oft mit viel Weiß.

INTERIEUR Gelderländer haben durchaus Temperament, dabei aber meist sehr gute Nerven – sie sind als Kutschpferde ja auch auf „Verkehrstauglichkeit“ selektiert.

VERWENDUNG Man kann Gelderländer sicher reiten, aber ob man auf ihnen unbedingt gut sitzt? Dazu ist Galopp nicht unbedingt ihre bevorzugte Gangart. Sie sind nun mal für den Einsatz vor der Kutsche gezüchtet und haben dementsprechend meist eine sehr hohe Knieaktion.

Tuigpaard

HERKUNFT Niederlande

EXTERIEUR Ein nicht zu großes, kompaktes Pferd mit auffallend hoch angesetztem, langem Hals, trockenem, edlem Kopf. Die Schulter ist manchmal etwas steil, die Sattellage wenig ausgeprägt, der Rücken kurz und stramm. Dazu kommt ein trockenes Fundament mit festen Hufen.

GRÖSSE Stockmaß zwischen 155 und 163 cm

FARBEN Sehr viele bunte Füchse, Braune, Rappen, Sabino-Schecken. Schimmel sind sehr selten und nicht unbedingt erwünscht.

INTERIEUR Temperamentvolles Showpferd, manchmal nicht ganz einfach im Umgang, aber sehr intelligent, lernfähig und langlebig

VERWENDUNG Tuigpaards sind Fahrpferde, die vor allem für ihren imposanten Trab geschätzt werden.

Belgisches Warmblut

HERKUNFT Belgien, inzwischen auch aus den USA

EXTERIEUR Großrahmiges Sportpferd mit gut ausgeprägtem Widerrist, kräftigem, tragfähigem Rücken, tiefem Brustkorb und kräftiger, leicht abgeschrägter Kruppe. Man legt Wert auf ein kräftiges Fundament mit starken Röhrbeinen und sehr guten Hufen, die allerdings manchmal etwas zu groß ausfallen.

GRÖSSE Stockmaß zwischen 160 und 170 cm

FARBEN Alle Farben sind zugelassen, Braune sind besonders häufig.

INTERIEUR Gute Nerven, ausgeprägte Leistungsbereitschaft, Härte und Lernfähigkeit sind erwünscht und werden meist auch geliefert.

VERWENDUNG Belgische Warmblüter sind vorwiegend Springpferde. Im Schritt und Trab sind sie effizient, aber manchmal ein wenig steif, dafür ist der Galopp fördernd und rund und das Springvermögen sehr oft überragend.

SCHWEIZ

OBWOHL DAS KLOSTER EINSIEDELN FÜR SICH IN ANSPRUCH NIMMT, DAS ÄLTESTE GESTÜT DER WELT ZU SEIN, IST DIE SCHWEIZ NICHT UNBEDINGT DAS IDEALE PFERDEZUCHTLAND. PFERDEZUCHT HAT EINEN GROSSEN LANDVERBRAUCH – UND LAND IST IN DER SCHWEIZ ZWISCHEN DEN VIELEN BERGEN EHER KNAPP.

In der Schweiz sind nur ungefähr 20.000 Quadratkilometer landwirtschaftlich nutzbar, 55 % davon sind Grünland. Ein großer Teil dieses Landes entfällt auf relativ steile Almen, auf denen Pferde nur bedingt gedeihen würden. Allerdings war und ist es in der Schweiz üblich, dass nicht nur Kühe auf die Alm geschickt werden, sondern dazwischen alljährlich ein paar Freiberger-Fohlen mit aufwachsen, die am Ende der Weidesaison als Schlachtpferde verkauft werden. Ihre Aufzucht kostet die Bauern praktisch nichts und sie sind ein willkommener Nebenerwerb.

Die Geschichte der Schweizer Zucht beginnt wohl tatsächlich mit dem 934 gegründeten Benediktinerkloster Einsiedeln. 1034 wurde es in einer Urkunde das erste Mal als Gestüt erwähnt. Damit wäre es tatsächlich das älteste, noch existierende Gestüt der Welt.
Im 18. Jahrhundert hatte die Schweiz drei Landrassen: Das Schwyzer Pferd (aus dem Einsiedler hervorgegangen), das Erlenbacher oder Simmentaler Pferd und den Freiberger. Bei den Schwyzern und den Erlenbachern handelte es sich um Reitpferde, bei den Freibergern dagegen eher um schwere Kaltblüter.

CAVALLI DELLA MADONNA

Nachdem Einsiedeln in den Napoleonischen Kriegen den größten Teil seiner „Cavalli della Madonna" genannten Pferde verloren hatte, musste die Zucht neu aufgebaut werden – und für die nächsten Jahrzehnte galt für die ganze Schweiz, dass kein durchgehendes Konzept zu erkennen war. Im 19. Jahrhundert importierte man Hengste aus Frankreich, Oldenburg und Hannover, was dabei herauskam, war eine Mischung aus mehr oder minder tauglichen Halbblütern.
1894 hatte man dann vor allem bei der Schweizer Armee das Bedürfnis nach besseren, einheimischen Pferden, und so wurde die Gründung eines Bundesgestütes beschlossen. 1901 wurde das neue Nationalgestüt Avenches als Landgestüt in Betrieb genommen, 1927 wurde eine Stutenherde aufgestellt, womit Avenches zum Haupt- und Landgestüt wurde.
Inzwischen ist Avenches die zentrale Anlaufstelle für die Pferdezucht in der ganzen Schweiz und betreibt neben der Pferdezucht – wobei man Reitpferde und Freiberger züchtet – auch noch ein Reproduktionszentrum und das „Netzwerk Pferdeforschung Schweiz". Auch werden verschiedene Turniere veranstaltet.

Das älteste Gestüt der Welt

Eigentlich ist das Benediktinerkloster Einsiedeln vor allem durch seine schwarze Madonna bekannt, die bis heute täglich von einem Mönch in ein anderes, prachtvolles Gewand gehüllt wird. Der Dame haben aber auch die in Einsiedeln gezüchteten „Cavalli della Madonna" einiges zu verdanken. Die Marienwallfahrt brachte nämlich viel Geld nach Einsiedeln und so konnte man sich die Zucht edler Pferde leisten.
Die Mönche kauften immer wieder Hengste aus den damaligen Hochzuchtgebieten – zum Beispiel Neapel – für ihr Gestüt und so wurden die Einsiedler-Pferde weit über die Grenzen hinaus bekannt.
Im 20. Jahrhundert waren die „Cavalli della Madonna" fast ausgestorben, doch inzwischen legt man im Kloster wieder Wert darauf, die Tradition zu pflegen. Auf den Klosterweiden hält man eine kleine, aber feine Stutenherde, in die inzwischen allerdings viel europäisches Warmblut eingekreuzt wurde.

In Einsiedeln wird heute noch gezüchtet und geritten.

Schweizer Pferde wachsen auf steilen Almen auf und sind dadurch sehr trittsicher.

Schweizer Pferde gelten als zäh und langlebig.

Schweizer Warmblut

Die Geschichte der Schweizer Warmblüter fängt im Benediktinerkloster Einsiedeln an. Dort wurden über Jahrhunderte die Cavalli della Madonna gezüchtet, die weit über die Schweizer Grenzen hinaus als gute Reitpferde bekannt waren.
Das war aber auch ihr Problem, als das Kloster 1798 von Napoleons General Schauenburg besetzt wurde. Er ließ fast alle Pferde beschlagnahmen und verschenkte die besten an seine Offiziere. Als er endlich abzog, war von der Einsiedler-Zucht fast nichts mehr übrig.

NEUAUFBAU

Man musste neu aufbauen, wozu Pferde aus Frankreich, Holstein und Hannover eingeführt wurden. Dabei fehlte aber eine präzise Zuchtziel-Definition und wohl auch eine stringente Führung der Zucht.
In den 60er und 70er Jahren des vorigen Jahrhunderts hätte die Schweiz nämlich eigentlich eine Chance gehabt, führend in der Sportpferdezucht zu werden: In Avenches standen zwei Vollbrüder zu Almé Z, die Hengste Ivoire und Que d'Espoire, dazu vier Dreiviertelbrüder und zwei Halbbrüder von Cor de la Bryère über seinen Vater Rantzau xx.
Man sollte denken, dass man mit solchen Spitzenhengsten entsprechende Resultate hätte erzielen können, aber bei den teilweise sehr uneinheitlichen, schweren Schweizer Stuten konnten sich selbst diese Hochkaräter nicht durchsetzen. Auch die später importierten Holsteiner waren nicht unbedingt passend.

VERBESSERTE STUTENBASIS

Inzwischen hat sich allerdings etwas getan, vielleicht auch unter dem Einfluss der Schweizer Springreiter, die mittlerweile in der Weltspitze angekommen sind. Die Stuten haben sich verbessert und mit den modernen Sportpferdetypen und guten Hengsten hat die Gesamtqualität gewonnen. Der herausragende Vererber, der vor allem Springveranlagung in die Schweizer Warmblüter brachte, war der Holsteiner Cor de la Bryère-Sohn Calando II.

Die modernen Schweizer Pferde stammen von erfolgreichen Springpferden ab.

Freiberger sind Vielseitigkeitsspezialisten und sowohl im Zug wie auch unter dem Sattel einsetzbar.

Freiberger

Die Schwyzer rühmen sich gerne, mit ihren Freibergern die letzte echte Rasse des leichten Kaltbluts zu züchten. Vermutlich würden ihnen die Österreicher da widersprechen – die Noriker fallen eindeutig in die gleiche Kategorie.

LIEBENSWERTE PARTNER

Die Freiberger sind als Rasse interessant und erhaltenswert. Allerdings werden gut zwei Drittel der Freiberger für den Schlachter gezüchtet, wogegen Tierschützer immer wieder heftig protestieren. Die Schweizer sehen in der Fleischpferdeerzeugung dagegen eine Chance, den Freiberger zu erhalten und gleichzeitig ökologische Landwirtschaft zu betreiben, denn aufgrund der Leichtfuttrigkeit und Härte der Freiberger ist es möglich, sie ganzjährig frei laufend zu halten, was der Landschaft zugutekommt. Durch die Pferde-Weidehaltung können offene Weideflächen im Gebirge und damit der Landschaftscharakter erhalten bleiben.
Geprägt wurde die Rasse eindeutig durch den Bedarf des Schweizer Militärs. Noch heute hat die Bundesarmee Einheiten, die mit Packpferden ausgestattet sind – und wer würde sich dafür besser eignen als der genügsame, trittsichere Freiberger? An der Hand ihrer Soldaten schleppen sie Munition und Verpflegung in hoch gelegene Depots auf den Bergen und sind auf Saumpfaden unterwegs, auf denen kein Fahrzeug eine Chance hätte. In vielen Fällen wäre der Helikopter die Alternative zum Freiberger – und da ist der Einsatz des Pferdes nicht nur erheblich effizienter, sondern auch leiser und ökologisch schonender.

Freiberger haben ein freundliches Gemüt und sind zuverlässige und arbeitswillige Pferde.

ÖSTERREICH

ÖSTERREICH IST TROTZ DER VIELEN BERGE DEFINITIV EIN PFERDEZUCHTLAND MIT VIEL TRADITION. IN K.UND K. ZEITEN HAT MAN NICHT NUR KAISERLICHE LIPIZZANER, SONDERN AUCH VIELSEITIGE UND GEBIRGSTAUGLICHE ARBEITSPFERDE GEZÜCHTET.

Früher umfasste Österreich noch einige sehr fruchtbare Nachbarländer, die die Pferdezucht im Stammland beeinflusst und befördert haben. Und so kann Österreich immerhin den Anspruch erheben, historisch für die Entwicklung zweier wichtiger Rassen verantwortlich zu sein: Die Lipizzaner sind Österreicher, obwohl sie ihren Namen von ihrem ehemaligen Stammgestüt Lipica im heutigen Slowenien haben. Aber zu der Zeit, als die Rasse dort entstand, war Lipica Teil der Donaumonarchie. Ebenso war Hafling, heute Teil von Italien, einstmals, als sich dort die Zucht der blonden Füchse entwickelt hat, Teil von Österreich. Und schließlich können die Österreicher sogar noch eine dritte Rasse für sich in Anspruch nehmen, nämlich die Noriker.

GRAFENSTEINER

Lediglich mit einer Tradition in Sachen Sportpferdezucht kann die Alpenrepublik nicht dienen. Den Bedarf der ehemals kaiserlichen und königlichen Kavallerie deckte Ungarn mit seinen hervorragenden Reitpferden.
Die einzige Warmblutrasse, die im einstigen Österreich gezüchtet wurde und die unserer Definition von Sportpferd nahekommt, war der Grafensteiner, der vorwiegend aus ungarischen Gidrans entstanden war. Die Grafensteiner waren vor allem bei den englischen Besatzungsoffizieren als Reitpferde beliebt, doch nach dem Abzug der Briten ging die Grafensteiner Zucht ein. 1968 wurde der Zuchtverband, der zuletzt noch neun eingetragene Stuten hatte, aufgelöst.

DR. LEHRNER UND DER GROSSE FERDINAND

Die österreichische Sportpferdezucht hat zwei Gründungsväter: Hofrat Dr. Heinrich Lehrner, langjähriger Chef des Bundesgestüts Piber, und den Hannoveraner Ferdinand.
Dr. Lehrner schaffte es, den Hannoveraner-Starhengst aus der alten F-Linie für Piber zu gewinnen. Er wurde eingesetzt, um den teilweise recht schwierigen österreichischen Warmblutstuten zu einem „handlicheren" Temperament zu verhelfen. Dazu vererbte Ferdinand seine Leistungsbereitschaft, seine korrekten Gänge und sein Springvermögen. Kaliber brachte er auch mit – und er wirkte in Österreich so bahnbrechend, dass er dem Import weiterer deutscher Hengste die Tür öffnete.

PRIVATE HENGSTHALTER

Zwar wurde in Piber die Warmblutzucht nach einer schweren Herpes-Infektion 1983 eingestellt und das staatliche Hengstdepot in Stadl-Paura ist inzwischen auch aufgelöst, aber dafür haben die privaten Hengsthalter mittlerweile so ziemlich alles, was es an europäischen Sportpferdelinien von Bedeutung gibt, zugekauft und bieten es ihren Stutenhaltern an.

Österreichisches Warmblut

Die ursprüngliche Stutenbasis des Österreichischen Warmbluts ist von Ungarn geprägt. Inzwischen hat der österreichische Zuchtverband ungefähr 2.500 Stuten. Die Zuchtselektion beruht auf einem Vier-Stufen-Modell:

1. Fohlenbeurteilung
2. Hengstkörung, Eintragung der Stuten
3. Eigenleistungsprüfung für Hengste und Stuten oder Einsatz im Sport
4. Nachkommenbeurteilung und Zuchtwertschätzung

Das Modell funktioniert, dazu hat die österreichische Pferdezucht auch von der leichten Verfügung von Sperma aus den Nachbarländern profitiert. In der Liste der in Österreich eingesetzten Sportpferdevererber findet sich von Almé Z über Cor de la Bryère, Donnerhall, Flaneur, Rosenkavalier, Sandro Song und Weltmeyer alles, was in Deutschland erfolgreich ist. Auch einige deutsche Hengste sind nach Österreich umgezogen, so der Rubinstein-Sohn Rubicell, der bis Grand Prix platziert war und bereits hervorragende Nachkommen hat.

In Österreich wird immer noch viel gefahren. In Salzburg und Wien gehören Fiaker zum Stadtbild.

FRANKREICH

FRANKREICH IST EIN PFERDELAND – UND WAHRSCHEINLICH SOGAR EINES DER ÄLTESTEN IN EUROPA. WIE WICHTIG PFERDE IN DIESER REGION SCHON IN VORCHRISTLICHER ZEIT WAREN, ZEIGEN HÖHLENZEICHNUNGEN, DIE DORT ENTDECKT WURDEN.

Einige der Zeichnungen, die zwischen 10.000 und 20.000 Jahre alt sind, zeigen interessanterweise schon deutlich erkennbar zwei verschiedene Pferdetypen.
Der Hippologe Jasper Nissen sieht darin zum einen das Urpony, wie es bis heute das englische Exmoor Pony am besten verkörpert. Nissen definiert für diesen Ponytyp eine Größe zwischen 122 und 125 Zentimeter, stark ausgeprägtes, wolliges Unterhaar und viel Langhaar als Schutz in den eher regnerischen Gegenden.
Der andere Typ war laut Nissen das „Tundren Pony", dessen Erbe bis heute in den Kaltblutrassen erhalten geblieben ist. Das Tundren-Pony war eher in trockenen Gebieten unterwegs, hatte deswegen weniger Langhaar und es war auch deutlich größer – zwischen 140 und 170 Zentimeter Stockmaß.
Die Wildpferde auf den Höhlenbildern lebten unbeeinflusst vom Menschen. Vermutlich dienten sie ihm als Beutetiere.

UNTERSCHIEDLICHE EINFLÜSSE

Ein paar Tausend Jahre später war Frankreich keltisch besiedelt. Die Gallier waren ausgesprochene Pferdeleute, bei ihnen galt das Pferd als Symbol der Sonne und wurde als wertvollstes Opfertier verehrt. Außerdem nutzen sie das Pferd bereits als Zug- und Reittier.

Als Reiter waren sie nach der Eroberung durch die Römer begehrt: Als Cäsar Richtung Germanien aufbrach, begleiteten ihn gallische Auxilarii – Reitereinheiten, die mit den ausdauernden einheimischen Pferden beritten waren. Die französischen Pferde galten schon damals als hervorragend. Cäsar berichtete darüber, und da er sich wohl bewusst war, dass bei seiner Militärstrategie der Kavallerie eine entscheidende Rolle zukam, gab er den Auftrag, die Gestüte in Südfrankreich besonders zu fördern.

NEUE PFERDE IM LAND

Im 8. Jahrhundert kam ein neues Element in die französische Pferdezucht: Die Mauren fielen ein und wie in Spanien brachten sie ihre Pferde mit. Die Orientalen wirkten veredelnd auf die einheimischen Ponys und als Karl Martell 732 die Araber wieder vertrieben hatte, blieb ein neuer Typ Pferd zurück.
Allerdings wurde dieser schon bald dem nächsten Einfluss von außen ausgesetzt: Die Normannen fielen in Frankreich ein und brachten wieder nordische, stärkere Typen mit. Immerhin führten sie dann eine regulierte Pferdezucht ein. Dafür stand zum Beispiel das Kloster St. Michel, das in alten Schriften für seine hervorragenden Pferde gerühmt wurde.

VERSAILLES UND DIE REITEREI

Frankreich war prägend für die Kultur des Mittelalters. Es waren die französischen Höfe, wie zum Beispiel der der Eleonore von Aquitanien, an denen die Troubadoure ihre Lieder sangen.
In Frankreich entwickelten sich die Turniere, bei denen die Ritter ihre Fähigkeiten im berittenen Lanzenkampf übten. Dafür brauchte man starke, aber doch bewegliche Pferde – und die konnte die französische Zucht schon damals liefern. Sie wuchsen auf den saftigen Wiesen der Marschgebiete an der Westküste auf und wurden Vorfahren der Anglo-Normannen und der Percherons.
Nach dem Untergang der Ritterkultur verlegte sich der Schwerpunkt der europäischen Reiterei und Zucht erst einmal nach Neapel. Doch Ende des 16. Jahrhunderts gewannen die französischen Könige immer mehr Macht – und damit wuchs ihr Einfluss auf die europäische Kultur. Dabei war die Reiterei am französischen Hof besonders wichtig. Ludwig XIII. (1601–1643) überließ – wahrscheinlich zum Glück für Frankreich – die Politik weitgehend seinem Minister Kardinal Richelieu und beschäftigte sich stattdessen mit der Jagd und der Reiterei. Sein Reitlehrer war Antoine de la Baume Pluvinel (1555–1620), der als Hilfsmittel für die Ausbildung des Pferdes die Pilaren erfand und mit „Manège Royal“ (Die königliche Reitschule) eine bis heute wichtige Reitlehre schrieb.
Der Hof und Pluvinel hatten großen Einfluss auf die Pferdezucht. Die Höflinge waren meist auch Landbesitzer und fast jeder unterhielt ein eigenes Gestüt.
Auch Ludwig XV. (1710–1774) war ein Pferdemann, der großen Wert auf guten Reitunterricht und gute Pferde legte. Sein Reitmeister am Hof war François Robichon de la Guérinière (1688–1751), der wahrscheinlich auch des Königs Berater in Sachen Pferdezucht war.
Ein Problem der Franzosen war damals, dass sie trotz der vielen Privatgestüte nicht genug Pferde für die Armee hatten. Um die Pferdezucht zu verbessern, wurden vom königlichen Finanzministerium Hengste aus Holstein, aus Belgien, Neapel und der Türkei eingekauft. Und obwohl Ludwig XV. es nicht mehr erlebte – auf seine Regierungszeit geht die Gründung des französischen Nationalgestüts Haras du Pin zurück.

NAPOLEON UND DIE PFERDE

Der große kleine Korse war nicht nur ein genialer Feldherr, sondern auch ein Verwaltungsfachmann von hohen Qualitäten. Ihm war klar, dass eine erfolgreiche Armee gute Pferde braucht und dass man diese am besten im Land züchtet. Auf Napoleons I. (1769–1821) Betreiben geht die Einrichtung der französischen Nationalgestüte in Pau, Pin, Langounet und Pompadour zurück, außerdem die beiden Versuchsgestüte an den Tierarzneischulen in Lyon und Alfort sowie 30 Beschälerdepots und die Militärreitschulen.
Napoleons Dauerkrieg formte die Pferdezucht in Frankreich. Zum einen führte er zu einer Leistungsselektion. Die Pferde, die die Kriegszüge überstanden und zurückkamen, zeichneten sich durch besondere Härte aus. Zum anderen nutzten Napoleons Offiziere den Krieg auch dazu, sich neue Pferde anzueignen. Wo immer ihnen Pferde gefielen, nahmen sie die besten mit, so zum Beispiel in Einsiedeln, Celle und Neustadt a.d. Dosse. Auf diese Weise gelangte bestes europäisches Fremdblut in Frankreichs Pferdezucht.

Selle Français sind eine temperamentvolle, gesamteuropäische Mischung.

Cheval de Selle Français

Die Zuchtgeschichte der Cheval de Selle Français ist sehr schnell erzählt: Die Rasse wurde 1958 gegründet, wozu Warmblutpferde aus ganz Frankreich ins Stutbuch aufgenommen wurden. Einen besonders hohen Anteil hatten die Anglo-Normannen.
Doch damit ist natürlich noch nicht alles über die Geschichte des Selle Français gesagt. Ganz wichtig für seine Entwicklung war der unter Napoleon entstandene Cadre Noir.

DIE SCHWARZEN REITER

Den wichtigsten Einfluss auf die französische Pferdezucht hatte und hat bis heute die Ecole Nationale d'Equitation in Saumur. 1814 als Ausbildungs- und Elitekorps für die Ausbildung der französischen Kavallerieoffiziere gegründet, bezog der Cadre Noir seinen Namen von den schwarzen Uniformen seiner Rittmeister. Heute wird er oft mit der Spanischen Hofreitschule in Wien verglichen, aber es gibt zwei entscheidende Unterschiede.
Zum einen bilden die Franzosen nicht nach François Robichon de la Guérinière aus wie die Wiener, sondern nach François Baucher, zum anderen wird in Saumur bis heute nicht Reitkunst um der Kunst willen betrieben. Der Cadre Noir ist immer noch Ausbildungsstätte der französischen Reitlehrer, weswegen man dort auch nicht nur Dressur reitet, sondern alle drei Disziplinen: Dressur, Springen und Vielseitigkeit. Zudem ist der Cadre Noir das Aushängeschild der französischen Sportpferdezucht. Auf dem Gelände in Saumur wird alljährlich eine international besetzte Vielseitigkeit ausgetragen und auch die Reiter des Korps sind im internationalen Reitsport präsent.
Gleichzeitig bieten sie aber auch ein klassisches Showprogramm, das in Galas vorgeführt wird und mit dem der Cadre Noir immer wieder auf Tournee geht. Interessant dabei ist, dass die Franzosen – auch hier im Gegensatz zu den Wienern – nicht auf speziell für die Dressur gezüchtete Pferde setzen, sondern auf „normale" Selle Français.

VOLLBLUT IM PEDIGREE

Dass so viele französische Sportpferde ausgesprochen hübsch sind, haben sie vermutlich der Tatsache zu verdanken, dass sie alle Englische Vollblüter und Anglo-Araber im Pedigree haben.
Frankreich dürfte nach England und Irland das europäische Land sein, in dem die meisten Vollblutgestüte zu Hause sind, auch Rennen haben dort eine lange Tradition. Die Rennbahn in Chantilly nahe Paris ist die größte auf dem Kontinent. Es kommt auch immer wieder vor, dass in Frankreich gezogene Blüter ihrer englischen, irischen und amerikanischen Verwandtschaft davonlaufen.
Die breite Vollblutbasis wirkt sich natürlich auch auf die Zucht von Anglo-Arabern – einer echten französischen Spezialität – und Sportpferden aus. Die französischen Staatsgestüte

lassen sich ihre Veredler etwas kosten – und darum waren darunter auch Hengste von Weltrang wie zum Beispiel Rantzau xx und Furioso xx. Auf beide lohnt es, ein bisschen einzugehen, denn sie haben die europäische Sportpferdezucht geprägt.
Rantzau xx war ein in Frankreich gezogener französischer Vollblüter. Der 1946 geborene, 165 Zentimeter große Fuchs mit Blesse war ein durchaus imponierender Hengst mit auffallend schöner, gut bemuskelter Schulter, sehr stabilem Röhrbein und einer Kruppe, die viel Raum für Muskeln bot. Er hatte für einen Vollblüter recht viel Kaliber, das er auch weitergab. In den 20 Jahren, die er als Beschäler im französischen Staatsgestüt St. Lô stationiert war, hat er 25 gekörte Söhne gezeugt – darunter den braunen Cor de la Bryère und den Erioso aus einer Furioso xx-Mutter, der in Frankreich sehr wichtig war.

Die mit dem Blup

Für den Erfolg der französischen Sportpferdezucht stehen aber nicht nur hervorragende Veredler, sondern entscheidend ist auch ein Zuchtmodell, das neben dem nicht fassbaren „Gefühl" des Züchters auf wissenschaftliche Fakten setzt. Dafür steht in Frankreich der BLUP – die Abkürzung für „Best Linear Unbiased Prediction", ein Modell, bei dem über Faktoren wie Eigenleistung, Leistung der Vorfahren, Geschwister und Nachkommen sowie einige andere Faktoren ein Indexwert errechnet wird, der wichtige Anhaltspunkte für die Einschätzung des Zuchtwerts und für die Anpaarung zweier Individuen gibt. Allerdings hat das BLUP-Modell auch einen Nachteil: Es gibt immer wieder Züchter, die zu sehr darauf setzen – und Pferdezucht lässt sich nun mal nicht auf dem Papier oder am Computer betreiben. Dazu hat der BLUP ein Problem mit Vollblütern. Angeblich drückt der Einsatz eines Vollblüters den BLUP des Nachkommen, weswegen manche französische Züchter inzwischen die Kreuzung scheuen. Das ist natürlich sehr bedauerlich, denn es waren die Vollblüter und Anglo-Araber, die den heutigen Selle Français geprägt haben. Blut „verliert" sich aber mit der Zeit, darum muss immer wieder einmal veredelt werden.

Furioso xx war ein Einwanderer. Der Braune wurde 1939 in Irland geboren, mit allen Points, die einen guten Vollblüter für die Warmblutzucht auszeichnen: Adel, Eleganz, Härte und Schnelligkeit, dabei aber auch genug Größe (165 Zentimeter Stockmaß) und Kaliber, um den Veredlungseffekt nicht zu übertreiben. Und er hatte einen Stammbaum, der ihn geradezu für den Einsatz in der Sportpferdezucht prädestinierte. Seine Mutter Maureen xx war nämlich über ihren Vater Son in Law xx eine Enkelin von Dark Ronald – und damit war der begehrte Blutanschluss zu sehr vielen europäischen Warmblütern gegeben.
Furioso xx schlug dann auch entsprechend ein. In Haras nationaux stationiert, zeugte er über 20 Söhne für die europäische Zucht. Darunter waren Mexico und Furioso II, die Vollbrüder aus der Dame de Ranville, Lurioso und Futuro, der zusammen mit Furioso II nach Deutschland ging. Furioso xx war aber auch Vater vieler hervorragender Stuten und ist heute in vielen französischen Mutterlinien vertreten.

DIE ZUKUNFT

Vorteile der französischen Sportpferdezucht sind, dass sie heute eine sehr konsolidierte, recht homogene Stutenbasis hat und dass der Einfluss der Nationalgestüte immer noch sehr groß ist. Dort finden sich meist sehr gute Pferdeleute, die über den Tellerrand hinaussehen und das „Denken in Generationen" beherrschen. Insofern ist davon auszugehen, dass sie immer wieder für den Vollbluteinsatz sorgen, der für die Franzosen so wichtig ist. Gleichzeitig ist die französische Pferdezucht aber auch recht offen und sogar experimentierfreudig. So hat sich in den letzten Jahren vor allem in den abgelegenen, sehr ländlichen Regionen Frankreichs, wie der Auvergne oder auch der Picardie, der Reittourismus entwickelt – und in der Auvergne ein interessantes Zuchtexperiment: Dort werden Selle Français mit spanischen Pferden gekreuzt. Das Ergebnis ist ein fast ideales Wanderreitpferd. Es bringt die Menschenbezogenheit und die Gelassenheit seiner spanischen Vorfahren mit und gleicht dadurch das manchmal eher stürmische Temperament der Franzosen aus. Dazu kommt, dass es die Härte und die Leistungsbereitschaft des Sportpferdes mit der Trittsicherheit und der Geschmeidigkeit des Spaniers vereinigt.

Schweizer Warmblut

HERKUNFT Schweiz

EXTERIEUR Gewünscht wird ein edles Reitpferd mit harmonischem Exterieur.

GRÖSSE Stockmaß zwischen 162 und 168 cm

FARBEN Alle Grundfarben sind zugelassen, Schecken kommen nicht vor.

INTERIEUR Gutmütiges, leichtrittiges Reitpferd mit guten Nerven, Leistungsbereitschaft und dem Willen, zu lernen

VERWENDUNG Obwohl in der Schweiz sehr viel gesprungen wird und sehr viele Züchter Springpferde züchten, war das bisher bekannteste Schweizer Pferd der Dressurhengst Gauguin de Lully. Generell gilt: Die Schweizer Warmblüter sind vielseitige Sportpferde für alle Disziplinen.

Freiberger

HERKUNFT Schweiz

EXTERIEUR Ein kompaktes, nicht zu schweres Pferd mit deutlichen Kaltblutmerkmalen, wie zum Beispiel dem leichten Kötenbehang, dem Speckkamm am Hengsthals und der leicht gespaltenen Kruppe. Auffallend sind die meist hübschen, trockenen Köpfe mit den kleinen, beweglichen Ohren und den lebhaften Augen. Das Fundament ist kompakt und kräftig mit relativ kurzen Fesseln und festen Hufen.

GRÖSSE Stockmaß zwischen 150 und 160 cm

FARBEN Vorwiegend Braune, Füchse kommen ebenfalls vor. Weiße Abzeichen sind häufig.

INTERIEUR Freiberger sind üblicherweise gutmütig und nervenstark, dabei durchaus intelligent und dem Menschen zugewandt.

VERWENDUNG Die Pferde aus der Schweiz haben meist drei korrekte Grundgangarten und sind dazu hervorragende Kletterer. Ihre Kraft macht sie zu guten Gewichtsträgern, ihre Trittsicherheit zu idealen Wanderreitpferden. Als liebenswerte Freizeitkameraden, die übrigens auch mit dem Westernsattel gut zurechtkommen, kann man sie sehr empfehlen. Außerdem lassen sie sich sehr gut als Fahrpferde einsetzen.

Österreichisches Warmblut

HERKUNFT Österreich

EXTERIEUR Gefragt ist das moderne Sportpferd mit hübschem Kopf, nicht zu hoch aufgesetztem Hals und schräger Schulter. Es soll über dem Langrechteck stehen und ein stabiles Fundament haben.

GRÖSSE Stockmaß zwischen 160 und 170 cm

FARBEN Alle Grundfarben

INTERIEUR In der Vergangenheit waren die Vertreter der Rasse manchmal aufgrund des Gidran-Einflusses nicht ganz einfach. Inzwischen kommen aber die ruhigeren Hannoveraner- und Holsteiner Hengste mit ihrer Leistungsbereitschaft und Intelligenz durch.

VERWENDUNG Springen, Dressur, Vielseitigkeit. Der große Erfolg steht in der österreichischen Zucht noch aus, doch der Bedarf an qualitätsvollen Freizeitpferden kann gedeckt werden.

Cheval de Selle Français

HERKUNFT Frankreich

EXTERIEUR Ein typisches Sportpferd mit meist von den Anglo-Arabern geprägtem, ausgesprochen hübschem Kopf, gut aufgesetztem Hals, schräger Schulter, langem, starkem Rücken und runder Kruppe auf stabilem Fundament mit festen Hufen

GRÖSSE Stockmaß zwischen 165 und 175 cm

FARBEN Alle Grundfarben

INTERIEUR Die Selle Français gelten als schnell und zäh, haben Temperament, aber gute Nerven, sind ausgeglichen und leistungsbereit.

VERWENDUNG Der Schwerpunkt der Zucht liegt eindeutig auf Springen, dazu sind viele Selle Français aufgrund des hohen Vollblutanteils talentierte Vielseitigkeitspferde. Dressur ist nicht unbedingt in ihren Genen – sie haben zwar meist korrekte und elastische Grundgangarten, aber der ganz große Kick fehlt oft.

SKANDINAVIEN

TRADITIONELL SIND DIE SKANDINAVISCHEN LÄNDER NICHT UNBEDINGT WARMBLUT-ZUCHTLÄNDER. AUSSER IN SCHWEDEN WURDEN FRÜHER IM NORDEN HAUPTSÄCHLICH PONYS GEZOGEN.

Das heißt aber nicht, dass die Skandinavier keine Pferdeleute sind. Ganz im Gegenteil. Man darf den Wikinger-Einfluss auf sie nicht unterschätzen – und die Wikinger nannten sich selbst „Russ“ – nach ihren Rossen, die nicht nur in ihrem Alltag, sondern auch in ihrer Spiritualität eine große Rolle spielten.

DIE WIKINGER

Pferde waren den Wikingern heilig. Sie wurden den Göttern geopfert – und als Opfer war ja nur gut genug, was für die Menschen wertvoll war. Dazu waren Pferde für die Wirtschaft der Wikinger sehr wichtig. Ohne sie ging in der Landwirtschaft nichts und dazu hing die komplette Inlandslogistik der Wikinger vom Pferd ab. Die berühmten Langschiffe der Wikinger, mit denen sie bis nach Amerika kamen, hatten einen Pferdekopf am Steven – und oft genug wurden auf ihnen auch Pferde befördert. Wenn die Wikinger auf ihre Eroberungszüge gingen, hatten sie Pferde dabei. Auch wenn es historisch nicht belegbar ist, kann man vermuten, dass die Wikinger oft genug auch auf dem Rückweg in den Norden Pferde an Bord hatten und dass auf diese Art bereits früh Pferde aus anderen Teilen Europas nach Skandinavien gelangten.

DER EINFLUSS DES KÖNIGS

Im Mittelalter kamen bestimmt einige Pferde aus den wärmeren Regionen Europas in den Norden. Schwedens König Gustav II. Adolf (1594–1632) war der Kopf der protestantischen Partei im 30-jährigen Krieg. Zu Schweden gehörte damals auch einiges von den jeweiligen Nachbarländern. Es ist kaum vorstellbar, dass seine Reiteroffiziere in den verschiedenen Schlachten nicht auch Pferde erobert und schließlich mit nach Hause genommen haben. Und dann war da Napoleon, dessen Kriege ja ganz Europa durcheinandergewirbelt haben.
In Skandinavien hatte das eine ganz besondere Auswirkung: Den Schweden war ihr Königsgeschlecht mehr oder minder abhandengekommen. 1809 war König Gustav IV. Adolf wegen möglichem Wahnsinn entthront und verbannt worden. Sein Onkel und Nachfolger Karl XIII. hatte keine Kinder, und so wählten die Schweden seinen Nachfolger: den französischen Marschall Jean-Baptiste Bernadotte (1763–1844).

STAATSGESTÜTE

Bernadottes größte Stärke war, dass er sich schon unter Napoleon als hervorragender Verwaltungsfachmann und Organisator gezeigt hatte. Der hochgewachsene Gascogner war selbst ein hervorragender Reiter und er war, bevor er nach Schweden kam, Gouverneur von Hannover gewesen. In Hannover waren Pferde schon damals ein Wirtschaftsfaktor und man kann wohl davon ausgehen, dass Bernadotte sich da einige Anregungen geholt und Zuchterfahrung gesammelt hat.
Schweden hatte zu seiner Zeit bereits Staatsgestüte, außerdem gab es in Schweden große und recht wohlhabende landwirtschaftliche Anwesen, auf denen man nicht nur Pferde für die Land- und Forstwirtschaft, sondern auch für die Kutsche brauchte und selbst züchtete. Dies war zwar ein eher schwerer Schlag, aber darauf ließ sich aufbauen.
Auf der Basis dessen, was die schwedischen Staatsgestüte schon unter Bernadotte erreicht hatten, war es für sie kein großes Problem, Anschluss zum Rest von Europa zu halten. Um 1900 waren die schwedischen Warmblüter ebenso wie die dänischen durchaus bekannt und renommiert.

SPORTLICHE ERFOLGE

In der Mitte des vorigen Jahrhunderts waren die schwedischen Reiter mit ihren einheimischen Pferden im Sport eine Größe, mit der man rechnen musste.
Eine kleine Anmerkung noch: Dänemark hat neben Sportpferden auch die Frederiksborger und Knabstrupper zu bieten. Diese werden im Kapitel „Barockpferde“ beziehungsweise „Farbzuchten“ behandelt.

Skandinaviens Pferde stehen im Typ des Sportpferdes.

Schwedisches Warmblut

Schweden hatte gegenüber seinen Nachbarländern den großen Vorteil, dass es dort schon sehr lange eine sehr große Warmblutzucht gibt. In Schweden sind nämlich Trabrennen sehr beliebt, weswegen im Land Traber gezüchtet werden – sogar mehr als Reitpferde. Außerdem hatte Schweden schon im 18. Jahrhundert zwei Staatsgestüte – Flyinge und Strömsholm. Dazu kam 1868 die Gründung der Armeereitschule in Strömsholm, die für die Leistungsprüfung der schwedischen Reitpferde sorgte.
Im 19. Jahrhundert, als man in Schweden ernsthaft daranging, eigene Kavalleriepferde zu züchten, gab es zwei Richtungen im Lager der Züchter. Die einen meinten, es gehe mit Englischem Vollblut am schnellsten, die anderen setzten auf französische Hengste. Beides war nicht unbedingt von Erfolg gekrönt, also stieg man auf den Import von Hannoveranern und Trakehnern um – und damit funktionierte es. Die schwedische Armee bekam die drahtigen, wendigen Warmblüter, nach denen sie verlangte.

HUMANIST UND GASPARI

In den 50ern des vorigen Jahrhunderts landeten die Schweden dann einen Glückstreffer: den Trakehner Humanist. Vor allem über seine Söhne Drabant und Gaspari beeinflusste er die schwedische Zucht.
Gaspari wurde vom Obersattelmeister des Staatsgestüt Flyinge, Ynve Viebke, als Dressurpferd ausgebildet und gehörte zweimal zur schwedischen Dressurmannschaft bei Olympischen Spielen. Er war weit über Schweden hinaus einer der bedeutendsten Dressurvererber seiner Zeit, wofür unter anderem Söhne wie Piaff standen, der unter Liselott Linsenhoff erfolgreich war.
Leider wurde ein zu großer Teil seiner Söhne ins Ausland verkauft, sodass er in Schweden fast nur über Stutenlinien vertreten ist.
Inzwischen hat sich in Schweden die Privathengsthaltung weitgehend durchgesetzt, die sehr viele Hengste aus Deutschland, den Niederlanden und Belgien importiert. Besonders starken Einfluss hatte in den letzten Jahren der KWPN Hengst Irco Marco, der dem Schwedischen Warmblut auch einige Springveranlagung mitgebracht hat.

Aus Schweden kommen erfolgreiche Vielseitigkeitspferde wie Wega unter Sara-Algotsson-Ostholt.

Die Warmblutzucht hat in Schweden eine lange Tradition.

Dänisches Warmblut

Die Dänen haben eine alte Reitpferderasse: Die Frederiksborger, die im königlichen Gestüt gezogen wurden und die weit über Dänemark hinaus bekannt waren. Allerdings waren sie als Barockpferde und Karossiers mit ihren relativ hohen, aufwändigen Gängen nicht unbedingt das, was nach dem Krieg als Reitpferd für den Sport gefragt war. Darum wurde 1962 der dänische Warmblutzuchtverband gegründet. Basis dafür waren die Reitpferde, die schon im Land waren, meist eine Mischung aus Frederiksborgern, Trakehnern und Holsteinern. Dazu kamen schwedische Hengste.
Die Ergebnisse konnten sich sehen lassen. So war zum Beispiel die Finnin Kyra Kyrklund mit dem dänischen Hengst Matador recht erfolgreich. Auch Anne Grethe Jensen machte ihre Karriere als Dressurreiterin auf dänischen Pferden.
Seit der Jahrtausendwende bemüht man sich, den Dänischen Warmblütern mehr Springvermögen anzuzüchten. Dazu werden vorwiegend Holsteiner, Hengste aus Zangersheide und Selle Français eingesetzt.

Bisher waren die Dänen vorwiegend Dressurspezialisten.

Finnisches Universal

Während überall in Europa Sportpferde gezüchtet werden, haben die Finnen sich einen ganz eigenen Weg gesucht. Sie hatten als Ausgangsmaterial aber auch eine ganz besondere Tradition und Pferderasse: Die finnischen Kaltbluttraber. Sie sind die schnellsten Kaltblüter der Welt, in Rennen erprobt – und auf ihnen basiert die Rasse des „Finnish Universal", die noch heute in vier Varianten gezüchtet wird:

1. Pienhevonen – ein relativ kleiner Ponytyp;
2. Työhevonen – ein schweres, kaltblütiges Zugpferd;
3. Juoksija – ein leichter Kaltbluttraber;
4. Ratsuhevonen – ein vielseitiges, schweres Reitpferd.

UNTERSCHIEDLICHE TYPEN

Dementsprechend sind die Finnish Universals in der Größe wie auch im Kaliber durchaus unterschiedlich. Das hat aber andererseits den Vorteil, dass unter den Finnen jeder Reiter das für ihn passende Pferd finden kann.
Gemeinsam ist ihnen, dass sie meist ein gutes, korrektes und trockenes Fundament und oft eine etwas abgeschlagene Kruppe haben, dass der Kopf manchmal ein bisschen zu groß ist, was aber durch lebhafte Augen und den sympathischen Ausdruck aufgefangen wird.
Die Finnish Universal sind fast alle Füchse, sehr oft mit hellem Langhaar, ab und zu treten Falben auf.
In Finnland ist das Finnische Universal als vielseitiges Freizeitpferd sehr beliebt. Es kann aber auch – in kleinerem Rahmen – springen und geht oft eine ganz ordentliche Dressur.
Am meisten geschätzt wird es aber für seine Gutmütigkeit, die starken Nerven und die Freundlichkeit.
Mittlerweile hat sich das Schwergewicht der Finnpferdezucht von den Työhevonen (schwere Arbeitspferde) auf die Juoksija (leichte, schnelle Kaltbluttraber) verlegt. Drei Viertel der Population gehören zu diesem Typ, der Rest sind vorwiegend Reitpferde. Gemeinsam ist allen Finnpferden, dass sie anspruchsvolle Leistungsprüfungen ablegen müssen.

GROSSBRITANNIEN UND IRLAND

WENN ES EIN LAND GIBT, DAS MAN IN EUROPA ALS „PFERDELAND" BEZEICHNEN KANN, DANN IST ES ENGLAND. KEINE KULTUR IN EUROPA IST SO VON DEN PFERDEN UND DER REITEREI GEPRÄGT WIE DIE BRITISCHE.

DIE ENGLÄNDER UND DAS PFERD

Die Römer berichten, dass es in England schon damals eine hoch entwickelte Pferdezucht gab und sogar bereits Pferderennen abgehalten wurden. Sie dienten der Volksbelustigung, waren aber auch mit dem Kult verbunden.
Im 8. und 9. Jahrhundert kamen die Wikinger nach England. Man weiß von ihnen, dass sie auf ihren Langbooten Pferde dabeihatten und man vermutet, dass die Shetland-Ponys auf die Pferde der Wikinger zurückgehen. Doch schon im 10. Jahrhundert kamen wohl auch spanische Pferde ins Land. Die nächste vierbeinige Einwanderungswelle kam dann mit den Normannen aus Frankreich. Als sich die Anglo-Normannen in England etabliert hatten, brachen sie auch schon – das war im 12. und 13. Jahrhundert – zu den Kreuzzügen auf. Dabei brachten sie orientalische Pferde mit.

SEIDE, SAMT UND HENGSTE

Heinrich VIII. (1491–1547) ist vor allem durch seine sechs Ehefrauen und als das „dicke Monster", als das ihn Holbein in späten Jahren gemalt hat, bekannt geworden. Doch als junger Mann galt er als der „schönste Prinz der Christenheit" und als exzellenter Reiter. Seine Liebe zu Pferden führte dazu, dass er versuchte, die englische Pferdezucht zu verbessern. Dabei ging es ihm auch darum, die doch recht kleinen einheimischen Pferde zu vergrößern – und so erließ er ein Gesetz, nach dem alle zu kleinen Pferde aus der Zucht ausgeschlossen wurden. Hengste mussten mindestens 15 Hands (152 Zentimeter) und Stuten mindestens 13 Hands (132 Zentimeter) groß sein, damit es erlaubt war, mit ihnen zu züchten.
Heinrich VIII. ging aber noch weiter. Herzöge und Erzbischöfe mussten mindestens sieben zur Zucht zugelassene Hengste haben, Grafen und Bischöfe mindestens fünf. Und ein Privatmann,

dessen Frau einen seidenen Mantel oder eine Haube aus Samt trug, musste mindestens einen Hengst haben.
Heinrichs Tochter Elizabeth I. hatte ein sehr enges Verhältnis zu ihrem Stallmeister Robert Dudley – und das wohl nicht nur aufgrund ihrer persönlichen Freundschaft, sondern auch aufgrund ihres Interesses an Pferden. Sie war an Pferderennen interessiert und hatte orientalische Rennpferde in ihren Gestüten, aber Elizabeth war insofern schon eine typische englische Aristokratin, als dass die Jagd zu Pferde sehr wichtig für sie war.

DIE JAGD FORMT DAS PFERD

Die Jagd war in England der wichtigste Faktor für die Pferdezucht, über alle Zeiten und politischen Verwicklungen hinweg. Wer in England Geld hatte und etwas auf sich hielt, ging zur Jagd – und das bedeutete in diesem Fall meist die Jagd hinter der Meute, wobei damals nicht nur Füchse gehetzt wurden, sondern auch Rot- und Schwarzwild. Die Jagd war die Leistungsprüfung für englische Reitpferde – und was da abgefragt wurde, war nicht nur Schnelligkeit und Härte, sondern auch Mut, Springvermögen und Geschicklichkeit. Andere Faktoren spielten eine eher untergeordnete Rolle.
Die Resultate dieser Leistungsselektion konnten sich sehen lassen. Als man in Deutschland erst auf Reitpferde umzüchten musste, hatte man in England schon eine etablierte Reitpferdezucht mit einer breiten Basis.
Dabei machten sich die Engländer durch ihre Erfahrung auch schon ein wichtiges Gesetz der Warmblutzucht zu Eigen: Es muss immer wieder veredelt werden! Der Einfluss der Vollblüter mendelt sich nach einigen Generationen wieder aus, dafür setzen sich dann die gröberen Merkmale durch. Ein neuer Schuss Blut tut not – in England war das nie ein großes Problem, weil man ja neben der Reitpferdezucht immer auch ein breites Angebot an Vollblütern hatte.

ANNÄHERUNG AN DEN KONTINENT

Die Jagd als bevorzugte Leistungsprüfung hatte aber auch einen Nachteil: In Sachen Dressur hatten die Engländer bis vor einigen Jahren eindeutig Nachholbedarf. So manchen englischen und auch irischen Hunter – die englische und die irische Reitpferdezucht lief über Jahrhunderte parallel – drückte nicht eben die Schönheit.
Ein dünner, tief angesetzter Hals, ein langer und oft sogar etwas ramsnasiger Kopf, eher knochig – die englischen Hunter waren hart im Nehmen, aber nicht unbedingt umwerfend im Auftritt. Und in Sachen Gang galt früher: „Hauptsache, sie können galoppieren". Dass auch ein elastischer Trab und ein fördernder Schritt dazugehören, hat sich erst in den letzten Jahren herumgesprochen.
Seitdem haben die Engländer gewaltig aufgeholt. Jennie Loriston-Clarke, erste Engländerin, die in der internationalen Dressur oben mitritt, zeigte mit ihren Halbblut-Hengsten Dutch Courage und Dutch Gold, dass Dressurpferde durchaus vielseitig und jagdtauglich sein können. Große Gestüte haben in Deutschland Hengste eingekauft – vom Polarion-Sohn Grafenstolz über den Rubinstein-Enkel Royaldik, der auf der Mutterseite das Blut des Heraldik mitgebracht hat.

Pferdeverrückt

Selbst in der Sprache ist zu bemerken, wie wichtig das Reiten im angelsächsischen Raum ist: Das Verb „to ride" ist eines der meist genutzten. Die Engländer „ride a car", geben jemanden „a ride" – und wenn sie tatsächlich auf einem Pferd sitzen, spezifizieren sie das mit „horse riding". Wahrscheinlich hat auch kein anderes Land in Europa so viele Pferderassen zu bieten wie England und Irland. In England sind es die native Ponys: New Forest-Ponys, Fell-Ponys, Shetland- und Welsh-Ponys. Außerdem waren da die Kaltblüter: Clydesdales, Yorkshire Coaches, Shires. Und dann die Hunter und die Englischen Vollblüter. In Irland gibt es die Connemaras, die Tinker, die Irischen Hunter und ebenfalls Vollblüter – die Vielfalt ist wirklich überwältigend. Pferde hat es in England „schon immer" gegeben. Die Equiden sind wahrscheinlich eingewandert, als die heutigen Inseln noch über eine Landbrücke mit Europa verbunden waren und haben sich an das Land angepasst. Die ersten Zeugnisse von Pferden in England finden sich bei Cäsar. Als die Römer nach England kamen, trafen sie auf Kelten, die mit relativ kleinen, aber kräftigen und schnellen Pferden unterwegs waren, die sie vor ihre kleinen, wendigen Wagen gespannt hatten.

Britisches Warmblut

Früher flogen deutsche Vielseitigkeitsreiter nach England, um Pferde zu erwerben. Heute kaufen die britischen Züchter hier ein. So haben sich in den letzten zehn Jahren die Verhältnisse verändert. Doch die British Warmblood Society ist daran, zu den Standards des Kontinents aufzuschließen.

Es ist fast paradox: Großbritannien ist das europäische Pferdezuchtland überhaupt. Dort wurden schon Reitpferde gezüchtet, als man bei uns noch vorwiegend Arbeitspferde hatte. Dennoch ist die British Warmblood Society einer der jüngsten Zuchtverbände in Europa. Sie wurde erst 1977 gegründet.

Früher waren die englischen Hunter Endprodukte: schwere, einheimische Stute gepaart mit einem Vollbluthengst ergab den Hunter. Heute werden auch in England europäische Sportpferde gezüchtet.

VOM HUNTER ZUM SPORTPFERD

Der Hunter war nie eine eigenständige Rasse wie unsere Trakehner oder Hannoveraner, sondern fast immer ein Hybrid. Man nahm Stuten aus einer der einheimischen, relativ schweren Warmblutrassen – Cleveland Bays oder Hackneys – und kreuzte sie mit Vollbluthengsten.

Das Endprodukt wurde als solches behandelt: Es war Reitpferd, wurde aber nicht zur Zucht eingesetzt, denn den meisten englischen Züchtern war durchaus klar, wie sehr Hybridkreuzungen in der zweiten Generation streuen.

Mit der Gründung der British Warmblood Society hat sich in Großbritannien das Zuchtkonzept geändert. Man versucht jetzt, Pferde zu erzeugen, die sowohl im Sport als auch in der Zucht eingesetzt werden können.

Die Briten werden ihre Ziele schnell erreichen. Sie haben genügend Land, um Pferde zu züchten, außerdem ein ausgereiftes Prüfungssystem, hervorragende Reiter und genug Erfahrung.

Sie können sich im Zweifelsfall mit ihren erfolgreichen Vollblutzüchtern kurzschließen und sie haben natürlich deren Bestand, um für die Veredelung ihrer Pferde zu sorgen.

Dazu haben sie inzwischen schon hervorragende Stuten und in ihrem Hengstbestand findet sich so ziemlich alles, was an Linien auf dem Festland gut und erfolgreich ist. Schade wäre es allerdings, wenn die alten Warmblutrassen untergehen würden. Die schweren Cleveland Bays sind nicht unbedingt für den Reitsport geeignet, aber als Freizeitpferde für schwere Reiter können sie eine sehr gute Wahl sein. Und die Hackneys als extravagante Fahrpferde sind eine hochinteressante Rasse, die sicher auch der Erhaltung wert sind.

Springen, vor allem im Gelände, ist eine Stärke der Engländer.

Irisches Sportpferd

Die irische Geschichte – und das betrifft vor allem die der Reitpferdezucht – war für Jahrhunderte von den Briten bestimmt. Dennoch ist in Irland eine eigenständige, einheimische Reitpferderasse entstanden: die Irish Draughts. Dabei handelt es sich seit jeher um ein Pferd, das sowohl unter dem Sattel als auch vor dem Wagen und in der Landwirtschaft eingesetzt werden konnte.
Allerdings waren die Iren begeisterte Reiter – und daher legten sie auch bei ihren „Bauernpferden“ Wert darauf, dass diese gut galoppieren und springen konnten. Dementsprechend waren die Irish Draughts oft durchaus schicke, schnelle Pferde, die weit über Irland hinaus begehrt und ein beliebter Export-Artikel waren.

Auch die irischen Hunter passen sich immer mehr dem Standard-Warmblüter an.

IDEALE ZUCHTBASIS

Die Draughts waren auch eine ideale Zuchtbasis für die Hybridkreuzung. Vollblüter standen auf der grünen Insel immer genug zur Verfügung, aus ihrer Verbindung mit einem Irish Draught entsprangen fast immer gute Sportpferde.
Dabei gingen die Iren allerdings sehr oft einen anderen Weg als die Engländer: Sie wählten nicht die Kombination Draught-Stute und Vollblut-Hengst, sondern kreuzten Vollblut-Stuten mit Draught-Hengsten. Die Stuten waren für relativ kleines Geld zu bekommen, da sie auf der Rennbahn nicht immer unbedingt konkurrenzfähig waren. Da die Vollblutzüchter aber Wert darauf legen, dass auch ihre Mutterstuten leistungsprüft sind, gingen die Stuten, die diese Anforderungen nicht erfüllten, nach Irland in die Warmblutzucht.
Eines der Probleme der irischen Hunterzucht war ihr Erfolg. Schon im 19. Jahrhundert waren die irischen Hunter für ihre Qualität weit über die Grenzen hinaus bekannt. Da war zum Beispiel Österreichs Kaiserin Elisabeth, die bei englischen Reitjagden feststellte, dass die meist aus Ungarn stammenden Pferde aus ihrem eigenen Stall nicht gut genug waren. Sie wollte Iren und bekam sie.
Die schöne „Sisi“ war nicht die einzige, die auf Irish Hunter setzte. Noch um 1980 herum gab es in der deutschen Vielseitigkeit jede Menge Iren: Bettina Overesch war mit dem Iren Peacetime unterwegs, ihr Mannschaftskamerad Ralph Ehrenbrink auf dem irischen Schimmel Uncle Todd, Hans-Friedrich Nagel wurde mit dem Iren Slainey Time Deutscher Meister.

NACHHALTIGKEIT

Das Problem lag aber darin, dass die Iren zu viele gute Pferde verkauften. Gleichzeitig veränderte sich das Umfeld, aus dem die irischen Sportpferdezüchter ihre Zuchtpferde bekamen: Die zunehmende Mechanisierung der Landwirtschaft führte dazu, dass die Draughts seltener wurden. Damit nicht genug, veränderten sich auch die irischen Vollblüter. Die Züchter setzten mehr auf amerikanische Linien und die Ergebnisse waren für die Reitpferdezucht weniger geeignet.
Den Iren blieb nichts anderes übrig, als von der Kreuzungszucht auf die über Generationen konsolidierende Zucht umzusteigen. Die Basis dafür waren die irischen Hunter, die für die Zucht geeignet waren.
Seit 2009 gibt es nun auch das WSI – das Warmblood Studbook of Ireland. Damit ist die irische Zucht endgültig in Europa angekommen. Die Zuchtziel-Definition ist der der anderen europäischen Verbände sehr ähnlich und es werden zunehmend Hengste aus anderen europäischen Verbänden – Oldenburger, Holsteiner, Hannoveraner, Selle Français, KWPN und auch Zangersheide Nachkommen – zugelassen. In einigen Jahren wird wohl vom ursprünglichen Draught-Blut bei den Iren nicht mehr sehr viel übrig sein.

Schwedisches Warmblut

HERKUNFT Schweden

EXTERIEUR Europäisches Sportpferd mit schönem Hals und stabilem Fundament, oft ist die Kruppe ein wenig kurz.

GRÖSSE Stockmaß zwischen 160 und 170 cm

FARBEN Meist Braune und Füchse, Schimmel sind eher selten, Rappen kommen kaum vor.

INTERIEUR Intelligent und freundlich, sehr leistungsbereit, mutig und mit starken Nerven

VERWENDUNG In der Vergangenheit stand Schweden vorwiegend für Dressurpferde wie zum Beispiel Liselott Linsenhoffs berühmten Wallach Piaff. In den letzten Jahren sind aber verstärkt Holsteiner-Hengste eingekreuzt worden, die den Schwedischen Warmblütern Springvermögen und Tempo geben sollen. Daher kann man inzwischen auch von einer Eignung für Springen und Vielseitigkeit reden.

Dänisches Warmblut

HERKUNFT Dänemark

EXTERIEUR Mittelgroßes Sportpferd mit hübschem Kopf, langem, gut aufgesetztem Hals und gutem, korrektem Fundament

GRÖSSE Stockmaß zwischen 160 und 165 cm

FARBEN Hauptsächlich Braune, selten Füchse, fast keine Schimmel und Rappen

INTERIEUR Nervenstark, gutmütig, intelligent und liebenswert

VERWENDUNG Die Dänen sind vorwiegend Dressurpferde mit hervorragendem, elastischem, wenn auch meist recht flachem Trab. Springvermögen kommt erst in den letzten Jahren dazu.

Britisches Warmblut

HERKUNFT England

EXTERIEUR Früher oft etwas knochig und ramsnasig bei sehr stabilem Fundament mit festen Hufen und schöner, schräger Schulter. Heute zunehmend im Standard des europäischen Sportpferdes.

GRÖSSE Stockmaß zwischen 165 und 175 cm

FARBEN Alle Grundfarben, Braune sind sehr häufig.

INTERIEUR Ausgeglichene, leistungsbereite Pferde, hart und ausdauernd, intelligent und sehr menschenbezogen

VERWENDUNG Vielseitige Reitpferde mit viel Springvermögen und Talent für die Jagd mit der Meute. Heute haben sie sich dem Standard des europäischen Sportpferdes angepasst, wobei die Engländer ein Faible für Vollblut haben. Dementsprechend sind ihre Pferde sehr edel.

Irisches Sportpferd

HERKUNFT Irland

EXTERIEUR Eine Exterieurbeschreibung für das Irische Sportpferd abzugeben ist immer noch ein bisschen schwierig, denn die Rasse ist noch nicht wirklich konsolidiert. Während einige Typen schon dem Zuchtziel des europäischen Sportpferdes entsprechen, sieht man anderen noch sehr deutlich die Verwandtschaft zum Draught Horse an. Sie sind meist kalibrige Typen mit manchmal etwas langem, aber durchaus hübschem Kopf, kräftigem, manchmal etwas kurzem Hals und starkem Rücken bei kompaktem Fundament.

GRÖSSE Stockmaß zwischen 165 und 170 cm

FARBEN Alle Grundfarben, Schimmel sind nicht selten.

INTERIEUR Gutmütige, intelligente und leistungsbereite Pferde mit starken Nerven

VERWENDUNG Dressur ist nicht unbedingt die Stärke der Iren, aber dafür können sie fast alle hervorragend springen und haben eine große Galoppade. Sehr viele Iren sind ausgesprochen gute Vielseitigkeitspferde.

WARMBLÜTER IN OSTEUROPA

WENN WIR AN REITERVÖLKER DENKEN, FALLEN UNS ARABER, MONGOLEN, KOSAKEN UND UNGARN EIN. GERADE IM OSTEN EUROPAS WAREN SCHON IMMER PFERDE ZU HAUSE.

Bei all den Reitervölkern sind Pferde auch immer Teil ihrer Mythen und ihrer Legenden. Die Ungarn schauen zum Himmel und sehen in der Milchstraße die glitzernde Spur, die die Hufe der Pferde von Volksheld Arpad und seinen Reitern hinterlassen haben. Bei den Mongolen sind sogar die Götter beritten.

KEIN LEBEN OHNE PFERDE

Pferde waren im Osten nicht nur, wie zum Beispiel in England, Teil der Kultur, sondern sie sicherten oft das Überleben. Die Ungarn, die auf ihrer kargen Puszta von der Tierhaltung lebten, hätten ihre Rinder- und Gänseherden nicht ohne schnelle, harte Pferde hüten können. Die Mongolen waren Nomaden, die mit ihren Herden durchs Land zogen – auch das wäre ohne Pferde nicht denkbar gewesen.

DIE HISTORIE

In der historischen Entwicklung muss man die politische Vergangenheit berücksichtigen. Daraus ergaben sich im Osten zwei Blöcke: Auf der einen Seite waren die Länder der ehemaligen Donaumonarchie – Ungarn, die heutige Tschechei, Slowakien und Teile von Rumänien. Auf der anderen Seite standen die Länder, die entweder – wie Polen – immer wieder um ihre Selbständigkeit gerungen haben oder die zum Reich der russischen Zaren gehörten.
In beiden Blöcken gab es autochthone Pferderassen.

Die Mongolei dürfte zu den Gegenden gehören, in denen sich die Spezies Equus entwickelt hat. Dort hat sich auch die letzte „Wildpferderasse“, die Przewalski-Pferde, erhalten.
Beide Teile Osteuropas waren aber auch durch das Klima – heiße, trockene Sommer, lange, harte Winter – und durch den Orient beeinflusst. Schwere und meist auch schwerfuttrige Kaltblüter, wie zum Beispiel die Belgier oder die Percherons, hätten dort nicht gedeihen können. Auf den kargen Böden waren leichte Pferde gefragt, die aber dafür den Vorteil hatten, schnell und unglaublich zäh zu sein.

UNGARNS HIRTEN

Das Wort „Puszta“ bedeutet eigentlich „Öde“ – und tatsächlich sind Ungarns weite Steppen Ödland. Das wenige Wasser, das es gibt, ist oft bitter und würde nicht ausreichen, die dünne Erdkrume so zu bewässern, dass dort Ackerbau möglich wäre. Die Puszta kann nur für die Haltung von relativ genügsamen Tieren wirtschaftlich genutzt werden.

Kosaken und ihre Pferde gehörten jahrhundertelang zusammen.

In der ungarischen Puszta sind die Hirten heute noch zu Pferd unterwegs.

Die Ungarn haben aus dem Nachteil einen Vorteil gemacht, indem sie auf ihren Steppen Pferde gezüchtet haben. Berittene Hirten hüteten riesige, frei laufende Herden, die unter dem weiten Himmel zu genügsamen, schnellen und eisenharten Pferden heranwuchsen.
Sie waren die idealen Pferde für die k.u.k. Armee. Die Schwereren wurden als Vorspann für die Artillerie eingesetzt, die Leichteren waren Reitpferde für Offiziere und berittene Einheiten. Dazu lieferten die Ungarn die Kutschpferde für den Bedarf der österreichischen Städte.

RUSSISCHE ENTFERNUNGEN

Russland ist das Land der riesigen Entfernungen. So ist zum Beispiel Moskau 700 Kilometer von Petersburg entfernt – und dereinst pendelte der Hof zwischen diesen beiden Städten. Waren mussten quer durch Russland befördert werden, Beamte reisten mit Verordnungen durchs Land, Schüler und Studenten hatten einen langen Weg zu ihren Schulen und Universitäten, Mönche zu ihren Klöstern.
Der lange, harte russische Winter wurde dabei als Vorteil fürs Reisen gesehen. Während im kurzen Sommer so mancher Weg im grundlosen Schlamm versank, waren die Böden im Winter gefroren und die Schlitten glitten mühelos über den Schnee. Doch um in Russland vom Fleck zu kommen, brauchte man Pferde – gesunde, ausdauernde Pferde, die problemlos und schnell über weite Distanzen laufen konnten, die die Kälte aushielten und auch bei kargem Futter gediehen.
Es ist kein Wunder, dass gerade in Russland eine der beiden ganz alten Vollblutrassen – der Achal-Tekkiner – entstanden ist und dass sehr viele russische Pferde ausgesprochen edel und schnell sind.

TRAKEHNER IN RUSSLAND

Wenn man heute über Reitpferdezucht in Russland und Polen spricht, muss man auch über den Trakehner-Einfluss sprechen.
In Ostpreußen gab es rund 30.000 Pferde, als die Russen am Ende des Zweiten Weltkrieges kamen. Davon erreichten nicht mehr als rund Eintausend den Westen. Man kann davon ausgehen, dass sehr viele auf der Flucht verloren gingen, doch ein großer Teil ging Richtung Osten auf die Reise.
Die Russen beschlagnahmten jede Menge Trakehner und schickten sie in ihr Heimatland, wo sie teilweise als Zuchtpferde in die einheimischen Rassen eingingen oder als Trakehner weitergezüchtet wurden. Die Pferde, die in Ostpreußen blieben, wurden von den Polen weitergezüchtet – teilweise sogar rassenrein, wie zum Beispiel die Trakehner-Schecken, die inzwischen auch vom deutschen Trakehnerzuchtverband anerkannt werden.

Ungarisches Sportpferd

Es hat fast etwas Paradoxes, wenn man bei einem Pferdezuchtland wie Ungarn den Fokus auf die jüngste Rasse legt, die noch nicht wirklich konsolidiert ist. Doch für die Zukunft wird wohl das Ungarische Sportpferd am bedeutendsten sein. Schon heute ist es unter den ungarischen Pferderassen diejenige, die am meisten exportiert wird. Wer außerhalb Ungarns auf ein ungarisches Reitpferd trifft, wird es wahrscheinlich meist mit einem Sportpferd zu tun haben.

Dabei sieht man vielen Ungarischen Sportpferden noch an, dass das Ausgangsmaterial für die Zucht die einheimischen Landrassen waren. Sie waren vom Vollblut und vom Orientalen geprägt, meist leichte, schnelle Pferde, sodass man in Ungarn nach dem Zweiten Weltkrieg als Herausforderung nicht wie anderswo die Veredelung, sondern sehr oft die Verstärkung vor sich hatte.

Dabei waren vor allem die drei ungarischen Gestüte Mezöhegyes, Kecskemét und Kisbér wichtig. Jedes hat auf seiner jeweiligen Stutenbasis einen eigenen Weg gesucht. Kisbér war auf die Zucht von schnellen, leichten Halbblütern spezialisiert, dementsprechend wurde dort durch den Einsatz von Mecklenburgern und Holsteiner-Hengsten verstärkt.

In Mezöhegyes waren Nonius, Gidrans und Halbblüter zu Hause. Die Gidrans und die Halbblüter stellten die Stuten für die Umzucht zum Ungarischen Sportpferd, die Hengste dazu kamen aus Hannover und Holstein. In Kecskemét sind vor allem Lipizzaner zu Hause, die mit Trabern und ungarischen Warmbluthengsten etwas mehr „Sportlichkeit" verpasst bekamen.

Die Anpaarung von alten ungarischen Pferderassen und deutschen Sportpferden ergibt ein gutes Reitpferd.

AUF DEM WEG IN DIE SPORTLICHE ZUKUNFT

Noch sind die Ungarischen Sportpferde nicht unbedingt ein Thema für den großen Sport. Aber Freizeitreiter, die ein vielseitiges, robustes Pferd suchen, können in Ungarn fündig und mit ihrem vierbeinigen Madjaren glücklich werden.

Wer allerdings glaubt, das würde für immer so bleiben, ist vermutlich schief gewickelt. Die Ungarn sind hervorragende Pferdeleute, sie besitzen als Reiter und Ausbilder ein Händchen, und natürlich haben sie den Vorteil, dass bei ihnen große Flächen für kleines Geld zu haben sind. Die Bedingungen sind also vom Feinsten – und wenn die Rasse erst konsolidiert ist, was bestimmt nicht mehr lange dauern wird, werden die Ungarischen Sportpferde sicher auch auf Europas großen Spring- und Dressurplätzen vertreten sein.

Gidrans sind ausgesprochen edel, aber manchmal auch sehr eigenwillig.

Gidran

In der k.u.k. Donaumonarchie waren die Gidrans das, was heute der Porsche ist: Jeder flotte junge Herr, der es sich leisten konnte und der nicht nur Geschmack, sondern auch Mut beweisen wollte, hatte einen der flotten ungarischen Füchse unter dem Sattel (oder gleich zwei vor der eleganten, kleinen Kutsche, die er dann selbstverständlich selbst fuhr und darauf achtete, gesehen zu werden).
Die Gidrans waren die Pferde der Husaren und der berittenen Wiener Polizei, die für ihre eleganten Pferde berühmten war. Dabei fielen sie nicht nur durch ihre Schnelligkeit und Wendigkeit, sondern auch durch Langlebigkeit auf. Allerdings hatten sie nicht nur Freunde. Alois Podhajsky (1898–1973), der langjährige Leiter der Spanischen Hofreitschule, kannte als österreichischer Kavallerieoffizier so ziemlich alle Rassen, die in der ehemaligen Donaumonarchie auftraten – und er hatte eine Abneigung gegen Gidrans. Obwohl es ihm bestimmt nicht an Einfühlungsvermögen fehlte, hatte er sich wohl einmal über einen Gidran geärgert, denn er schrieb ihnen „Temperamentsmängel" zu. Seit dem Zweiten Weltkrieg wurden die Gidrans, teilweise auch durch Einsatz von Nonius-Hengsten, wieder etwas verstärkt. Leider sind sie in den letzten Jahren ein wenig vom Ungarischen Sportpferd verdrängt worden und müssen inzwischen zu den vom Aussterben bedrohten Haustierrassen gezählt werden.
Es ist zu hoffen, dass der Gidran genug Liebhaber findet, die ihn weiterhin rein züchten, damit die Rasse erhalten bleibt.

Namensgeber

Den Namen haben die Gidrans von ihrem Stammvater, einem Araber-Dunkelfuchs, der 1816 aus Trient nach Ungarn importiert wurde. Siglavy Gidran sollte eigentlich als Veredler in der Lipizzaner-Zucht eingesetzt werden, zeugte dann aber mit einer Stute in Mezöhegyes einen Sohn, dem er nicht nur seine Dunkelfuchsfarbe, sondern auch seinen etwas durchhängenden Rücken und seinen Namen vererbte. Als Gidran Senior wurde er Stammvater der Rasse, in die dann immer wieder Shagya-Araber aus Ungarns Staatsgestüt Bábolna und Englische Vollblüter eingezüchtet wurden.

Den Kisbéri sieht man heute noch an, dass sie vom Vollblut geprägt wurden und erst in den letzten Jahren Warmblut eingekreuzt wurde.

Kisbéri

Das ungarische Staatsgestüt Kisbér wurde 1853 gegründet und sollte in erster Linie der Zucht von leistungsstarken Halbblütern dienen. Die k. u. k. Armee brauchte Kavalleriepferde und vor allem die ungarischen Husarenregimente hatten hohe Ansprüche: Adel, Härte, Wendigkeit, Intelligenz, Tempo und Stehvermögen. Die ungarischen Landrassen besaßen schon einiges davon, aber um das Zuchtziel zu erreichen, brauchte es Vollblut! Daher züchtete man im Gestüt Kisbér eben auch Blüter – und das sehr erfolgreich.
Die beiden bedeutendsten Vollblut-Hengste waren wahrscheinlich der in England gezogene Buccaneer und sein in Kisbér geborener Sohn Kisbér, der als Jährling von den Brüdern Baltazzi – die übrigens zur Reiterclique der Kaiserin Elisabeth gehörten – gekauft und zum Training nach England geschickt wurde. Er gewann das Derby von Epsom und zeugte die Tochter Kincsem, die eine der erfolgreichsten Vollblutstuten in der Geschichte der Rasse wurde.
In Kisbér wurde unterdessen so vollblutbetont gezüchtet, dass die Produkte teilweise kaum von richtigen Blütern zu unterscheiden waren. Daraus ergab sich allerdings auch die Problematik, dass die temperamentvollen Kisbéri nichts für „normale" Reiter waren.
Das Gestüt Kisbér ist inzwischen lange aufgelöst. Die Pferde wurden ins Staatsgestüt Pusztaberényi am Plattensee überstellt, eine kleine Herde steht auch noch in einem Privatgestüt. Man hat sich auch bei den Kisbéri um Verstärkung bemüht, wofür vor allem der Tempelhüter-Sohn Széplak und der Hannoveraner Hiros von Gmunden standen.

Liebhaberrasse

Wie es um die Zukunft der Kisbéri steht, kann schlecht prognostiziert werden. Es gibt nicht mehr sehr viele original gezogene Kisbéri und ob sie erhalten bleiben, steht in den Sternen. Sie zählen sicher zu den vom Aussterben bedrohten Rassen und auch ihnen ist zu wünschen, dass sich genug Liebhaber finden, die für den Fortbestand sorgen.

Nonius

Beim Circus Krone ist man stolz auf den Marstall, in dem es immer drei aus je 12 Hengsten bestehende, sogenannte „Züge“ für die Freiheitsdressur gibt. 2011 stand die Anschaffung eines neuen Zuges an. Die Friesen waren etwas zu alt geworden, also musste dunkler Nachwuchs als Kontrast zu den weißen Arabern und den Cremellos her. Die Wahl fiel auf Nonius-Hengste, denn bei Nonius hat man es mit einer konsolidierten Rasse zu tun, die zudem meist in schwarz oder schwarzbraun auftritt, sodass es kein großes Problem ist, zwölf zueinander passende Hengste zu finden.

SPEZIALISTEN IM GESPANN

Der Nonius war einmal Ungarns „Gebrauchsrasse“: ein stabiles, nicht zu edles Pferd, das sowohl Wagen und Pflug ziehen, als auch unter dem Sattel dienen konnte. Dabei waren die Nonius zwar ausgesprochen spätreif, aber dafür langlebig, leichtfuttrig und robust.
Stammvater der Rasse ist der Anglo-Normänner-Hengst Nonius, der 1816 nach Mezöhegyes kam. Er wurde mit türkischen, spanischen, arabischen und Lipizzaner-Stuten gepaart. Aus der spanischstämmigen Stute Gascon wurde sein Sohn Nonius IV gezogen, auf den alle heutigen Vertreter der Rasse zurückgehen. Allerdings hat man, um Inzuchtdepression zu vermeiden, ab 1860 auch Englisches Vollblut in die Zucht eingebracht, wodurch die Pferde ein wenig leichter und beweglicher geworden sind. Gleichzeitig hat man aber immer darauf geachtet, dass die Nervenstärke und Verträglichkeit der Nonius erhalten bleibt.
Die Nonius waren dann auch eine der Ausgangsrassen für die Zucht des Ungarischen Sportpferdes und haben in dieser nicht nur für Kaliber, sondern auch für charakterliche Ausgeglichenheit gesorgt. Sie werden aber auch weiterhin rein gezüchtet, wofür inzwischen zwei Gestüte stehen: Mezöhegyes, das auch nach dem Umbruch als Staatsgestüt erhalten blieb, und das Staatsgestüt Hortobágy. Mezöhegyes hat ungefähr 40 Nonius-Stuten, in Hortobágy stehen ungefähr 60 weibliche Tiere dieser Rasse, deren Nachwuchs dort auf der Puszta frei laufen darf und inzwischen eine richtige Touristenattraktion ist. Der Erhalt der Rasse scheint zumindest für die nächsten Jahre gesichert zu sein – und wer weiß? Vielleicht werden die Nonius des Circus Krone ja neue Freunde für die Rasse gewinnen?

Die Nonius wachsen heute noch in großen Herden auf der Puszta auf.

Ungarisches Sportpferd

HERKUNFT Ungarn

EXTERIEUR Die Rasse ist noch nicht sehr konsolidiert, daher kann eine Exterieurbeschreibung nicht für alle Individuen zutreffend sein. Immerhin ist den meisten Ungarischen Sportpferden gemeinsam, dass sie einen vom Vollblüter geprägten, edlen Kopf, einen gut geformten Halse und ein stabiles Fundament haben. Die Schultern sind manchmal etwas steil, das Fundament nicht immer korrekt, doch das machen viele Ungarn durch ihre Härte wieder wett.

GRÖSSE Stockmaß zwischen 160 und 170 cm

FARBEN Alle Grundfarben

INTERIEUR Temperamentvoll, lebhaft, fleißig und hart, nicht immer ganz einfach

VERWENDUNG Gute Freizeitpferde zum Reiten und Fahren, meist mit einigem Springvermögen. Dressur ist nicht unbedingt ihre Stärke – es fehlt oft am Trab und Schritt. Dafür haben fast alle Ungarn einen ausgesprochen guten Galopp.

Gidran

HERKUNFT Ungarn, Rumänien

EXTERIEUR Den Gidrans sieht man die Herkunft vom Vollblüter an. Sie sind edle, nicht zu große Pferde mit einem feinen Kopf, einem trockenen Fundament, schönem, meist langem Hals und schräger Schulter. Sie stehen eher über dem Quadrat, die Kruppe ist oft etwas flach. Auffallend sind ihr relativ dünnes Langhaar und das seidige Fell.

GRÖSSE Stockmaß zwischen 155 und 165 cm

FARBEN In Ungarn sind fast alle Gidrans Füchse, in Rumänien gibt es auch Braune und Schimmel.

INTERIEUR Sehr intelligente, sensible und temperamentvolle Pferde, die nicht immer ganz einfach zu handhaben sind

VERWENDUNG Elegantes Freizeitpferd mit Schwung und Tempo für erfahrene Reiter. Gidrans sind sehr gute Jagdpferde, können meist auch gut springen. Außerdem ist es für kundige Fahrer kein großes Problem, mit Gidrans ein passendes Gespann zusammenzustellen, das die nötige Geschwindigkeit für den modernen Fahrsport aufbringt.

Kisbéri

HERKUNFT Ungarn

EXTERIEUR Die Kisbéri sind leichte, elegante Halbblüter mit edlem Kopf, leichtem, trockenem Fundament und meist sehr guter Rückenlinie. Sie sind nicht immer ganz korrekt gestellt, was aber in den meisten Fällen kein Problem ist, weil sie die Fehlstellung durch ihre Härte ausgleichen.

GRÖSSE Stockmaß zwischen 160 und 165 cm

FARBEN Die meisten Kisbéri sind Füchse, andere Farben lassen Fremdbluteinfluss vermuten.

INTERIEUR Sie stehen hoch im Blut, sind termperamentvoll, sensibel und nicht immer ganz einfach im Umgang. Ihre Härte ist bekannt.

VERWENDUNG Vielseitiges Reit- und Fahrpferd für erfahrene Pferdeleute. Kisbéri haben oft gute Springanlagen.

Nonius

HERKUNFT Ungarn

EXTERIEUR Nonius sind robuste, kalibrige Pferde, oft mit einem Ramskopf, einem langen, muskulösen, hoch aufgesetzten Hals, breiter Brust und ausgeprägtem Widerrist, kräftigem Rücken und langer Kruppe. Sie haben kräftige Beine mit großen, aber klaren Gelenken.

GRÖSSE Stockmaß zwischen 145 und 165 cm

FARBEN Rappen, sehr oft mit leichtem Rotstich, Schwarz- und Dunkelbraune. Weiße Abzeichen sind selten und werden nicht gerne gesehen.

INTERIEUR Zäh und robust, bei durchaus lebhaftem Temperament aber sehr gutmütig und lernbereit

VERWENDUNG Nonius sind ausgesprochen spätreif und können erst mit sechs Jahren als ausgewachsen gelten. Sie sind hervorragende Kutschpferde, unter anderem, weil sie untereinander sehr verträglich sind, aber auch als vielseitige Freizeitpferde einsetzbar.

Furioso-Northstar

Der Name verrät schon etwas über die Geschichte dieser ungarischen Rasse: Sie geht auf die beiden Vollbluthengste Furioso xx und The Northstar xx zurück.
Furioso xx, von dem das alte Gestütsbuch in Mezöhegyes sagt, dass er für einen Vollblüter ausgesprochen kalibrig war, kam 1846 ins Gestüt und bewährte sich als hervorragender Veredler vor allem auf Nonius-Stuten. 1852 kam dann The Northstar ins Gestüt und gründete ebenfalls eine Linie. Er war ein Glanzrappe, was er auch vererbte.
In den ersten Jahren wurden die beiden Linien getrennt geführt, bis man dann gegen Ende des 19. Jahrhunderts beschloss, sie zusammenzulegen und durch Crossbreeding eine neue, robuste Halbblutrasse zu schaffen. Somit wurden Stuten aus der Furioso-Linie mit Hengsten aus der Northstar-Linie und andersherum in alle Richtungen gekreuzt. Das Ergebnis entsprach den Wünschen.

TEMPERAMENT UND ELEGANZ

Die Furioso-Northstars hatten das Kaliber von Furioso und ihren Warmblutvorfahren, dazu aber die Härte und den Adel der Northstars. Beide Gründerhengste hatten gute Nerven und waren bei aller Sensibilität gelassen. Dazu kam die Charakterstärke und Gutmütigkeit der Nonius-Mütter.
Die Furioso-Northstars zeichneten sich vor allem durch ihre Vielseitigkeit aus. Sie konnten als Vorspannpferde für die Artillerie dienen, liefen vor der Kutsche und waren als Reitpferde begehrt. Zudem brachten sie die fördernden, aber flachen Gänge der Vollblüter mit, das machte die Pferde als Gewichtsträger für die Kavallerie (besonders für ältere Offiziere) interessant, denn laut dem Dichter und Kavallerieoffizier Börries von Münchhausen galt: „Besonders der Trab in den hohen Kadenzen ist kein Vergnügen für Excellenzen." Mezöhegyes hat inzwischen keine Furiso-Northstars mehr. Die Rasse wird über ganz Ungarn verteilt gezüchtet, doch ist der Bestand sehr klein.

Ihre flachen Gänge machen Furioso-Northstars auch zu guten Damenreitpferden.

Sávárer (Leutstettener)

UNGARISCH-BAYRISCHE CO-PRODUKTION

Diese kleine, aber feine Rasse kommt ursprünglich aus Ungarn, ist heute aber vorwiegend in Bayern zuhause – und sie ist der Beweis, dass auch Pferde Opfer politischer Verwerfungen werden können.
Erzherzog Ferdinand von Modena-Este kaufte 1803 die Herrschaft Sárvár in Westungarn und baute dort ein Gestüt auf. Dazu kreuzte er Stuten aus Mecklenburg, England, Mezöhegyes, Trakehnen und ungarischen Privatgestüten mit Nonius-, Shagyas- und Anglo-Araber-Hengsten. Aus diesem Zuchtexperiment sind zwei Linien erhalten geblieben: die der ursprünglich aus England stammenden Halbblutstute Helena und die der aus Mähren importierten Bogar, über die man nicht viel weiß. Diese beiden stehen noch heute in jedem Leutstettener Stammbaum. Ab etwa 1870 war Veredelung angesagt, wofür man aus England importierte Vollblüter (wie zum Beispiel den Hengst Luciano xx von Henry the Seventh xx) und Furioso-Northstar-Hengste einsetzte. Die Furioso-Northstars vererbten sich so durchschlagend, dass die Sávárer/Leutstettener von den Furioso-Northstars als Mitglieder ihrer Rasse anerkannt würden. Meist legen sie aber keinen Wert darauf, die Züchter brennen ihre Pferde lieber mit ihrem Brandzeichen – einem S mit einer Krone.

UNFREIWILLIGER UMZUG

1875 fiel das Gestüt durch Erbschaft an eine bayrische Prinzessin. Ihr Sohn, Prinz Ludwig von Bayern, wuchs größtenteils in Sávár auf, begeisterte sich für die Pferde und lernte alles, was man über die Zucht wissen muss. Doch 1945 mussten die Sávárer fliehen. Die Russen kamen, der Prinz ließ die Mutterstuten per Güterzug in sein Gut Leutstetten bei Starnberg verfrachten. Kurz darauf ging er mit dem kompletten Gestütspersonal und 16 Gespannen auf die Reise nach Leutstetten. Dort wurde die Zucht nach Kriegsende weitergeführt.
1980 gingen einige Pferde auf die Reise zurück nach Ungarn. Dort hatte man entdeckt, dass

Leutstettener sind nahe mit den Furioso-Northstars verwandt.

Pferde ein wichtiger Wirtschaftsfaktor sein konnten. Man hatte aber leider die einheimischen Rassen durch allerlei züchterische Versuche verwässert und zu oft um des schnellen Geldes willen die besten Pferde verkauft. Also musste jetzt investiert werden – und so zogen 48 Stuten und zwei Hengste aus Leutstetten ins Gestüt Pusztabereny bei Balatonfenyves am Plattensee um. Sie gaben ihren Adel und ihre Härte weiter – inzwischen haben einige der aktuellen Furioso-Northstar Hengste Leutstettener Pferde in ihrem Stammbaum.

BREITERE BASIS

2006 kam es noch einmal zu einer großen Veränderung: Auch der Hochadel muss sich heute wirtschaftlichen Zwängen beugen und ein kleines Gestüt mit einer Spezialrasse gewinnbringend zu führen, ist fast unmöglich. Gestüt Leutstetten musste aufgelöst werden, die Stutenherde wurde verkauft. Allerdings bemühte man sich dabei, die wertvollen Stuten an Freunde der Rasse zu geben, die damit weiterzüchten würden. Dazu wurde ein Förderverein zur Erhaltung des Leutstettener Pferdes gegründet, in dem sich die Familie Wittelsbach immer noch engagiert. Und Prinzessin Auguste, inzwischen nicht mehr von Bayern, sondern verheiratete von Lippe, hat es nicht nur als Reiterin mit Pferden, sondern weiß auch, warum der Erhalt alter Haustierrassen wichtig ist. Ihr Mann kann bei dem Thema ebenfalls mitreden – seine Familie ist maßgebend am Senner-Auswilderungsprojekt in der Nähe von Paderborn beteiligt. Das Überleben der Leutstettener scheint gesichert.

Den Wielkopolski sieht man die Verwandtschaft mit Trakehner-Pferden an.

Wielkopolski

Der Name Wielkopolski ist polnisch und heißt übersetzt ganz einfach „großpolnisches Pferd". Entstanden ist die Rasse nach dem Zweiten Weltkrieg.

Früher gab es in Polen vorwiegend die Ost- und die Westpreußen. Die Ostpreußen waren die zum Gestüt Trakehnen gehörende Landeszucht, die auch mit der Elchschaufel gebrannt wurden. Allerdings bekammen sie nur eine Elchschaufel, die Trakehner des Hauptgestüts dagegen zwei.

Die Westpreußen waren im Vergleich dazu ein etwas schwerer Landschlag, der auch für den Einsatz in der Landwirtschaft gezüchtet worden war.

Arbeitspferde wurden in Polen länger gebraucht als im hoch industrialisierten Westen, doch in den 70er und 80er Jahren des vorigen Jahrhunderts setzte sich auch dort die Reitpferdezucht durch. Man entdeckte das Pferd als Exportartikel – und man hatte ja entsprechend Flächen, Pferdematerial und auch die notwendige Erfahrung.

Durch den Einfluss der Trakehner hatten die Wielkopolski einen Vorsprung. Sie waren bereits edle Reitpferde mit guten Gängen: Man blieb bei dem Konzept, das einst die Trakehner zu einer der erfolgreichsten Reitpferderassen gemacht hat: Reinzucht mit Leistungsprüfung – dafür standen zum Beispiel die Vielseitigkeitsprüfungen in Biały Bór – und ab und zu gezielte Einkreuzung von Englischem Vollblut.

Schecken

Die Wielkopolski sind heute moderne Sportpferde, die vor allem in der Vielseitigkeit durchaus mit westdeutschen Pferden konkurrieren können. Dazu gibt es unter ihnen einige Schecken. In die Zucht des Wielkopolski wurde nämlich ein großer Teil der Trakehner Scheckherde übernommen. Das Scheckgen ist da – und mit etwas Selektion darauf könnten die Polen sicher sehr schicke Plattenschecken liefern, womit sie auf dem Markt bestimmt gut ankommen würden.

Słaski

Hinter dem Słaski steckt das Schlesische Warmblut, das früher als Arbeitspferd und Karossiers in den Gestüten Leubus und Cosel gezüchtet wurde.
Für die intensive Landwirtschaft in Schlesien wurden Ende des 19. Jahrhunderts vorwiegend Oldenburger- und Ostfriesen-Hengste eingekreuzt, um die etwas leichten, einheimischen Stuten entsprechend zu verstärken und mit größeren Gängen auszustatten. Bei Karossiers kam es vor allem auf einen imposanten Trab an! 1901 wurde dann ein Zuchtbuch eröffnet, 1917 entstand der Zuchtverband und 1955 bekamen die Schlesier mit dem Landgestüt Klikowa eine Heimat für Słaski-Hengste. Dabei hat man durchaus auf die Gesamtentwicklung der europäischen Pferdezucht geschaut und natürlich gesehen, dass es immer weniger Bedarf für ganz schwere Warmblüter gibt. Die Landwirtschaft braucht sie nicht mehr, gefahren wird doch nicht so viel, und somit mussten auch die Słaskis etwas veredelt werden.

Vermutlich war die Not der Vater des Gedankens, die Umzüchtung nicht durch die Zufuhr von Vollblut oder leichteren Reitpferderassen umzusetzen, sondern durch gezielte Selektion innerhalb der Rasse. Man setzte bevorzugt leichtere, sportlichere Hengste ein, sonderte die ganz schweren aus und hat inzwischen deutlich edlere Pferde bekommen, ohne dabei die typischen Rassemerkmale wie den hoch aufgesetzten, imposanten Hals und den fördernden Trab mit viel Aktion aufzugeben.

GEHEIMTIPP AUS POLEN

Vor allem im Sinne der Erhaltung der Genvielfalt innerhalb der europäischen Pferdezucht ist dieses Konzept sehr zu begrüßen. Der Słaski ist heute mit rund 1.500 eingetragenen Stuten eine etablierte Rasse und in einer Reitergesellschaft, in der es auch immer mehr ältere und naturgemäß schwerere Reiter geben wird, die keine großen sportlichen Ambitionen haben, sondern mit einem zuverlässigen Freizeitkameraden unterwegs sein wollen, ist ein Słaski ganz sicher eine gute und vor allem auch immer noch bezahlbare Anschaffung.

Fast barock wirken die Słaski mit ihren Ramsnasen und den imposanten Hälsen.

Furioso-Northstar

HERKUNFT Ungarn, Rumänien, Slowakien

EXTERIEUR Der Furioso-Northstar ist ein kompaktes, edles Reitpferd im mittleren Rahmen, dem man die Herkunft vom Vollblut ansieht. Ein edler Kopf, ein langer, gut bemuskelter Hals, eine sehr schöne, schräge Schulter und ein trockenes Fundament zeichnen die Rasse aus.

GRÖSSE Stockmaß zwischen 155 und 165 cm

FARBEN Braune in allen Schattierungen, Abzeichen sind klein und kommen eher selten vor.

INTERIEUR Temperamentvoll, intelligent, aber mit guten Nerven und sehr menschenbezogen

VERWENDUNG Furioso-Northstars sind vielseitige Freizeitpferde. Außerdem haben sie als Nachkommen von Vollblütern eine sehr gute Galoppade und jede Menge Durchhaltevermögen. Sie sind vielleicht vom Temperament her nicht unbedingt anfängertauglich, aber zum Beispiel eine gute Wahl für ambitionierte Jagd- und Geländereiter.

Sávárer (Leutstettener)

HERKUNFT Ungarn, Bayern

EXTERIEUR Die Sávárer sind edle Halbblutpferde, sehr sportlich, sehr elegant mit edlem, trockenem Kopf, schön aufgesetztem, langem Hals und meist hervorragender Oberlinie. Sie stehen auf korrektem, trockenem Fundament und sind meist gut bemuskelt.

GRÖSSE Stockmaß zwischen 160 und 165 cm

FARBEN In Ungarn sind fast alle Sávárer Füchse, in Bayern gibt es auch Braune.

INTERIEUR Temperamentvoll und intelligent, aber ausgeglichen und menschenbezogen

VERWENDUNG Vielseitiges, leistungsgeprüftes Sportpferd, vor allem für den Einsatz in der Vielseitigkeit und in der Dressur geeignet. Springveranlagung kommt vor, ist aber nicht unbedingt typisch für die bayrischen Ungarn.

Wielkopolski

HERKUNFT Polen

EXTERIEUR Die Wielkopolski sind mittelgroße, sportliche Warmblüter, denen man das Trakehnerblut ansieht. Sie haben einen meist edlen Kopf mit hübschem Gesicht, gut aufgesetztem Hals, nicht zu langem Rücken, einer runden Kruppe und einem korrekten, trockenen Fundament.

GRÖSSE Stockmaß zwischen 158 und 165 cm

FARBEN Vorwiegend Braune und Füchse, es gibt aber auch Rappen, Schimmel und sogar Schecken.

INTERIEUR Ausgeglichen und fleißig, gutmütig, lernwillig und zäh

VERWENDUNG Vielseitige Reit- und Fahrpferde. Sie haben einen guten Schritt, einen flachen, aber fördernden Trab und meist einen ordentlichen Galopp. Die Springveranlagung ist in der Regel ganz ordentlich.

Słaski

HERKUNFT Polen

EXTERIEUR Ein gerader, manchmal leicht ramsnasiger Kopf, ein auffallend kräftiger Hals, der meist recht hoch aufgesetzt ist, ein gut ausgeprägter Widerrist bei starkem Rücken und eine gute, runde Kruppe zeichnen den Słaski aus.

GRÖSSE Stockmaß zwischen 165 und 170 cm

FARBEN Vorwiegend Braune und Füchse, es gibt auch Schimmel und Rappen, aber keine Schecken, viel Weiß ist nicht erwünscht.

INTERIEUR Gutmütig, freundlich, spätreif, dafür aber sehr langlebig, leistungsbereit, zäh und intelligent

VERWENDUNG Hervorragende Fahrpferde, aber auch als Gewichtsträger für schwere Reiter geeignet. Die Słaski haben gute Gänge, vor allem der Trab ist oft sehr imposant und federnd mit hoher Aktion.

Gesunde Aufzucht auf großen Wiesen prägt das Tschechische Warmblut.

Tschechisches Warmblut

Das heutige Tschechien gehörte früher auch zur k. u. k. Donaumonarchie. Die einheimische Pferderasse waren die Kladruber, dazu kamen die relativ kleinen, aber zähen Bauernpferde. Ansonsten wurde über Jahrhunderte ziemlich wild durch die ganze Donaumonarchie gezüchtet, vom ungarischen Shagya-Araber über den Englischen Vollblüter, Lipizzaner, Gidran, Nonius – man kreuzte alles ein, was man bekommen konnte, und das Ergebnis war dementsprechend uneinheitlich.

In der Tschechischen Republik wurde es ab 1920 deutlich besser. Die Hengsthaltung wurde weitgehend verstaatlicht und in Kladrub wurden vier Oldenburger-Hengste als Verstärker eingestellt. Das funktionierte, sie lieferten die Stutenbasis, auf der es nach dem Zweiten Weltkrieg weiterging.

Das Tschechische Warmblut ist ein Sportpferdetyp.

TSCHECHIENS SCHÄTZCHEN

Für die Fortführung der Zucht stand ein dreijähriger Hannoveraner Fuchshengst, der als Beutepferd nach Tschechien kam. Unter dem Namen „Alarm“ wurde er Hauptbeschäler in Kladrub und gründete dort eine eigene Linie, die mit 29 Söhnen die Zucht des Tschechischen Warmbluts prägte.

Leider wurde in den 70ern und 80ern des vorigen Jahrhunderts das bis dahin so stringente, auf das europäische Sportpferd ausgerichtete Konzept wieder etwas verwässert. Doch die Öffnung zum Westen hat zu einem neuen Aufschwung geführt. Das Tschechische Warmblut ist inzwischen ein modernes Sportpferd, das auch großen Anforderungen gewachsen ist.

Slowakisches Warmblut

Die Slowakei ist eigentlich ein altes Pferdezuchtland, das während der Donaumonarchie jede Menge Kavalleriepferde, meist auf der Basis ungarischer Warmblüter, lieferte. Doch der Erste Weltkrieg traf das Land und seine Pferdezucht sehr hart. Die Armee requirierte fast alle Reitpferde, den bäuerlichen Pferdezüchtern blieben nur die Kaltblüter, die die Kavallerie nicht wollte. Dazu wurden fast alle guten Beschäler nach Ungarn entführt.
Die slowakischen Pferdeleute gaben nicht auf. 1920 gründeten sie einen Verein der slowakischen Pferdezüchter, 1922 teilten sie das Land in zwei Zuchtzonen ein: Im Westen wurde schweres Warmblut auf Nonius-Basis gezüchtet, im Osten setzte man auf edlere Warmblüter auf der Basis von ungarischen Gidrans und Furioso-Northstars.

EDEL UND VIELSEITIG

Eine Bestandsaufnahme nach dem Zweiten Weltkrieg zeigte, dass das Konzept aufgegangen war. Sowohl die eher schweren wie auch die leichten Warmblüter waren konsolidiert und so war es kein großes Problem, von dort aus das Zuchtziel des europäischen Sportpferdes zu übernehmen. Veredler waren vorhanden, Verstärker waren ebenfalls da – es passte zueinander und so sind die Slowakischen Warmblüter inzwischen moderne Sportpferde mit hohem Leistungsvermögen.
Dazu könnten die Stuten aus der Slowakei auch für manchen westeuropäischen Warmblutzüchter interessant werden. Wo bei uns die Linienführung schon etwas eng geworden ist, könnten sie frisches Blut in die Zucht bringen. Als Genpool sind die Slowakischen Warmblüter für die Zukunft eine Bank – und für anspruchsvolle Freizeitreiter lohnt sich ein Ausflug zu den Pferdezüchtern in der Slowakei.

Zuchtziel erreicht: Slowakische Warmblüter sind tolle Sportler.

Budjonny

Marschall Semjon Michailowitsch Budjonny (1883–1973) hatte ein Problem: Wann immer er im Pferdeland Russland Kavalleriepferde requirierte, war er mit einer Vielzahl von verschiedenen Typen konfrontiert. Das Spektrum reichte vom edlen Achal-Tekkiner-Nachkommen über kalibrige Kaltblüter bis hin zu zotteligen Panje-Ponys. Eine einheitliche Rasse gab es nicht.

Budjonny beschloss, den Zustand ganz schnell zu ändern. Von Kleckern hielt er offenkundig nichts – er klotzte, indem er für die Gründung eines Gestüts sorgte, das dann gleich mit über 600 Stuten an den Start ging. Weil der Marschall für seine Reiterarmee schnelle, harte und wendige Pferde wollte, setzte er zwei Englische Vollblüter als Vererber ein: Inferno xx und Simpatyaga xx sollten den Don-Stuten Adel und Härte mitgeben.

Der Plan ging auf. Ende der 1920er Jahre gab es im Budjonny-Gestüt schon an die 700 Stuten. Das Problem lag nur darin, dass Marschall Budjonny alle Erkenntnisse über Linienführung und Festigung von Linien in den Wind schoss. Er setzte auf reine Leistungszucht und meinte, es reiche aus, wenn er leistungsfähige Pferde mit anderen Leistungsträgern kreuze. Wie zu erwarten war, führte die Philosophie nicht in Richtung einer homogenen, durchgezüchteten Rasse.

Zum Glück hatte Budjonny manchmal auch noch etwas anderes zu tun als in die Pferdezucht seiner neuen Rasse hineinzufunken und so konnten seine Pferdeleute im Hintergrund Linien konsolidieren und teilweise auch durch Inzucht dafür sorgen, dass sich die Genetik der neuen Rasse festigte.

1952 wurden die Budjonnys in Russland als neue Rasse anerkannt. Dabei werden die Pferde auch heute noch fast wild aufgezogen. Die Stuten, Fohlen, Absetzer und Jährlinge leben ganzjährig auf der Steppe, müssen sich ihr Futter selbst suchen und auch die eiskalten, langen russischen Winter aushalten. Dementsprechend sind die Budjonnys sehr gesund, robust, im Sozialverhalten ausgeglichen, aber auch sehr selbstbewusst und temperamentvoll. Die Rasse braucht den Export in den Westen, um auf Dauer zu überleben, doch stehen die Chancen dafür auch weiterhin gut. Vor allem für Distanzreiter und Wanderreiter, die einen temperamentvollen Partner zu schätzen wissen, sind die Budjonnys eine gute Wahl.

Die Budjonnys sind selbstbewusst und leistungsbereit, haben „Biss“ und Temperament.

Orlow-Traber

Der Orlow-Traber war einmal so etwas wie der Porsche unter den Fahrpferden. Bevor die American Standard Traber als Rasse konsolidiert waren, gab es keine Traberrasse, die so homogen und so schnell war wie die Orlows. Dazu waren die russischen Fahrpferde ausgesprochen hübsch, galten als menschenbezogen und intelligent. Man sieht ihnen bis heute die Herkunft vom Araber an. Sie haben einen hübschen Kopf, sind meist langbeinig, bewegen sich mit Eleganz und Grazie und haben ihrer Aufzucht in Russland eine Menge Härte zu verdanken. Die sorgt (neben dem arabischen Erbe) dafür, dass sie auch über längere Strecken durchhalten.

Orlow-Traber waren im 20. Jahrhundert weit verbreitet. Allein in Russland soll es um die 25.000 gegeben haben, dazu kam Nachzucht in den Nachbarländern. Dabei wurde wohl überall auf Intelligenz und Nervenstärke selektiert – beides sind ja Eigenschaften, die für ein Fahrpferd wichtig sind.

In der Sowjetunion wusste man nicht so recht, was man mit den Orlow-Trabern anfangen sollte. Sie wurden einmal umgetauft – man wollte keine Erinnerung mehr an die Aristokraten, die sie gezüchtet hatten – und so hießen sie eine Weile „Russische Traber". Diese Rasse gab es aber auch schon und so nennt man die Schimmel inzwischen wieder nach dem, der die Rasse begründet hat.

Orlow-Traber wurden als schnelle Fahrpferde gezüchtet.

Der Porsche unter den Fahrpferden

Graf Alexei Orlow-Tschesmenski soll ein ausgesprochen schöner Mann gewesen sein. Als solcher war er einer der ersten Liebhaber der großen Katharina von Russland.

Doch er fiel in Ungnade und ging auf Reisen. Dabei erwarb er einige Araberhengste, darunter den Schimmel Smétanka, der den Grafen so begeisterte, dass er die damals unglaubliche Summe von 60.000 Rubeln für ihn ausgab.

Doch dieser Hengst war sein Geld wert. Aus seiner Anpaarung mit einer dänischen Stute fiel der Hengst Polka, der wiederum mit einer holländischen Stute den Hengst Bars I hervorbrachte. Es brauchte ein bisschen Inzucht, bis seine Anlagen richtig gefestigt waren, aber dann wurde Bars I der Stammvater einer neuen Rasse, der Orlow-Traber.

DIE WICHTIGSTEN GESTÜTE

Die wichtigsten Gestüte für Orlow-Traber sind heute neben dem Chrenowskoi-Gestüt bei Bobrow in der Oblast Woronesch, wo sie schon zu Orlows Zeiten gezüchtet wurden, das Moskauer-Gestüt, das Schachowskoi-Gestüt (bei Tula), das Permski-Gestüt (bei Perm), das Tschesmenski-Gestüt (Oblast Woronesch), das Altaiski-Gestüt (Region Altai), das Tatarski-Gestüt (Tatarstan), das Nowotomnikowski-Gestüt (in der Oblast Tambow), das Schadrinski-Gestüt (Schadrinsk, Oblast Kurgan) und das Kemerowski-Gestüt (bei Kemerowo). Dennoch ist der Bestand der Rasse nicht garantiert.

Tschechisches Warmblut

HERKUNFT Tschechien

EXTERIEUR Edles, sportliches Warmblut mit edlem Kopf, schräger Schulter, ausgeprägtem Widerrist, stabilem Rücken, schöner Kruppe und gutem Fundament. Noch etwas uneinheitlich in der Größe

GRÖSSE Stockmaß zwischen 155 und 175 cm

FARBEN Alle, keine Schecken

INTERIEUR Ausgeglichen, freundlich, gutmütig und leistungsbereit

VERWENDUNG Vielseitiges Freizeit- und Sportpferd, teilweise mit Springveranlagung

Slowakisches Warmblut

HERKUNFT Slowakei

EXTERIEUR Ein modernes Sportpferd mit edlem Kopf, schönem, langem Hals, gutem Widerrist und Rücken und korrektem Fundament

GRÖSSE Stockmaß zwischen 165 und 170 cm

FARBEN Alle Farben

INTERIEUR Intelligentes, lernwilliges und fleißiges, robustes Reitpferd

VERWENDUNG Vielseitige Reitpferde mit guten Gängen, ordentlicher Springveranlagung und genug Härte und Stehvermögen für die Vielseitigkeit

Budjonny

HERKUNFT Europäisches Russland, vor allem das Gebiet am Don

EXTERIEUR Sehr elegante Pferde, denen man die Vollblutabstammung deutlich ansieht. Die Kruppe ist teilweise etwas gerade, das Fundament nicht immer korrekt, was aber durch die Härte ausgeglichen wird.

GRÖSSE Stockmaß zwischen 155 und 170 cm

FARBEN Vor allem Füchse, wenige Braune und Rappen, keine Schimmel

INTERIEUR Intelligent, sensibel, sehr temperamentvoll, oft nicht ganz einfach, aber dafür extrem leistungsbereit und zäh

VERWENDUNG Hervorragende Distanz-, Spring- und Vielseitigkeitspferde für erfahrene Reiter. Budjonnys neigen zum „Heißwerden", müssen also mit Gelassenheit und Einfühlungsvermögen geritten werden.

Orlow-Traber

HERKUNFT Russland

EXTERIEUR Ein hochelegantes Kutschpferd mit Schwanenhals, hübschem Kopf, kurzem Rücken und kurzer, geneigter Kruppe. Die Beine sind kräftig, hart und lang, allerdings neigen die Orlow-Traber zu Sehnenproblemen.

GRÖSSE Stockmaß um die 160 cm

FARBEN Meist Schimmel, aber alle anderen Farben treten auf

INTERIEUR Ehrlich, ausgeglichen, unerschrocken, sozial und umgänglich untereinander

VERWENDUNG Die Orlow sind sehr schnelle Traber – sie können trotz ihres relativ hohen, aufwändigen Trabs bis 52 km/h erreichen und für eine längere Zeit durchhalten.

BAROCKPFERDE

ES SAH EINMAL SO AUS, ALS OB DIE BAROCKEN PFERDE AUS DER MODE KOMMEN WÜRDEN. ABER SIE SIND WIEDER DA – UND WERDEN ZUNEHMEND BELIEBTER.

DRESSURSPEZIALISTEN MIT TRADITION

WAS ANDERE MÜHEVOLL LERNEN MÜSSEN, SCHEINT IHNEN IN DIE WIEGE GELEGT: BALANCE, DIE AKTIVE HINTERHAND, DIE AUFRICHTUNG. BAROCKPFERDE SIND FÜR DIE DRESSUR GEZÜCHTET – ABER SIE KÖNNEN AUCH NOCH GANZ ANDERS!

DER GROSSE UNTERSCHIED

Wer sich auch nur ein bisschen mit Pferden auskennt, wird kein Problem haben, einen typischen Vertreter einer Barockpferderasse von einem europäischen Sportpferd zu unterscheiden. Dabei haben sich fast alle europäischen Sportpferderassen aus Barockpferden entwickelt, denn wie der Name schon sagt: Sie waren schon im Barock da – lange, bevor das Sportpferd „erfunden" wurde.

Der erste große Unterschied, der ins Auge sticht, ist der sogenannte „Rahmen". Beim europäischen Sportpferd ist fast überall als Zuchtziel das „Langrechteckpferd" definiert – also ein Pferd mit einem relativ langen Rücken. Wenn man einen Rahmen von seiner Schulter über den Rücken zum Sitzbeinhöcker legen würde, käme ein Langrechteck heraus. Beim Barockpferd hingegen käme ein Quadrat heraus. Es ist kürzer und deutlich kompakter. Ein zweiter gut sichtbarer Unterschied ist der

Hals. Beim Barockpferd ist er höher aufgesetzt – es soll ihn stolz zum „Schwanenhals" aufwölben können. Dazu zeigen Hengste meist mehr Muskeln am Hals und bei einigen Rassen – oder im entsprechenden Alter und mit der entsprechenden Persönlichkeit – entwickelt sich sogar ein Fettkamm, der den Hals optisch noch vergrößert.
Wenn wir uns dann die Kehrseiten anschauen, haben wir bei den barocken Pferden eine melonenförmige Kruppe. Barockpferde sind manchmal, vor allem in jungen Jahren, ein wenig überbaut. Sportpferde haben dagegen eine etwas längere, mehr abfallende Kruppe. Schließlich noch ein Blick auf das Fundament: Die Iberer haben üblicherweise eine längere Röhre als die Sportpferde – kein Wunder, gilt doch der Satz: Kurze Röhre springt gut, lange Röhre macht hohe Aktion einfacher.

Das manchmal leicht konkave Profil zeichnet die Barockpferde aus.

DIE BAROCKRASSEN

Soweit gediehen, sollten wir jetzt doch noch klarmachen, wer eigentlich zu den Barockpferden gehört.
Da sind die spanischen PREs, zu nennen, die häufig auch Andalusier genannt werden. Außerdem zählen die portugiesischen Lusitanos mit ihrem „Ableger" Altér Real und die Sorraias als „Urrasse" aller Iberer dazu, ebenso die weißen Lipizzaner. Im Norden Europas zählen auch noch die Friesen, Kladruber und Frederiksborger zu den Vertretern der Barockpferde. Wer nun die Knabstrupper vermisst, hat recht – aber die finden sich aufgrund ihrer Besonderheiten im Kapitel „Farbzuchten". Dafür befassen wir uns hier noch mit dem Murghese.

Der Lusitano Olé in perfekter Balance an der Hand seiner Ausbilderin Anja Beran

[a] PREs Auch wenn sie seit Jahrhunderten in menschlicher Obhut leben, haben die PREs ihre Instinkte und ihre hellwache Intelligenz nicht verloren.

[b] FRIESEN sind von Natur aus nicht unbedingt Bewegungskünstler, doch bei entsprechendem Training machen sie auch im Zirkus eine gute Figur.

[c] DIESER SCHIMMEL führt den Beweis, dass kompakten Pferden die Aufrichtung und Hankenbeugung bestens gelingt.

BAROCKPFERDE
Angeborene Eleganz

Sie nannten ihn „Dorle" – und als ich in seinen Sattel stieg, dachte ich noch, dass das schwäbische Diminutiv zu ihm passe. Er war, verglichen mit den Deutschen Warmblütern, an die ich gewöhnt war, ein kleines Pferd, und ich überlegte mir, ob ich mit meinen 173 Zentimetern auf seinen 162 Zentimetern Stockmaß nicht albern aussehen würde.

EIN ERHABENES GEFÜHL

Eine Viertelstunde später hatte ich ihn warmgeritten und als ich ihn unter Anleitung seines Herrn an die Hand stellen wollte, war ich mehr als überrascht: Dorle schob seine Hinterhand unter den Körper, setzte mich etwas tiefer und fester in den Sattel, wölbte den dicken, weißen Hals auf, stellte die Ohren und begann, erhaben zu treten. Alles an ihm federte, und obwohl er mit großer Aktion trabte, war mir, als ob ich auf ihm dahinschweben würde. Und dann hieß es: „Lass die Hand mal ein bisschen stehen und die Schenkel dran …"
Der Hals vor mir schien noch größer zu werden und Dorle begann zu piaffieren. Ich fühlte mich, als ob ich über die Anschaffung eines Dressurfracks nachdenken sollte – und als ich seinen Hals streichelte, war mir danach, ihn ab jetzt immer mit seinem vollen Namen anzusprechen: Maestoso Theodorasta.

WÜRDEVOLL, INTELLIGENT UND SEHR VIELSEITIG

Sie haben es vermutlich erraten: Der kompakte Schimmel war ein Lipizzaner-Hengst und in ihm vereinigte sich alles, was ein richtig gutes Barockpferd ausmacht: Sein leicht geramster Kopf war edel, er schaute einen aus großen, sehr gescheiten Augen an, seine zierlichen Ohren spielten lebhaft und schienen alles wahrzunehmen, was sich in seiner Nähe abspielte. Dorle war eine Persönlichkeit, er strahlte majestätische Würde aus und war gleichzeitig sanft. Er lernte unheimlich schnell, er wollte gefordert werden und es hat lange gedauert, bis ich wieder auf einem Pferd saß, dessen Piaffe und Passage sich so großartig anfühlten. Das war übrigens wieder ein Barockpferd: der von Richard Hinrichs ausgebildete, eigentlich zum Circus Krone gehörende Friesenhengst Jaro.
Davor hatte ich aber festgestellt, dass ein Lipizzaner auch ein gutes Geländepferd sein kann. Dorle jedenfalls war es. Er trabte durch Schlamm, tanzte über Wurzeln, ließ sich nicht einmal von Schnee aus dem Tritt bringen, hatte Nerven wie Drahtseile und auch wenn ich ihn nicht als Springpferd empfohlen hätte – wenn da mal ein Graben oder ein Zaun im Weg standen, bewies er, dass ein gut ausgebildetes Dressurpferd auch sehr geschmeidig springen kann.

Bei Barockpferden ist die Veranlagung zur Piaffe genetisch verankert. Das heißt aber nicht, dass sie nicht auch hervorragende Freizeitpferde sind.

Lipizzaner

Angeblich haben manche Wiener die Uhr danach gestellt, wann Kaiser Franz Josef I. in seinem von vier Lipizzanern gezogenen Wagen morgens von seinem Wohnsitz in Schönbrunn zu seinem Arbeitsplatz in der Hofburg fuhr. Und abends das Ganze zurück – immer pünktlich, immer auf der gleichen Strecke und immer mit vier silberweißen, fleißig trabenden Pferden.
Noch heute gehören die Lipizzaner zu Wien – und das nicht nur in der Spanischen Hofreitschule, sondern oft genug auch als Zugpferde vor den Fiakern. Sie sind ein österreichisches Kulturgut – und als solches werden sie auch im österreichischen Bundesgestüt Piber gezüchtet und bewahrt.
Lipizzaner sind aber nicht nur die in Österreich gezogenen Schimmel, sondern auch die in Ungarn, Slowenien und Rumänien verbreiteten Braunen, die als zähe, langlebige Wirtschaftspferde Karren und den Pflug ziehen und als Reitpferd dienen. Der Lipizzaner war und ist kein verhätscheltes Luxusgeschöpf, sondern ein ausgesprochen belastbares, vielseitiges Pferd.

Die Lipizzaner gehören zu Wien wie die Hofburg, in der sie zu Hause sind.

DIE PFERDE DES KARST

Entstanden ist die Rasse in den Karstgebirgen des heutigen Slowenien, in denen es schon seit Urzeiten Pferde gegeben hatte. Bereits in der Antike wurden die „windschnellen Rosse" dieser Gegend geschätzt. Später kamen wohl Araber und spanische Pferde dazu und 1580 war es dann so weit: Der Hof in Wien brauchte gute Pferde und so gründete man in Lipica ein Hofgestüt. Zu dieser Zeit war die spanische Pferdezucht weltweit führend und wie Unterlagen der Fugger in Augsburg – sie finanzierten die Habsburger – ausweisen, wurde 1582 und 1584 auch für das österreichische Hofgestüt eifrig in Andalusien eingekauft.
Auf Stuten, die auf dieser Basis gezüchtet worden waren, trafen dann die Hengste, die Mitte des 18. Jahrhunderts und Anfang des 19. Jahrhunderts in die Lipizzaner-Zucht kamen und die heute noch bestehenden acht Hengstlinien gründeten. Dazu kommen in der österreichischen Lipizzanerzucht noch die 14 Stutenstämme, die ebenfalls sehr wichtig sind.

STAMMVÄTER DER LIPIZZANER

Ja, Sie haben richtig gelesen: Acht Stammväter der Lipizzaner. Es gibt nämlich nicht nur in Österreich Lipizzaner, sondern auch in anderen Ländern – und in Ungarn und Rumänien kennt man eben nicht nur die sechs Linien, die in Piber gezüchtet werden, sondern zwei mehr. Vier von den fünf Gründerhengsten, deren Nachkommen in Österreich gezüchtet werden, wurden Mitte des 18. Jahrhunderts eingekauft. Nummer eins war der 1765 gekaufte Schimmel Pluto, der aus dem dänischen Hofgestüt Frederiksborg kam. Ihm folgten zwei Neapolitaner: Der 1767 geborene Rappe Conversano und der 1790 geborene Neapolitano. 1767 wurde in Kladrub der Falbe Favory geboren, 1786 folgte

Typisch Lipizzaner: Weiß, kompakt, unglaublich ausdrucksstark und nicht zu groß.

der Schimmel Maestoso. Beide Hengste übersiedelten später nach Lipica und gründeten dort sehr erfolgreiche Lipizzaner-Linien. Der Sechste im Bunde der Lipizzaner-Stammväter war schließlich der Araber Siglavy, Schimmel, 1810 im später aufgelösten Gestüt Koptschan geboren.
Das Sextett steht auch für die traditionelle Namensgebung der männlichen Lipizzaner in der österreichischen Zucht. Die Stuten übernehmen jeweils den Anfangsbuchstaben des Stutenstamms, aus dem sie hervorgehen – wobei in Piber noch 14 von den ursprünglich 23 Stämmen präsent sind. Die Hengste unterdessen haben einen Doppelnamen: Vorne sind sie benannt nach dem Gründerhengst, zu dessen Stamm ihr Vater gehört, hinten führen sie den Namen der Mutter, woraus sich dann Kombinationen wie zum Beispiel Siglavy Dagmar oder Maesto Theodorasta ergeben.
Ungarn hat eine Linie mehr zu bieten: Die Incitatos, nach einem 1802 in Mezöhegyes geborenen Hengst benannt. Das war ein Brauner – und unter seinen Nachkommen sind auch heute noch einige Braune.

Zudem gibt es den „kroatischen" Stamm, der auch in Slowenien und Rumänien verbreitet ist und aus dem meist braune Pferde stammen.
Er geht auf den Vollblüter Tulipan zurück, der 1810 im Gestüt Suhopolje geboren wurde.

Alle Lipizzaner gehen auf eine von acht Hengstlinien zurück.

[a] EIN GERADES, manchmal leicht ramsköpfiges Profil ist typisch für Lipizzaner. Der Hals ist hoch aufgesetzt.

[b] ALLE LIPIZZANER werden dunkel geboren, die Schimmel werden erst im Laufe ihres Lebens weiß.

[c] IN UNGARN und Rumänien werden auch braune und schwarze Lipizzaner gezüchtet.

[d] SO EDEL die kaiserlichen Schimmel sind, so eignen sie sich doch für Robusthaltung und lieben wie alle Pferde frische Luft und Bewegung. Ihr Körperbau prädestiniert die Lipizzaner für die Lektionen der Klassischen Dressur.

TOLLE PFERDE
für kleines Geld

Verstehe es, wer es will: Für Lusitanos und PREs wird richtig viel Geld bezahlt – und die Lipizzaner haben ein Absatzproblem, das sich natürlich auch in den Preisen niederschlägt. Woran liegt das?

ZU KLEIN?

Wenn man sich umhört, bekommt man meist zwei Antworten:
1. Lipizzaner sind so klein!
2. Lipizzaner sind Schimmel!

Ja, nun – PREs und Lusitanos sind meist auch keine Riesen! Eine kleine Stichprobe in den Verkaufsanzeigen ergab für die meisten PREs eine Größe zwischen 155 und 165 Zentimetern. Bei den Lusitanos lag sie zwischen 154 und 169 Zentimetern. Das österreichische Bundesgestüt Piber hatte zur gleichen Zeit nur Stuten zu bieten – die waren zwischen 154 und 157 Zentimetern groß. Sind 10 Zentimeter wirklich ein Thema?

GEWICHTSTRÄGER

In Sachen „Belastbarkeit" ist dieser Größenunterschied zwischen PRE und Lipizzaner mit Sicherheit nicht ausschlaggebend, denn Piber liefert bei seinen Angeboten noch eine Zahl: den Röhrbeinumfang. Dieser lag bei fast allen angebotenen Lipizzaner-Stuten bei 19,5 Zentimetern. Eine der Damen brachte es sogar auf 20 Zentimeter.

Da Lipizzaner kompakte Pferde mit relativ kurzem Rücken sind, können sie bei einem stabilen Fundament richtig Gewicht tragen. Eine ausgewachsene Stute mit 20 Zentimeter Röhrbeinumfang hat kein Problem mit einem 100 Kilogramm schweren Reiter im Sattel!
Und das Argument, dass ein Reiter, der über 170 Zentimeter groß ist, auf einem Lipizzaner nicht gut aussehe, wird in der Spanischen Hofreitschule in Wien täglich widerlegt. Gerade Lipizzaner mit ihrem muskulösem Hals und ihrer hohen Aufrichtung können auch einen großen Reiter imposant tragen!

GANZ IN WEISS

Damit wären wir schon beim Thema „Schimmel". Bei den PREs und Lusitanos gibt es auch jede Menge Schimmel – das kann es also nicht sein. Natürlich brauchen Schimmel mehr Pflege als Braune. Da muss man eben im Alltag ein bisschen „großzügiger" sein und auch einmal einen Fleck übersehen. Für besondere Gelegenheiten wird dann gewaschen – und dann sieht so ein silberweißer Lipizzaner ganz besonders gut aus.
Es lohnt sich also eine Tour nach Piber, wo man gesund gezogene Pferde, von Profis angeritten und aus erster Hand bekommen kann. In Ungarn und Lipica hat man Chancen, sogar noch preiswerter an einen guten Lipizzaner zu kommen.

Schimmel können so schick sein! Und mit einem Lipizzaner bekommen Sie nicht nur ein tolles Pferd, sondern erhalten außerdem eine alte Kulturrasse.

Schwarze Perlen: Friesen sind eine alte Kulturrasse.

Friese

Friesen sind in Mode – und das nicht zum ersten Mal. Ihre erste Hochblüte erlebten die Pferde aus Nordfriesland im Mittelalter. Damals waren sie allerdings ein bisschen mächtiger und standen noch mehr im Kaltbluttyp als heute. Das war es allerdings auch, was sie so begehrt machte: Sie konnten nämlich einen Ritter mit voller Rüstung und Waffen tragen – und das waren dann 250 Kilogramm, die flott bewegt werden wollten. Die Pferde, die auf den fruchtbaren Marschböden Nordfrieslands aufwuchsen, schafften das.
Doch dann wurde das Schwarzpulver erfunden – und je mehr es militärisch eingesetzt wurde, desto klarer wurde, dass die Zeit der Ritter mit ihren Panzerungen vorbei war. Was nützte es, sich durch eine schwere Rüstung unbeweglich zu machen, wenn die von einer Kugel locker durchschlagen werden konnte? Die Kavallerietaktik änderte sich, die Pferde mussten schneller und beweglicher werden. Doch es gelang. Die Friesen waren kompakt genug und konnten relativ schnell wieder auf „leicht beweglich“ umgezüchtet werden. Dazu wurden einige spanische und neapolitanische Hengste eingekreuzt.
Im 19. Jahrhundert widerfuhr den Friesen dann die dritte große Umwandlung: Sie wurden in ihrer Heimat zu Trabrennen eingesetzt. Die Rennen wurden meist auf den geklinkerten Hauptstraßen über 325 Meter Distanz ausgetragen. Anfangs wurden die Pferde dabei ohne Sattel geritten, später zogen sie die leichten, zweiräderigen Kutschen, die heute noch von niederländischen Bauern gefahren werden.
Die Pferde für diese Rennen wurden „Harddraver“ genannt. Sie haben einige andere Rassen beeinflusst, wie zum Beispiel die Orlow-Traber sowie die American Standardbred Traber, die von aus den Niederlanden importierten Pferden abstammen.

Ende des 19. Jahrhunderts hatten sich die Traber aber zur eigenen Rasse entwickelt, die schon ziemlich weit von den ursprünglichen Friesen entfernt war. Diese waren unterdessen „aus der Mode“ gekommen. Im Jahr 1913 gab es nur noch drei echte Friesenhengste.

NEMO – STAMMVATER ALLER FRIESEN

Als die Niederländer Anfang des 20. Jahrhunderts erkannten, dass die Friesen ein Teil ihrer Kultur sind und darum erhalten werden sollten, war der Bestand bereits so zusammengeschmolzen, dass nur noch eine Hengstlinie existierte – die des 1885 geborenen Nemo. Dazu gab es auch nicht mehr allzu viele Stuten, was bis heute ein Problem der Friesenzucht ist.
Die Blutführung ist sehr eng, auch wenn es inzwischen wieder rund 60.000 Friesen gibt. Allerdings – und das ist ein weiteres Problem – sind die durch den Friesenboom, der in den 80er Jahren des vorigen Jahrhunderts einsetzte, inzwischen in aller Herren Länder verteilt. Das macht natürlich eine regulierte Zucht nicht gerade einfacher.

STRENGSTE ZUCHTAUSWAHL

In den Niederlanden ist man bezüglich der Friesenzucht sehr streng. Vor allem die Hengste werden kritisch begutachtet und extrem selektiert. Wer als Friese Vater von Fohlen werden will, sollte – möglichst schon als Zweieinhalbjähriger – im Herbst bei der Körkommission vorgestellt werden. Die schaut zwar auch ältere Hengste an, diese sollten aber bereits Erfolge im Reit- oder Fahrsport mitbringen.
Im ersten Anlauf erfolgt eine Vorauswahl – wer da besteht, darf sich im Januar des Folgejahres bei der niederländischen Zentralkörung wieder vorstellen. Dort findet eine Exterieurbeurteilung statt – und weil die Niederländer es wirklich sehr genau nehmen, wird da gleich dreimal selektiert, bis schließlich nur noch ein paar Kandidaten übrig bleiben.
Denen blüht jetzt aber immer noch nicht das künftige Vaterglück, sondern die Hengstleistungsprüfung, die im Herbst stattfindet. Die nun Dreieinhalbjährigen müssen dort nicht nur beweisen, dass sie gut aussehen, sondern werden auch nach ihrem Charakter und ihrer Leistungsbereitschaft eingestuft. Aber selbst nach Bestehen der Hengstleistungsprüfung ist der Hengst nicht auf Lebenszeit gekört. Ganz im Gegenteil: Die nächsten sechs oder gar sieben Jahre muss der Hengsthalter nach wie vor alljährlich seinen Hengst vorstellen, um eine immer nur für 12 Monate geltende Deckerlaubnis zu bekommen.
Dabei werden dann natürlich auch die Fohlen begutachtet – als Absetzer, als zwei- und als dreijährige Pferde. Und erst dann wird endgültig beurteilt, ob der Hengst positiv vererbt. Falls nicht, wird er wieder abgekört.

Friesen fallen auch durch ihre hohe Knieaktion auf.

Kladruber

Auch wenn sie nicht so bekannt sind wie die Lipizzaner, sind die Kladruber eine mindestens so wichtige Hinterlassenschaft der Kultur der ehemaligen kaiserlich-königlichen Donaumonarchie. Sie sind die einzige Rasse, die ausschließlich für den zeremoniellen und repräsentativen Einsatz gezüchtet wurde – und dem haben sie es auch zu verdanken, dass sie ganz imponierende Typen geworden sind.

CHARAKTERKÖPFE

Dass sie nun wieder ins Gespräch gekommen sind und mittlerweile als Barockdressurpferde reüssieren, gehört zu den sehr erfreulichen Erscheinungen der letzten Jahre. So hat zum Beispiel der Barockreiter und -ausbilder Richard Hinrichs sowohl einen Kladruber-Schimmel wie auch einen Rappen ausgebildet und in der Hohen Schule vorgestellt. Vielleicht ist es dem auch zu verdanken, dass einige Kladruber wieder in dem „Job“ arbeiten, für den sie einst gezüchtet worden sind: Das dänische und das schwedische Königshaus hat Kladruber in den Marställen, die bei großen Anlässen die Kutschen der Majestäten ziehen.

KÖNIGLICHE KUTSCHPFERDE

Die königlichen Kutscher werden die imposanten Pferde aus Tschechien wahrscheinlich sehr schätzen. Kladruber sind nämlich nicht nur für ihre Ramsnase und ihren muskulösen Hals bekannt, sondern auch dafür, dass sie Nerven wie Drahtseile haben. Mit einem Viererzug Kladruber kann man sich ohne Sorgen in eine jubelnde Menge trauen, auch wenn einmal ein Feuerwerkskörper explodiert. Das wird auch der Grund sein, warum zwei Polizeikorps in der Nähe des Heimatgestüts der barocken Karossiers inzwischen auf Kladrubern unterwegs sind.

Die Pferde des ehemaligen Hofgestüts Kladrub stehen auf der Liste des Weltkulturerbes der UNESCO.

Ein Kladruber unter dem Sattel von Barockausbilder Richard Hinrichs

AUFSTIEG UND UNTERGANG

Die Herrschaft Kladrub kam im 16. Jahrhundert an die Habsburger und wurde schon damals zur Pferdehaltung verwendet. König Maximilian von Böhmen (1527–1576) brachte dort spanische Pferde unter – und ließ sie frei laufen. Sie suchten ihr Futter auf den sumpfigen Wiesen und in den Auwäldern an der Elbe. Dort vermehrten sie sich auch.

Unter Kaiser Rudolf II. (1552–1612), der vorwiegend auf dem Prager Hradschin residierte, wurde die Herrschaft Kladrub endgültig zum Gestüt ausgebaut, in dem – vorwiegend auf der Basis von importierten Pferden aus Spanien – Karossiers für die Prunkkutschen des Hofes gezüchtet werden sollten.

Dann kam der Siebenjährige Krieg. Die Preußen unter Friedrich II. marschierten in Schlesien ein, es wurde erbittert gekämpft. Dabei wurde das Gestüt Kladrub zerstört.

Kaiser Joseph II. befahl 1770 den Wiederaufbau, wobei vom alten Hengstbestand nur noch ein Hengst übrig war: Der 1764 in Italien gekaufte Rappe Peppoli, der mit einer Schimmelstute den weißen Sohn Imperatore brachte, von dem wiederum die Schimmel Generale, Generale III und Generalissimus abstammen, die die Begründer der Kladruber-Schimmellinien wurden.

SCHIMMEL UND RAPPEN FÜR DEN HOF

Der kaiserliche Hof in Wien brauchte aber nicht nur Schimmel, sondern auch Rappen. Bei Beerdigungen fuhr der Hof mit Rappen vor – schon damals war den Wienern „a schöne Leich" wichtig. Für die Rappen waren in Kladrub der Hengst Sacramoso und der 1849 geborene Hengst Napoleone aus Italien zuständig. Von letzterem behaupten Hippologen allerdings, dass er außer der schwarzen Farbe nichts Positives zu vererben gehabt habe.

Der Untergang des Kaiserreichs führte auch fast zum Untergang der Kladruber. Die Tschechoslowakische Republik konnte mit den Relikten aus der Kaiserzeit nichts anfangen und die Bevölkerung offenkundig auch nicht. Die Abneigung ging sogar so weit, dass die beiden letzten Schimmelbeschäler in Kladrub vergiftet wurden. 1924 gab es keine Kladruber-Rappen mehr, jedenfalls nicht in Kladrub. Dies schien das Ende der Rasse zu sein.

BLUTAUFFRISCHUNG

Aber da gab es doch noch ein paar Kladruber: Im Gestüt des Bischofs von Königgrätz fanden sich noch zwei schwarze Hengste und sechs Original-Kladruber-Stuten. Auch ein paar Schimmel tauchten auf und so hat man ab den 40er Jahren des vorigen Jahrhunderts wieder angefangen, die Kladruber-Zucht aufzubauen. Dabei war es allerdings unvermeidlich, dass fremdes Blut eingekreuzt werden musste. Bei den Rappen wurde dafür der Friese Romke verwendet, bei den Schimmeln hat man einen Lipizzaner-Hengst zur Blutauffrischung eingesetzt.

WELTKULTURERBE

Anlässlich des 400-jährigen Bestehens des Gestüts Kladrub wurde die Rasse von der UNESCO 1979 zum Weltkulturerbe ernannt. Inzwischen wird die Zucht der Kladruber auch vom tschechischen Staat sehr unterstützt. Im Gestüt stehen mittlerweile wieder an die 600 Pferde, wobei die Schimmel im ehemaligen Hofgestüt Kladrub zu Hause sind, während die Rappherde auf der Dependance Slatian untergebracht ist.

Damit kann die Rasse heute als gerettet angesehen werden und die Aussichten für die Zukunft stehen gut, denn obgleich Kladruber vom Körperbau her nicht unbedingt optimale Reitpferde sind, machen sie dieses Manko durch ihren Charakter und ihre Nervenstärke wett.

Kladruber sind exzellente und nervenstarke Fahrpferde, die als königliche Karossiers überaus repräsentativ sind.

Frederiksborger sind nicht nur angenehm zu sitzen, sondern auch sehr intelligent und menschenbezogen.

Frederiksborger

Die Geschichte der Barockpferderassen ähnelt einander: Die jeweiligen Hofgestüte wurden im 16. oder 17. Jahrhundert gegründet, erreichten eine erste Blüte und wurden durch Kriege geschädigt. Anfang des 20. Jahrhunderts missglückten Umzüchtungsversuche, wobei der alte Bestand der Rasse fast verloren ging. Doch nun wird dank des Barockpferde-Booms wieder gezüchtet.
Das gilt auch für die dänischen Frederiksborger. Ihr Erfolg im Barock reichte so weit, dass sie bei der Begründung zweier anderer Rassen beteiligt waren: Der Lipizzaner-Stammvater Pluto, dessen Stamm heute noch in Piber gezüchtet wird, war Frederiksborger. Und einer der Lipizzaner-Mutterstämme – der sehr aktive der Deflorata – geht ebenfalls auf eine Frederiksborger-Stute zurück. Außerdem war die Stammstute der Orlow-Traber eine Frederiksborgerin.
Und noch etwas ist bemerkenswert: Barockpferd und Araber war normalerweise keine besonders erfolgreiche Kombination, doch bei den Frederiksborgern hat sie funktioniert. Bei ihnen wurde im 19. Jahrhundert der im königlich-württembergischen Hofgestüt Weil am Neckar geborene Araber Zarif zur Blutauffrischung eingesetzt.

DIE SCHNUCKELCHEN

Vielleicht haben die Frederiksborger eine ihrer herausragendsten Eigenschaften diesem Araber-Vorfahr zu verdanken: Sie sind nicht nur ausgesprochen gescheite Pferde, sondern auffallend menschenbezogen.
Eine Züchterin sagte von ihren Stuten: „Die wollten am liebsten auf den Schoß!“ Und der Besitzer eines Frederiksborger-Wallachs pflegte mit den Händen in der Hosentasche spazieren zu gehen. Sein Fuchs hänge ihm an der Schulter und gehe nicht von ihm weg, da brauche man keinen Strick. Auch begrüße er ihn mit einem Wiehern und liebe es zu schmusen.
Ein zweites Kennzeichen der Frederiksborger ist, dass sie meist leichtrittiger und ein bisschen bequemer zu sitzen sind als die meisten anderen Barockpferde. An ihnen wird deutlich, warum man den europäischen Sportpferden das Langrechteckformat angezüchtet hat: Ein etwas längerer Rücken kann besser schwingen und ist dadurch meist bequemer zu sitzen.
Der Frederiksborger hat teilweise eine etwas steile Hinterhand. Ihm fällt die Hankenbeugung nicht so leicht wie zum Beispiel dem Lipizzaner oder Lusitano. Daher muss man die Pferde sehr gründlich und mit Bedacht ausbilden, um sie als Reitpferde lange gesund zu erhalten. Es ist notwendig, etwas mehr Arbeit und Zeit für die Gymnastizierung einzuplanen.

Lipizzaner

HERKUNFT Österreich, Ungarn, Slowenien, Rumänien

EXTERIEUR Kompakte, mittelgroße, athletische Pferde mit trockenem Kopf, oft auch mit Ramsnase, hoch aufgesetztem Hals, gut gelagerter Schulter, deutlich ausgeprägtem Widerrist und stark bemuskelter Kruppe. Das Fundament ist ausgesprochen kräftig bei langem Oberarm und kurzer Röhre über harten, kleinen Hufen.

GRÖSSE Stockmaß zwischen 155 und 158 cm

FARBEN In Österreich vorwiegend Schimmel, ganz selten Braune und Rappen. In Ungarn Schimmel, Braune und Rappen, in Rumänien vorwiegend Braune

INTERIEUR Spätreif, dafür aber extrem langlebig. Die kaiserlichen Schimmel sind intelligent, menschenbezogen und lernen sehr schnell. Sie sind unerschrocken, können aber auch stur sein und haben Temperament. Aber: Der Hippologe Jasper Nissen sagte kategorisch: „Es gibt keinen Lipizzaner mit schlechtem Temperament." Tatsächlich sind sogar die Hengste ausgesprochen gut zu handhaben.

VERWENDUNG Barockdressurpferde, sehr gute Freizeit- und Fahrpferde

Friese

HERKUNFT Niederlande

EXTERIEUR Stämmige Pferde mit meist hoch aufgesetztem, kräftigem Hals, relativ kurzem Rücken mit gut ausgeprägtem Widerrist, manchmal etwas steiler Schulter und ausgeprägter Rippenwölbung. Die Kruppe soll rund und gut bemuskelt sein, man legt Wert auf eine gut gewinkelte Hinterhand. Der Kopf ist gerade, manchmal leicht geramst. Auffallend sind das üppige Langhaar und der Kötenbehang an den Beinen.

GRÖSSE Stockmaß zwischen 155 und 175 cm

FARBEN Rappen ohne Abzeichen. Sehr selten treten Füchse auf, diese werden aber von der weiteren Zucht ausgeschlossen. Kleine weiße Abzeichen am Kopf kommen vor, sind aber auch nicht erwünscht.

INTERIEUR Geduldig, sanftmütig, intelligent und lernbereit

VERWENDUNG Barockdressurpferde, Kutschpferde, Freizeitpferde. Allerdings sollte man sich bewusst sein, dass die aufwendige Knieaktion der Friesen Kraft kostet. Ausdauerleistung ist von ihnen nicht unbedingt zu erwarten.

Kladruber

HERKUNFT Tschechien

EXTERIEUR Imposante Barockpferde mit rassetypischem Ramskopf, der sich durch große, an den Rändern „eckige" Augen, große Nüstern und bewegliche Ohren auszeichnet. Auffallend ist auch der muskulöse, hoch aufgesetzte Hals und der relativ kompakte Rücken. Die trockenen Beine sind nicht immer korrekt gestellt, doch so stabil, dass daraus meist keine gesundheitlichen Probleme resultieren. Die Hufe sind relativ groß und sehr hart.

GRÖSSE Stockmaß zwischen 164 und 167 cm

FARBEN Rappen ohne jegliche Abzeichen oder Schimmel

INTERIEUR Spätreif, ausgesprochen langlebig, gutmütig und fleißig. Kladruber sind sehr gelassen und nervenstark.

VERWENDUNG Karrosiers, Barockdressurpferde

Frederiksborger

HERKUNFT Dänemark

EXTERIEUR Mittelgroße Barockpferde mit edlem Ramskopf und manchmal etwas langen Ohren. Der hoch aufgesetzte Hals mündet in einen relativ kurzen Widerrist bei oft etwas steiler Schulter und einem für Barockpferde relativ langem Rücken. Daraus resultiert, dass die Frederiksborger bequem zu sitzen sind. Mit ihrem stabilen und korrekten Fundament sind sie gute Gewichtsträger.

GRÖSSE Stockmaß um die 160 cm

FARBEN Vorwiegend Füchse, sehr oft mit hellem Langhaar und durchaus auch größeren weißen Abzeichen

INTERIEUR Temperamentvoll, dabei aber gutmütig, nervenstark und auffallend menschenbezogen

VERWENDUNG Barockdressurpferde, Freizeitpferde

PORTUGAL

DIE WIEGE DER BAROCKPFERDE STAND VERMUTLICH IRGENDWO IN DEM GEBIET, DAS WIR HEUTE „IBERISCH" NENNEN. DIE WURZELN FINDEN SICH AUCH IN PORTUGAL. NEBEN DEN „GROSSEN" LUSITANOS SIND DORT NÄMLICH AUCH DIE „KLEINEN" SORRAIAS ZU HAUSE – UND OHNE DIE GÄBE ES WAHRSCHEINLICH KEINE BAROCKPFERDE.

„Über allem liegt ein Hauch von Oregano, Estragon und Eukalyptus und es ist etwas Erdhaftes, Beruhigendes, Mütterliches über Portugal, zu dem die beunruhigende, grimmige Väterlichkeit Spaniens in scharfem Gegensatz steht", schrieb Lady Sylvia Loch 1986 in ihrem Buch über die königlichen Pferde Europas.
Portugal umfasst ungefähr 92.000 Quadratkilometer und hat 10 Millionen Einwohner. Fast die Hälfte des Gebietes ist landwirtschaftlich nutzbar, wobei die Gestüte, in denen Lusitanos und Sorraias gezüchtet werden, im sonnigen Süden des Landes an der Algarve liegen – da, wo einst das klassische Lusitanien war.
Die Geschichte des Landes ist von Krieg gekennzeichnet. Erst kamen die Römer, dann die Westgoten. Um 711 wurde das heutige Portugal von den Mauren eingenommen und dem Herrschaftsgebiet des Emirs von Córdoba zugeschlagen. 722 wurde das Gebiet wieder portugiesisch, erneut von den Mauren erobert und dann … Wir ersparen uns den genauen Verlauf, nur so viel: Ungefähr bis 1250 wurde an der Algarve ständig gekämpft.

PRÄGENDE EINFLÜSSE

Die iberischen Urpferde sind vermutlich einige Verbindungen eingegangen. Allerdings dürfte das Ausmaß der vierbeinigen Fraternisation nicht so groß gewesen sein wie einige Araberfans behaupten, die am liebsten die Iberer als Abkömmlinge ihrer Pferden sehen würden.

Wer auch immer an der Entstehung der iberischen Rasse beteiligt war – die prägendsten Einflüsse übten wohl das Land selbst und die Reiterei aus. Denn geritten wurde in Portugal sehr viel. Der dauernde Krieg führte dazu, dass die Portugiesen schon um 1200 herum eine sehr schlagkräftige Kavallerie aufgebaut hatten. Im Mittelalter waren es auch Portugiesen, die mit ihren Schiffen nach Amerika segelten. Sie hatten vorwiegend Sorraias dabei, weswegen man den südamerikanischen Criollos die Verwandtschaft mit den Falben aus Portugal bis heute ansieht.

STIERKAMPF

1580 wurde Portugal wieder einmal besetzt, dieses Mal von den Spaniern unter ihrem König Philipp V., der alles tat, um den Portugiesen die Zucht von Kavallerieremonten zu erschweren. Der Schuss ging nach hinten los, denn gleichzeitig versuchte er, die Position seiner Aristokraten in Spanien zu schwächen. Der fromme König verbot den Stierkampf zu Pferd, worauf nicht wenige seiner Aristokraten Kind, Kegel und Pferd einpackten und nach Portugal emigrierten.
Philipps Versuch, die portugiesische Pferdezucht zu schwächen, wurde dadurch ad absurdum geführt. Die Spanier brachten nämlich einige richtig gute Hengste mit, die sich mit den portugiesischen Stuten bestens verstanden.
Ich würde Ihnen weitere Geschichtsdaten gerne ersparen, aber eines zumindest ist in der Vorgeschichte noch wichtig: Nachdem die Portugiesen die Spanier wieder losgeworden waren, begann eine recht glückliche Phase für Portugal. 1748 wurde das Königliche Gestüt in Altér gegründet, für das 50 Stuten bester Qualität aus dem Nachbarland Spanien eingekauft wurden. Das Gestüt sollte künftig die Königliche Reitschule, die Kavallerie und natürlich auch die Landeszucht mit Reitpferden und Hengsten versorgen.
Allerdings hat sich zwischen den spanischen und den portugiesischen Pferden ein großer Unterschied entwickelt, was wohl in der Mentalität der Portugiesen begründet ist. In Spanien wird repräsentiert – und dafür nimmt man gerne auch einmal eine Unbequemlichkeit in Kauf oder dass etwas länger dauert. Dementsprechend sagt man von den spanischen Pferden, der imponierendste und langsamste Weg, eine Straße zu überqueren, sei der, einen Andalusier darüber passagieren zu lassen. Er wird dies mit hoher Knieaktion und viel Aufwand sehr prachtvoll tun.
Die Vetter aus Portugal können da nicht mithalten. Ihre Gänge sind flacher, dadurch aber auch deutlich effizienter. Sie zeigen weniger Aktion, kommen dafür aber schneller von der Stelle, halten natürlich länger durch und sind vor allem bequemer zu sitzen.

ARISTOKRATEN AUF VIER HUFEN

Die Portugiesen hatten immer eine besondere Beziehung zu ihren Pferden. Die Sorraias werden als Hütepferde geritten. Sie sind oft über Tage mit ihren Menschen draußen unterwegs. Und auch die Lusitanos waren immer mehr als nur reine „Transportmittel".
Dazu kam und kommt aber bei der Selektion aufs Interieur bei den Iberern noch etwas hinzu: Ob in Spanien oder Portugal – die zweibeinigen Herren der Schöpfung würden weder einen Wallach noch eine Stute reiten. Das gälte bei den Senhores als „unmännlich". Dadurch wurden in Portugal und Spanien deutlich mehr Hengste gehalten als anderswo. Sie mussten im Stall miteinander klarkommen, sie mussten auf dem Markt nebeneinander stehen und es wäre sicher nicht angegangen, dass jedes Mal, wenn zwei Hengstreiter sich begegneten, ein wildes Geschrei und Androhen ausgebrochen wäre. Was macht man, wenn man auf der einen Seite temperamentvolle, stolze Hengste haben will, die auf der anderen Seite untereinander verträglich und menschenbezogen sein sollten? Hier hilft nur strengste Selektion auf Charakter. Man darf nur Hengste in die Zucht nehmen, die bei allem Temperament gute Nerven haben und deren Feinfühligkeit und Menschenbezogenheit so ausgeprägt sind, dass sie sich selbst dann benehmen können, wenn sie unter Stress stehen und auf potenzielle Rivalen treffen.
Die schon zu Anfang zitierte Lady Sylvia Loch war auf ihrer Reise nach Portugal mehr als erstaunt, als sie bei einem der großen portugiesischen Feste Dutzende von Hengsten friedlich, fast auf Tuchfühlung, nebeneinander sah. Als sie sich dazu einem portugiesischen Züchter gegenüber äußerte, lächelte der milde und sagte: „Vergessen Sie nicht, meine Liebe: Unsere iberischen Pferde sind nobel. Sie schlagen nicht, sie beißen nicht. Ist es nicht so, dass Aristokraten auf der ganzen Welt instinktiv wissen, wie sie sich zu benehmen haben?"

Die Lusitanos gelten als Aristokraten unter den Pferden. Selbst die Hengste sind auf gute Verträglichkeit selektiert.

Lusitano

Wenn im Circus Krone „Hohe Schule“ angesagt wird und Ramzes unter dem Sattel der Juniorchefin Jana Lacey-Krone die Manege betritt, erkennt man, wo die Pferdeleute sitzen. Die halten dann nämlich die Luft an – und das nicht nur, weil der muskulöse Falbe unter den Scheinwerfern wie Gold schimmert. Bei ihm wird die 13 Meter große Manege zum Tanzsaal, in dem er sich mit der Grazie und Wendigkeit bewegt, die für seine Rasse typisch ist.

WENDIG, CLEVER UND SCHÖN

Ramzes ist ein Lusitano – und nicht nur das. Der von der Dressurreiterin Anja Beran, einer Schülerin des portugiesischen Reitmeisters Manuel Jorge de Oliveira, ausgebildete Falbe ist ein Sohn des Ladino, eines sogenannten „Veiga-Hengstes“. Diese Linie ist für ihr Talent in der Stierkampfarena berühmt. Auch Ramzes ist außergewöhnlich wendig, und er könnte auf dem berühmten Tellerchen piaffieren – in perfekter Selbsthaltung mit tief untergesetzter Hinterhand an leichter Hand. Er ist ein Paradebeispiel dafür, was ein guter Lusitano leisten kann, wenn er fachkundig ausgebildet wurde.

IMMER WIEDER BEDROHT

Lusitanos sind etwas Besonderes – und sie scheinen es zu wissen. Ihre Rasse dürfte eine der ältesten in Europa sein, entstanden aus dem „Urpferd“ der iberischen Halbinsel, dem Sorraia. Dazu spielten wohl diverse Berber und Araber, die die Mauren ins Land gebracht haben, eine Rolle. Mit Sicherheit waren iberische Pferde schon im Mittelalter in ganz Europa für ihre besondere Qualität bekannt. Aber Portugal war sehr umkämpft, und daraus ergaben sich immer wieder Rückschläge für die Pferdezucht – wie zum Beispiel während der Napoleonischen Kriege. Damals gingen die meisten guten portugiesischen Pferde verloren, wurden in ganz Europa zerstreut und Versuche, mit nicht-iberischen Pferden die Verluste wieder

Schönheit und Adel: Bei den Lusitanos kam das Beste zusammen, was Südeuropas Pferde zu bieten haben.

wettzumachen, scheiterten. Doch zum Glück waren die Lusitanos und die Andalusier nahe genug verwandt, sodass die Portugiesen ihre Zucht durch die Einfuhr spanischer Pferde wieder in Gang bringen konnten.

DIE REVOLUTION DER ROSEN

Anfang des 20. Jahrhunderts wurde Portugal durch einen Bürgerkrieg erschüttert. Die kommunistische „Revolution der Rosen" stürzte das Land in Armut. Den Luxus „Pferd" konnte sich niemand mehr leisten und so wurden unzählige gute Lusitanos ins Ausland verkauft und gingen der Zucht verloren. Die Rasse war ernsthaft bedroht.
Es half ihr dabei auch nicht, dass 1912 ein gemeinsames Zuchtbuch für spanische und portugiesische Pferde gegründet worden war. 1967 wurde es wieder getrennt und die APSL – Associação Portuguesa de Criadores do Cavalo Puro Sangue Lusitano – wurde gegründet. Seitdem werden Lusitanos wieder rein gezüchtet. Als Portugal 1986 der Europäischen Union beitrat, kam es zu einem Aufschwung im ganzen Land, von dem auch die Pferdezucht profitierte.

Stierkampf auf portugiesisch

Der große Unterschied zwischen der Corrida de touros in Portugal und dem Stierkampf in Spanien ist in einem Satz ausgedrückt: Ein portugiesischer Stier hat eine relativ hohe Überlebenschance. Kämpft er in der Arena tapfer, wird er begnadigt und auf die Weide entlassen. Und ein zweiter, wichtiger Unterschied: Der berittene Stierkämpfer spielt in Portugal eine andere, wichtigere Rolle als in Spanien. In Portugal sind es die Aristokraten, die als berittene Stierkämpfer antreten – und was immer man vom Stierkampf halten mag, seine prägende Bedeutung für die iberischen Pferde kann man nicht abstreiten. Diese Leistungsprüfung ist dafür verantwortlich, dass die Lusitanos so wendig und geschickt sind und dass sie als Partner ihres Menschen ihre Intelligenz und ihren Rundumblick einbringen.

Lusitanos haben eher flache Gänge.

Im barocken Stil präsentieren sich Lusitanos natürlich von ihrer besten Seite.

Dabei zeigte sich etwas sehr Interessantes – womit wir dann erneut bei Ramzes angekommen wären: Als man sich wieder auf die Reinzucht besonnen und die Pferde wie früher im Stierkampf selektiert hat, tauchten unter den Linien, die sich als besonders erfolgreich zeigten, auffallend viele Pferde in den „alten" Lusitano-Farben auf. Obwohl man auch in Portugal wie in Spanien gerne Schimmel ritt und züchtete – unter den Pferden, die die Rasse am besten repräsentieren, gibt es sehr viele Falben, Isabellen und sogar Palominos.

AUF DEM WEG IN DIE ZUKUNFT

Inzwischen ist die Pferdezucht im fruchtbaren Süden Portugals wieder ein echter Wirtschaftsfaktor. Die APSL hat aktuell rund 5.000 eingetragene Stuten, davon ist ungefähr die Hälfte in Portugal zu Hause, während der Rest sich über Brasilien (rund 1.200), Frankreich (um die 600), England, Belgien, Deutschland, Italien, Kanada, USA und Mexico verteilt.
Die 2.500 Lusitanostuten sind teilweise wahre Luxusgeschöpfe. Sie leben an der Algarve, weiden mit ihren Fohlen auf weitläufigen Koppeln hinter weißen Zäunen, dösen im Schatten unter alten Korkeichen und flüchten sich vor der Mittagssonne in gepflegte, weiß gekalkte Laufställe. Für den Luxus steht aber nicht nur, dass viele der Gestüte vom Tourismus und dem damit verbundenen Aufschwung profitieren, sondern vor allem die satten Preise, die gute Lusitanos inzwischen auf dem europäischen Markt erzielen.
Lusitanos sind spätreif, daher können die meisten Drei- oder Vierjährigen noch nicht viel unter dem Sattel. Aber wenn sie aus einer gefragten Linie stammen und entsprechend schick sind, werden durchaus sechsstellige Summen für sie bezahlt.
Für die Preise ist übrigens auch verantwortlich, dass die Reiterwelt inzwischen entdeckt hat, dass die Lusitanos nicht nur als Barockdressurpferde und Freizeitpferde Talent, sondern sehr oft auch „Cow Sense" haben und daher in den Westerndisziplinen brillieren, in denen es um die Arbeit mit dem Rind geht.
Die Lusitanos sind ein Beispiel dafür, wie sich gute Zucht vermarkten und damit selbst für die Zukunft sichern kann.

Bei den Lusitanos sind selbst Hengste verträglich.

Nicht nur die Pferde, sondern auch ihre Heimat ist traumhaft.

Altér Real

Mögen Sie Barockpferde? Können Sie reiten? Richtig gut reiten? Haben Sie Einfühlungsvermögen?
Dann sollten Sie vielleicht Lotto spielen und auf den Jackpot hoffen. Einen Teil davon werden Sie nämlich brauchen, wenn Sie sich das Exklusivste leisten wollen, das es im Barockpferdebereich gibt: einen echten Altér Real.
In manchen Büchern kann man lesen, dass der Altér Real eine eigene Rasse sei. Das ist er definitiv nicht. Er ist ein Lusitano. Dass wir ihn hier trotzdem unter einem eigenen Abschnitt behandeln, liegt daran, dass er innerhalb der Rasse etwas Besonderes darstellt. Er wird zwar nicht mit dem goldenen Löffel im Mund geboren – was würde der einem Pferd auch nützen? – aber um seine Geburt rankt sich Außergewöhnliches. Altér Real darf sich nämlich nur ein Pferd nennen, das im ehemals königlichen Gestüt in Altér do Chão geboren wurde.

DAS KÖNIGLICHE GESTÜT

João IV. aus dem Hause Braganza beschloss 1748, ein Hofgestüt zu gründen. Die hauptsächliche Aufgabe des Gestütes sollte es sein, den königlichen Marstall zu bedienen. Diese Aufgabe erfüllte das Gestüt auch – so gut, dass Napoleons und Wellingtons Offiziere, als sie die Gegend besetzten, es als eine Art „Selbstbedienungsladen" sahen und so zugriffen, dass nach ihrem Abgang die Regale beziehungsweise Boxen leer waren. 1815, als es dann weitergehen sollte, hatte man nur noch einen sehr kleinen Stutenbestand und keine eigenen Hengste mehr.
Die Versuche, Araber, Vollblüter, Hannoveraner und Normänner einzukreuzen, gingen völlig daneben. Man kehrte zur Reinzucht zurück, doch leider nicht für allzu lange, denn Königin Maria Pia von Portugal (1847–1911) mochte die Ramsköpfe der Altér Real nicht. Sie ließ Araber einkreuzen – und wieder ging der Schuss nach hinten los, denn bei Araber x Altér handelt es sich eindeutig um eine Hybridkreuzung mit den bekannten Problemen.

DIE RETTUNG DER ALTÉR REAL

Gegen Ende des 19. Jahrhunderts erkannte man dann den Irrtum, aber wie sollte der Weg zurück zum „reinen" Altér Real führen? Die Rettung kam von der Familie Zapata, einer großen portugiesischen Züchterdynastie, die es geschafft hatte, ihren Bestand sogar durch die Napoleonischen Kriege zu retten. Um Inzucht zu vermeiden, hatten die Zapatas außerdem immer wieder sorgfältig ausgesuchte Andalusier-Hengste aus Spanien importiert und eingekreuzt.
Die Zapata-Pferde waren fast alle Braune – und so waren auch ihre Nachkommen im königlichen Gestüt größtenteils Braune. Leider war mit den Zapata-Pferden der Altér Real noch nicht endgültig aus der Gefahrenzone. Anfang des 20. Jahrhunderts kam es nämlich auch in Portugal zur Revolution.

Hofgestüte waren im Barock keine Seltenheit. Pferde gehörten einfach zur Prachtentfaltung, die Herrscher damals wichtig fanden, und schon zu diesen Zeiten galt wohl der Satz, dass ein Herr nie nach Kuh-, aber jederzeit nach Pferdestall riechen dürfe.

Der König wurde abgesetzt, in den Revolutionswirren gingen wertvolle Unterlagen des Gestüts verloren und damit nicht genug: Als sich endlich wieder eine Regierung konstituierte, hatte die wirklich andere Sorgen als das ehemalige königliche Hofgestüt. Man musste sparen, daher wurde ein großer Teil der Stuten verkauft und die Hengste sollten kastriert werden, um als Reitpferde ... aber halt.
Dr. Ruy d'Andrade (1880–1967) darf für sich in Anspruch nehmen, die Altér Real das zweite Mal gerettet zu haben. Der „Wiederentdecker" der Iberer-Urpferde, der Sorraias, war nicht nur ein großer Hippologe und Reiter, sondern außerdem Politiker und Agrarwirt. Er hatte in diesem Fach promoviert und in der portugiesischen Landwirtschaft einiges bewirkt, bevor er sich schließlich komplett auf die Pferde verlegte. Zwar konnte er die Auflösung des Gestüts nicht verhindern, aber er schaffte es, 12 hervorragende Stuten und zwei Hengste aus der „Konkursmasse" herauszubekommen und züchtete mit ihnen weiter.
1942 begriffen auch die portugiesischen Politiker, welcher Schatz das einstige königliche Gestüt gewesen war und waren mehr als froh, dass ihnen Dr. Ruy d'Andrade eine kleine, aber sehr feine Herde Original Altérs zurückgeben konnte, mit denen dann der Gestütsbetrieb wieder aufgenommen werden konnte.

Aktion versus Effizienz

Die Altér Real sind Lusitanos, aber es gibt dennoch einen Unterschied zwischen ihnen und den Pferden, die sonst in Portugal gezüchtet werden. Der „normale" Lusitano ist ein Arbeitspferd. Er wird immer noch für die Hütearbeit und für den Stierkampf eingesetzt. Der Altér Real dagegen wird als repräsentatives Dressurpferd gezüchtet. Die Gänge machen den Unterschied: Der Lusitano bewegt sich „effizient". Sein Trab ist flach – er soll Boden gutmachen. Der Altér Real dagegen soll brillieren. Bei ihm sind hohe Knieaktion und tiefe Hankenbeugung gefragt. Aber weil ihm die angezüchtet wurden, sind für ihn zum Beispiel Piaffe und Passage kein großes Problem. Ebenso hat er die Aufrichtung, die das Zeichen des ausgebildeten Dressurpferdes ist, quasi schon in die Wiege gelegt bekommen.

Altér Real sind auffallend intelligent.

DIE ALTER REAL IM 21. JAHRHUNDERT

Die Altér Real gelten in Portugal jetzt als zu schützendes Kulturerbe, und das ehemalige Hofgestüt ist ein Prestigeobjekt geworden, auf das man – zu Recht – sehr stolz ist.
1979 ging man einen Schritt zurück und gleichzeitig voran in die Zukunft: Die Escola Portuguesa de Arte Equestre (Portugiesische Schule der Reitkunst) wurde gegründet und bekam 1996 ihren endgültigen Sitz im Nationalpalast in Queluz. Sie hat es sich zur Aufgabe gemacht, die klassische Reitkunst in Portugal zu pflegen und zu fördern. Auch hier spielten die Altér Real eine wichtige Rolle: Sie sind seit Generationen auf Dressurtalent selektiert und zeichnen sich durch große Bewegungen mit hoher Aktion, Hankenbeugung und Aufrichtung aus. Sowohl die Reitschule wie auch das Gestüt unterstehen dem Landwirtschaftsministerium, und so ist es jetzt die erste Aufgabe des Gestüts, Remonten für die Reitschule und ihre rund 20 Reiter zu liefern. Gute Stuten bleiben natürlich im Gestüt, aber die Hengste, die die Reitschule nicht braucht, werden verkauft – und wer einen ergattern kann, muss sich bestimmt nicht darum grämen, dass der vielleicht für die Reitschule „nicht gut genug" war. Selbst wenn er da nicht angekommen ist – das Etikett „Altér Real" bürgt auf jeden Fall für hohe Qualität und ist ganz sicher auch für Lusitano- und PRE-Züchter hochinteressant.

Sorraia

Kann man mitten in Europa eine Pferderasse „vergessen"? In Portugal ist das passiert. Als der anerkannte Zoologe und Hippologe Dr. Ruy d'Andrade in den 30er Jahren des vorigen Jahrhunderts auf einem Jagdausflug in einem abgelegenen, unbesiedelten Tal des Tejo auf eine etwa 30-köpfige Herde scheuer, offenkundig wild lebender Falben traf, wusste er jedenfalls erst einmal nicht, was und wen er da vor sich hatte. Umso mehr war er fasziniert und begann zu recherchieren.
Dabei wurde ihm klar, dass er offenkundig eine „vergessene" Herde der schon im 12. Jahrhundert erwähnten „Zebros" gefunden hatte. Während heute manche Hippologen vermuten, dass sie Nachkommen verwilderter Hauspferde sind, war Dr. Ruy d'Andrade fest überzeugt, dass die zähen Falben vom iberischen Urpferd abstammen.
Dr. d'Andrade fiel auf, dass die von ihm entdeckten Pferde denen auf frühen Höhlenzeichnungen ähnelten. Er war der Auffassung, dass sie der Ausgangspunkt aller iberischen Pferderassen sind – und damit auch bei der Entstehung der Quarter Horses und der amerikanischen Mustangs eine wichtige Rolle gespielt haben.

GENFORSCHUNG ALS BEWEIS

Mit der These, dass die nach ihrem Herkunftsgebiet „Sorraias" genannten Falben die Vorfahren der Lusitanos, PREs und Quarter Horses waren, hatte Dr. d'Andrade eindeutig recht. Darin haben ihn Genetiker inzwischen bestätigt: In allen drei Rassen findet sich Mitochondrien-DNA (das ist die DNA, die nur über die Mutterlinie vererbt wird und über viele Generationen sehr beständig ist), die eindeutig zu den Sorraias zurückführt.
Aber ob sie auch die Nachkommen von Wildpferden sind? Darüber streiten sich die Gelehrten. Dafür spricht ihre Erscheinung: Falbe mit Aalstreifen und Zebrierung gilt als Merkmal des Wildpferdes. Dagegen spricht aber, dass die Sorraias die gleiche Anzahl von Genen wie die Hauspferde haben. Andere Wildpferde – wie zum Beispiel die mongolischen Przewalskis – haben nämlich ein paar Chromosomen mehr als Equus ferus caballus, das Hauspferd.

DIE RETTUNG DER SORRAIAS

Wir haben schon ausgeführt, dass Dr. Ruy d'Andrade die Altér Real vor dem Untergang bewahrte. Aber mindestens ebenso wichtig ist, dass er die Sorraias gefunden und wahrscheinlich vor dem Aussterben gerettet hat. Nachdem ihm die erste Herde begegnet war und er nachgeforscht hatte, sah er eine zweite, größere Herde. Inzwischen überzeugt, dass er es hier mit den Nachkommen der iberischen Urpferde zu tun hatte, beschloss d'Andrade, sein eigenes kleines Sorraia-Reservat einzurichten und die Falben zu retten. Die wilden Sorraias konnte er nicht wiederfinden, aber die Bauern in der Gegend hüteten ihre Kampfstiere auf Falben, die eindeutig mit den wilden Vettern und Basen draußen nahe verwandt waren.
Dr. Ruy d'Andrade kaufte eine kleine Herde auf, die er im Ursprungsgebiet etablierte. In den Anfängen bemühte er sich, möglichst viele verschiedene Hengste zu nutzen, um Inzucht zu vermeiden – und so ist es ihm tatsächlich gelungen, einen gesunden Bestand zu ziehen, aus dem dann der deutsche Tierarzt und Hippologe Dr. Michael Schäfer einige Stuten und Hengste übernahm, die er auf seinem Gut im Erdinger Moos nahe München weiterzüchtete.
Das Spannende an den Sorraias ist, dass sie in der Farbe und Zeichnung typische Urpferdemerkmale aufweisen: Sie sind Falben mit Aalstrich, Mehlmaul und Zebrierung an den Beinen. Im Gegensatz zu den „echten" Urpferden wie zum Beispiel den Przewalski-Pferden zeigen sie aber auch echte Reitpferdepoints. Sie sind geländegängig, ausdauernd und wendig.
In Portugal ist es noch heute die d'Andrade Familie – inzwischen die Enkel des großen Ruy – die Sorraias züchten, in Deutschland kümmert sich die Witwe von Dr. Michael Schäfer um die Rasse. Außerdem gibt es in Portugal und Deutschland noch ein paar kleinere Sorraia-Gestüte und in Portugal mittlerweile auch einen Zuchtverband. Ein paar Sorraias aus diesen Zuchten sind aber inzwischen in den USA im Einsatz – dort allerdings nicht zum Erhalt ihrer eigenen Rasse, sondern zur Blutauffrischung bei den Spanish Mustangs.
Der Bestand der Sorraias ist leider immer noch nicht gesichert. Sie müssen im Moment als stark gefährdete Rasse angesehen werden – und es ist sehr zu hoffen, dass sich in der Zukunft der portugiesische Staat und vielleicht auch eine Züchtergemeinschaft vermehrt um diese ganz besonderen Pferde kümmern.

SPANIEN

„ANDALUSIER" IST FAST SO ETWAS WIE EIN SYNONYM FÜR „BAROCKPFERD". DIE SPANIER SIND DIE GRÖSSTE RASSE UNTER DEN BAROCKEN VERTRETERN UND INZWISCHEN WEIT ÜBER SPANIEN HINAUS IN DER GANZEN WELT VERBREITET.

Spanien ist das Land der Machos. Das Wort ist spanisch und bedeutet „männlich" – und solange es alleine steht, hat es in Spanien keine negative Bedeutung. Erst als „Machismo" wird es zum Männlichkeitswahn – und der soll angeblich in Spanien weit verbreitet sein. Das ändert aber nichts an der historischen Tatsache, dass Spanien seinen Aufstieg zur europäischen Großmacht einer Frau zu verdanken hat: Isabella von Kastilien (1451–1504). Sie war clever genug, Ferdinand von Aragón zu heiraten und damit die beiden spanischen Reiche zu vereinigen. Überhaupt war sie gut in Sachen Heiratspolitik: Ihre Tochter Katharina reiste deswegen nach England – und nachdem ihr erster Ehemann, der Tudorprinz Arthur, gestorben war, heiratete sie seinen Bruder Henry, der als der Achte und sechsfacher Ehemann in die Geschichte einging. Seine und Katharinas Tochter Mary heiratete dann den spanischen Kronprinzen Philipp. Nachdem sie kinderlos starb, versuchte er es dann bei ihrer Halbschwester, Englands „Virginal Queen" Elizabeth I. Die wollte ihn aber nicht, worauf er dann Englands Eroberung mithilfe seiner Armada probierte. Im Barock konnte dann Karl VI. (1685–1740) stolz sagen, dass in seinem Reich – den sogenannten „spanischen Erblanden" – die Sonne nicht untergehe. Tatsächlich war der Vater der großen Maria Theresia römisch-deutscher Kaiser, Erzherzog von Österreich, König von Ungarn, Kroatien, Böhmen, Sardinien, Sizilien und Spanien. Dazu waren die „spanischen Erblande" reich, denn sie betrieben nicht nur Handel, sondern ihre Schiffe brachten das geraubte Gold aus Amerika.

Und da waren die Pferde. Schon die Römer wussten, dass die Vierbeiner aus ihrer Provinz „Hispania“ besonders gut waren. Von der Hitze und den kargen Böden ihrer Heimat geprägt, war vor allem in Andalusien, auf dem spanischen Urpferd basierend, eine Rasse herangewachsen, die sich durch Zähigkeit, Wendigkeit und Robustheit auszeichnete.

UND DANN WAREN DA NOCH ...

... die Mauren. Die heutigen spanischen Pferdezüchter mögen es bestreiten, aber es ist nicht zu leugnen, dass bei der Entstehung ihrer ganz besonderen Pferde auch die Berber und Araber, die von den maurischen Besatzern mit ins Land gebracht wurden, eine Rolle gespielt haben.
Auch vom zweiten prägenden Einfluss auf die spanischen Pferde hören viele ihrer heutigen Fans nicht gerne: Stierkampf. Bis zu Philipp V. (1683–1746) unterschied sich der spanische Stierkampf nicht groß vom portugiesischen und begann immer damit, dass berittene Stierkämpfer den Stier reizten. Philipp V., in Frankreich am Hof der Bourbonen aufgewachsen, verbot das, worauf ein nicht zu kleiner Teil seiner dem Stierkampf und der Reiterei verbundenen Aristokraten nach Portugal auswanderte. Im spanischen Stierkampf gibt es seitdem nur noch die beiden „Picadores“, die den Torero zu Fuß unterstützen.
Bis dahin wurden die Pferde aber auch für den Stierkampf gezüchtet – und das führte natürlich (wie bei den Lusitanos) dazu, dass auf Wendigkeit, Antrittsstärke und Kooperationsbereitschaft selektiert wurde. Allerdings waren dafür effiziente, also relativ flache Gänge gefragt.
Nach dem Verbot des Stierkampfs zu Pferd änderte sich das. Im Barock wurde repräsentiert. Aus der Gebrauchsreiterei entwickelte sich die Reitkunst mit der Hohen Schule auf und über der Erde. Sie entsprang ursprünglich der Kavalleriereiterei. Im Einzelkampf mussten die Pferde willig und fähig sein, sich einem Pulk angreifender Fußsoldaten durch entsprechende Bewegungen und Sprünge zu entziehen. Daraus entstanden die Lektionen der Hohen Schule, wie sie heute noch in der Spanischen Hofreitschule in Wien, beim Cadre Noir in Frankreich und natürlich in der Real Escuela Andaluza del Arte Ecuestre (die königlich-andalusische Reitschule) in Jerez de la Frontera gezeigt werden.

PREs sind die geborenen Dressurpferde, Piaffe und Passage liegen ihnen im Blut.

AUS SPANIEN IN DIE WELT

Spanische Pferde waren schon zu Cäsars Zeiten beliebte Exportartikel. Und das ist immer so geblieben. Die spanischen Eroberer haben sie nach Amerika mitgenommen, wo sie zu den Stammeltern der amerikanischen Rassen wurden. Sie haben aber auch andere Rassen beeinflusst – selbst die angeblich seit 1.000 Jahren rein gezüchteten Isländer. Alte Frachtpapiere beweisen nämlich, dass in diesen 1.000 Jahren immer wieder einmal spanische Pferde eingeführt wurden. Und ob da nicht der eine oder andere spanische Hengst das Vergnügen mit einer Isländer-Stute hatte?
Ebenso hat es wohl Spanier in Irland gegeben. Die Verbindung zwischen beiden Ländern ist uralt: Die Iren sind ebenso Kelten wie die Spanier – und bis zur Eroberung durch die Engländer wurden immer wieder spanische Pferde in Irland eingeführt. Außerdem haben die Spanier auch die italienische Zucht mit ihren berühmten Neapolitanern beeinflusst, die wiederum in fast allen deutschen Warmblutrassen irgendwann einmal eine Rolle gespielt haben.

Der Spanische Schritt sieht imposant aus und schult die Schulterfreiheit des Pferdes.

Pura Raza Española

Der langsamste Weg, eine Straße zu überqueren, ist angeblich, auf einem spanischen Pferd darüber zu passagieren. Und warum man das so machen sollte? Ganz einfach: Weil es auch einer der elegantesten und imponierendsten Wege ist, eine Straße zu überqueren. Selbst in Zeiten des Internets gibt es noch spanische Caballeros, die zu entsprechenden Festtagen ihren Hengst zäumen, das Kissen für die Dame hinter den Stecksattel schnallen und vorführen, wie man ganz langsam eine Straße überquert. Die spanischen Pferde sind zum Repräsentieren gezüchtet. Schon als Fohlen auf der Koppel bewegen sie sich mit aufgewölbtem Hals, hoher Knieaktion und gebeugten Hanken ausgesprochen, stolz und elegant.

Die Pferde der spanischen Pferdearistokratie eignen sich perfekt zur Präsentation – wenn man sie entsprechend ausbildet. Das machen sie einem allerdings relativ leicht, denn sie sind nicht nur fleißig, sondern auch intelligent genug, schnell zu lernen. Dazu bringen sie fast ideale körperliche Voraussetzungen mit: Sie sind gut ausbalanciert, haben kein Problem damit, die Hinterhand unter den Schwerpunkt zu bringen, die Hanken zu beugen, den Hals aufzuwölben und Gewicht aufzunehmen. Im Spanischen Schritt – eine Lektion, die bei den Iberern zur Grundausbildung gehört – entwickeln sie die Schulterfreiheit und Kadenz, die sie dann zur perfekten, gesetzten Piaffe und

PREs sind wahre Traumpferde und wunderschöne Werbeträger für ihr Land.

eleganten Passage brauchen. Durch die so geschulte Geschmeidigkeit werden sie auch hervorragende Geländepferde, die sich trittsicher und ausdauernd über Stock und Stein bewegen können.

PFERDEZUCHT ZUR EHRE GOTTES

Die Ursprünge der Rasse reichen sehr weit zurück. Die spanische Halbinsel war Pferdeland. Alte Höhlenzeichnungen und Knochenfunde zeigen, dass es dort schon in grauer Vorzeit wild lebende Pferde gab. Zu Römerzeiten war die spanische Pferdezucht schon bekannt, mit den Mauren kam dann Berber- und Araberblut dazu.

Doch das, was heute die spanischen Pferde ausmacht, nahm seinen Anfang 1492 nach der Reconquista, der Rückeroberung Granadas von den Mauren. Spanien war wieder in spanischer Hand – und sollte es bleiben. Dafür brauchte man eine starke Kavallerie mit sehr guten, möglichst einheimischen Pferden. Und dahinter steckte dann auch noch eine „Philosophie", die die Pferdezucht fast zur Glaubenssache erhob. Spanien sollte die führende katholische Macht in Europa werden – und so wurden in den spanischen Klöstern Pferde „zu Ehren Gottes" gezüchtet. Dabei taten sich besonders die Kartäusermönche hervor. Der König schenkte der Kartause von Jerez de la Frontera 4.000 Hektar Land zur Gründung eines Gestüts. Dort züchteten die Kartäusermönche ihre Pferde, die als Cartujanos eine Unterrasse der Andalusier bilden.

Die Mönche bewiesen dabei Durchhaltevermögen. Für sie war Reinzucht elementar und so widerstanden sie auch, als der König Neapolitaner-Pferde eingekreuzt haben wollte.

In Jerez de la Frontera wurden echte Spanier gezüchtet. Punkt.

Was dabei herausgekommen ist, sind sehr edle Pferde, meist Schimmel, oft etwas kleiner und zierlicher als die anderen Andalusier, aber als besonders nobel und widerstandsfähig bekannt. Allerdings gab es in der Geschichte der Cartujanos auch Zeiten, in denen die Mönche es mit den Abstammungspapieren nicht ganz so genau nahmen und in denen durchaus mal ein „durchschnittliches" Pferd mit aufgehübschtem Stammbaum verkauft wurde, um einen besseren Preis zu erzielen.

Exportschlager: Pferde sind in Spanien ein Wirtschaftsfaktor.

SPANIER, ANDALUSIER, PRE?

Es wird Zeit, die Begriffsverwirrung aufzuklären. Früher wurden die spanischen Pferde vorwiegend „Andalusier" genannt. Der Haken daran ist nur, dass das Zuchtgebiet schon immer auch über Andalusien hinausreichte. Natürlich, der Schwerpunkt war die südlichste spanische Provinz mit ihrer Hauptstadt Sevilla, die mit der Sierra Nevada und dem Becken des Guadalquivir und des Genils großen Waldbestand, aber auch sehr fruchtbare Ecken aufweist. In Andalusien wird Agrar- und Forstwirtschaft betrieben. Man züchtet Oliven, es gibt Weinberge, in den Auen des Guadalquivir wird auf bewässerten Feldern Reis angebaut, außerdem Gemüse, Obst, Zitrusfrüchte, Baumwolle und Blumen.

Doch wie schon erwähnt: Andalusien ist zwar das Zentrum der spanischen Pferdezucht, aber auch in anderen spanischen Provinzen (wie zum Beispiel Extremadura) werden Pferde gezüchtet. 1912 wurde darum das Registro-matrícula de caballos y yeguas de pura sangre española (Register für die Zucht von Pferden reinen, spanischen Blutes) gegründet – ein Stammbuch, in dem man alle Pferde, von denen man annahm, dass sie rein gezüchtet sind, aufgenommen hat.

Inzwischen ist es sehr streng reglementiert. Das Stammbuch wird vom spanischen Verteidigungsministerium geführt, was vermutlich traditionell bedingt ist: Pferde wurden früher für die Kavallerie gebraucht, darum war Pferdezucht eine Angelegenheit des Verteidigungsministeriums. Aufgenommen werden nur Pferde, bei denen beide Elternteile eingetragen sind und die – das gilt für Hengste und Stuten – eine Körprüfung bestanden haben.
Diese Pferde, und nur diese, dürfen sich mit dem Etikett „Pura Raza Española" schmücken und bekommen volle Papiere. Das Problem ist inzwischen, dass schlaue Händler die Pferde, die keine Papiere vom Register bekommen, mit prachtvollen Urkunden ausstatten und als „Andalusier" verkaufen. Bei diesen „Papiertigern" ist Vorsicht geboten, vor allem, wenn man eventuell einmal ein Fohlen aus seiner spanischen Stute ziehen will. Das wird dann nämlich auch nicht ins Register aufgenommen.

EINE ANSCHAFFUNG FÜRS LEBEN

Ein echter PRE ist nichts für Leute mit schmalem Geldbeutel, das muss ganz klar gesagt werden. Die Spanier wissen, was ihre Pferde wert sind, und sie werden keines unter Wert verkaufen – warum sollten sie auch. Im Gegenteil: Selbst ein roher, also noch nicht ausgebildeter guter PRE kann schon einen Preis im sechsstelligen Bereich haben.
Und als Warnung für alle PRE-Freunde: Die Chance, im Lotto zu gewinnen, ist vermutlich sehr viel höher als die, beim Kauf eines spanischen Pferdes ein „Schnäppchen" zu machen, mit dem man glücklich wird. Wird ein gesunder und begabter PRE für wenig Geld angeboten, sollte man sehr genau hinschauen. Generell gilt: Wer ein Barockpferd haben möchte, aber nicht viel bezahlen kann, sollte lieber andere Rassen ins Visier nehmen.

Unter spanischer Sonne und auf kargen Koppeln gedeihen die besten Pferde.

PREs sollen immer ihrer Intelligenz gemäß gefördert und gefordert werden.

EIN HENGST?

PREs sind auch als Hengste umgänglich, da in Spanien immer darauf selektiert wird, dass die Herren untereinander verträglich sind. Generell sollte man aber nur einen Hengst halten, wenn man ihn artgerecht unterbringen kann.
Mit Wallachen kommen gut erzogene Spanier meist klar, und dass er sich unter dem Sattel zu benehmen hat, auch wenn Stuten in der Nähe sind, kann ein erfahrener Reiter einem Hengst beibringen. Das Schlüsselwort heißt „Konzentration" – und die entsteht auch daraus, dass man ihn mit abwechslungsreicher Arbeit bei Laune hält.

PRES RICHTIG AUSBILDEN

Es wäre ein Jammer, ein von Natur aus in Sachen Dressur so hoch veranlagtes Pferd nicht richtig auszubilden. PREs möchten arbeiten und gefordert werden. Wer nicht selbst ausbilden kann, sollte sich für seinen PRE einen guten Ausbilder suchen. Dafür kann er sich dann an Piaffe und Passage freuen. Die beherrschen die stolzen Spanier per excellence, wenn sie entsprechend Muskeln aufgebaut, ihre Balance gefunden und Geschmeidigkeit gelernt haben. Aus der Tatsache, dass die meisten PREs hochbegabt für die Dressur sind, folgt aber keineswegs, dass man sie nur auf dem Reitplatz oder in der Halle reiten sollte. Im Gegenteil: Die schönen Spanier lieben Abwechslung.

Ein Bauernzopf bändigt die üppige Mähne.

WALLENDE MÄHNEN

Typisch für PREs ist das üppige, seidige Langhaar. Und die meisten PRE-Besitzer sind sehr stolz auf die Wallemähne und den prachtvollen Schweif ihres Vierbeiners. Die Pflege ist ein bisschen mühsam, aber was tut man nicht alles für die Schönheit seines Pferdes?
In Spanien darf die Mähne wachsen, solange es eben geht. Damit sie sich aber beim Reiten – vor allem, wenn das Pferd auf Kandare gezäumt ist, also vier Zügel am Hals entlanglaufen – nicht verheddert, wird üblicherweise am Mähnenkamm ein Bauernzopf geflochten. Das erfordert ein bisschen Übung, sieht aber wunderschön aus.

Lusitano

HERKUNFT Portugal

EXTERIEUR Mittelgroßes, über dem Quadrat stehendes Barockpferd. Der Kopf ist edel, wenn auch mit geradem oder sogar leicht konvexem Profil. Sein kurzer Rücken mit gutem Widerrist geht in eine melonenförmige Kruppe über. Der Lusitano hat ein stabiles Fundament mit festen, harten Hufen.

GRÖSSE Stockmaß zwischen 155 und 165 cm

FARBEN Alle Farben, Falben und Cremellos sind besonders begehrt. Schecken kommen nicht vor.

INTERIEUR Ausgesprochen intelligente, sehr lernfähige Pferde mit sehr gutem, gelassenem Charakter. Dabei haben sie durchaus Temperament und „Pfeffer".

VERWENDUNG Ihr Mut, ihre Wendigkeit und ihre Schnelligkeit stellen sie zu Hause im Stierkampf unter Beweis. Sie sind hervorragende Pferde für die Barockdressur, aber auch für Freizeitreiter geeignet, die einen Partner fürs Gelände suchen. Zudem sind sie gute Hütepferde und daher für die Westerndisziplinen geeignet, bei denen es um die Arbeit mit dem Rind geht.

Altér Real

HERKUNFT Portugal, das Gestüt Altér do Chão

EXTERIEUR Kompakte, harmonische Barockpferde mit geradem, manchmal leicht konvexem Kopf, großen Augen, kleinen Ohren, hoch aufgesetztem, bemuskeltem Hals, sehr guter Sattellage bei relativ kurzem Rücken, runder, abfallender Kruppe und korrektem, trockenem Fundament mit sehr guten Hufen.
Auffallend im Vergleich zum „normalen" Lusitano ist, dass die Altér Real erhabenere Gänge haben. Darin ähneln sie den PREs.

GRÖSSE Stockmaß zwischen 152 und 162 cm

FARBEN Fast ausschließlich Braune, kleine weiße Abzeichen kommen vor.

INTERIEUR Sehr intelligent, hochsensibel und temperamentvoll, daher nicht immer ganz einfach. Aber Altér Reals lernen schnell und sind sehr leistungsbereit.

VERWENDUNG Exzellente Barockdressurpferde, aber auch geschmeidige, ausdauernde und trittsichere Geländepferde

Sorraia

HERKUNFT Portugal

EXTERIEUR Mittelgroße Falben mit schmalem Ramskopf, schlankem Hals, eher schmaler Brust, gutem Widerrist, kompaktem Körper, recht langen Beinen und sehr stabilem Fundament mit festen Hufen

GRÖSSE Stockmaß um 140 cm

FARBEN Grau- oder Gelbfalben mit dunklem Gesicht und Aalstreifen. Der Aalstreifen in Mähne und Schweif ist oft von Weiß flankiert. Viele Sorraias haben Zebrastreifen an den Beinen, manchmal sogar im Schulter- und Halsbereich.
Braune kommen vor, werden aber ebenso wie Pferde mit weißen Abzeichen als nicht rassenrein aus der Zucht ausgeschlossen.

INTERIEUR Sehr gescheit, wendig, hart, robust, trittsicher, leistungsbereit, aber nicht immer ganz einfach

VERWENDUNG In Portugal werde Sorraias als Hütepferde für die Stierherden eingesetzt. Sie haben gute Dressuranlagen, sind aber auch gute Freizeit- und Distanzpferde für einen nicht zu schweren Reiter.

Pura Raza Española

HERKUNFT Spanien

EXTERIEUR Der Kopf ist schön und edel – wobei das eine Ramsnase nicht unbedingt ausschließt – der Hals hoch aufgesetzt und geschwungen. Die Schulter ist manchmal ein bisschen steil, aber meist lang genug, der Widerrist gut abgesetzt, woraus sich eine schöne Sattellage ergibt. Der nicht zu lange Rücken endet in einer leicht abfallenden Kruppe mit tief angesetztem Schweif. Das Fundament ist korrekt. Auffallend ist das üppige Langhaar.

GRÖSSE Stockmaß zwischen 150 und 172 cm

FARBEN Viele Schimmel, außerdem Braune und Rappen. Füchse sind sehr selten und erst seit 2003 überhaupt zur Zucht zugelassen. Schecken sind nicht (mehr) zugelassen. Weiße Abzeichen sollten klein sein und werden nicht so gerne gesehen.

INTERIEUR PREs sind temperamentvolle, sensible Pferde, hochintelligent, gelehrig und mit guten Nerven ausgestattet. Da auch in Spanien vorwiegend Hengste geritten werden, wurde auf „Verträglichkeit" untereinander selektiert. Außerdem sind PREs leichtfutterig, langlebig, aber auffallend spätreif.

VERWENDUNG Barockdressurpferde, sehr gute Freizeit- und Fahrpferde

WESTERN-PFERDE

AMERIKA WAR DER GROSSE SCHMELZTIEGEL AUCH FÜR PFERDE. SIE KAMEN AUS ALLER HERREN LÄNDER UND FANDEN IN AMERIKA ZUSAMMEN.

DER AMERIKANISCHE TRAUM

AMERIKA HAT EINIGE SUPERLATIVE ZU BIETEN. ZWEI GELTEN FÜR IHRE PFERDE: DIE QUARTER HORSES SIND ZAHLENMÄSSIG DIE GRÖSSTE RASSE DER WELT UND SIE SIND DIE SCHNELLSTEN ÜBER EINE VIERTELMEILE.

In Europa haben in der Zucht vieler Rassen nicht nur die jeweiligen Erfordernisse, sondern auch bestimmte Moden mitgespielt. Die Lipizzaner sind vorwiegend weiß, weil der kaiserliche Hof Wert auf passende Schimmelgespanne legte, die Orlow-Traber entwickelten ihren extravaganten Gang, weil es eben gut aussah.

FORM FOLGT FUNKTION

Bei den Westernpferden wird es auch früher den einen oder anderen Züchter gegeben haben, der eine bestimmte Farbe, Größe oder sonst ein Exterieur-Kennzeichen bevorzugte, aber in der Breite ging es bei der Erschaffung der Rasse ausgesprochen pragmatisch zu: Auf den großen Rinderfarmen des amerikanischen Westens brauchte man ein robustes, schnelles Pferd, das seinen Job beim Hüten der Rinder ohne viel Hilfe durch den Reiter erledigen konnte. Besser noch: Es sollte mitarbeiten und Partner seines Reiters sein.
Pferde werden aber auch durch den Stil geprägt, in dem sie ausgebildet und geritten werden. Und hier liegt der ganz große Unterschied zwischen den Europäern und den sogenannten „Westernpferden“. Ein Prinzip der europäischen Reiterei ist, dass das Pferd in jedem Moment unter der Kontrolle des Reiters ist – das war für den Kampfeinsatz, der unsere Reiterei geprägt hat, unvermeidlich. Wenn man nun aber sowieso immer ein gewisses Maß Konzentration auf die Kontrolle des Pferdes aufwendet, kann man es sich auch leisten, ein relativ langes Pferd mit großen Gängen zusammenzuhalten. Doch der Haken an der europäischen Reiterei ist – wie jeder, der sich damit beschäftigt, bestätigen kann – dass es Ewigkeiten braucht, bis man wirklich gut darin ist und dass man die Konzentration dafür nicht über Stunden durchhalten kann.
Die Amerikaner konnten sich „Reitkunst“ nicht leisten – weder in der Ausbildung ihrer Pferde noch im täglichen Gebrauch. Sie hatten nicht die Zeit, ihre jungen Pferde jahrelang auszubilden. Gleichzeitig waren aber auch die Reiter im Westen Amerikas daran interessiert, ihre Pferde lange gesund zu erhalten. Daher brauchten sie Pferde, die sich gut ausbalancieren konnten – so gut, dass sie auch als Youngsters unter dem Sattel nicht zu sehr aus dem Gleichgewicht

kommen würden. Sie brauchten Pferde, die bequem zu sitzen waren, auf denen sie acht Stunden ohne Krampf in den Muskeln sitzen konnten und die sich effizient bewegten. Da sie teilweise in schwierigem Gelände unterwegs waren, mussten die Pferde trittsicher sein.

GEBRAUCHSREITEREI

Die Westernreiterei war erst einmal „Gebrauchsreiterei“. Sie hatte effizient zu sein und sie hatte es für Reiter und Pferd möglichst leicht zu machen. Darum setzt sie nicht auf das Prinzip, das Pferd dauernd zu kontrollieren und zu formen, sondern hilft ihm in seiner Grundausbildung, in Balance zu kommen und die „Signale“ des Reiters zu verstehen. Während man in der klassischen Reiterei immer wieder hören wird „Reite aktiv, halt dein Pferd im Schwung!“, so gilt für den Westernreiter, dass seine Signale „bis auf Widerruf“ gelten. Er löst eine bestimmte Aktion aus, sitzt dann wieder relativ passiv und gibt das nächste Signal erst dann, wenn er eine andere Aktion auslösen oder einleiten möchte.

QUADRATISCH

Ein Pferd, das sich mühelos ausbalancieren kann, darf nicht zu lang und auch nicht zu groß sein. Wenn es ermüdungsfrei zu sitzen sein soll und über lange Strecken durchhalten muss, darf es nicht zu viel Knieaktion oder Schub aus der Hinterhand haben. Wendigkeit bedarf einer gewissen Muskelmasse, aber nicht im Übermaß. Von diesen Anforderungen wurde das Exterieur des Westernpferdes geprägt. Im Vergleich zum europäischen Sportpferd, das im Langrechteckformat steht, ist das typische Westernpferd eher quadratisch; im Vergleich zu den großen, aber auch aufwändigen Gängen, die wir bei einem Dressurpferd sehen wollen, hat das Westernpferd eher flache Gänge und ist im Trab – der „Jog“ genannt wird – fast schwunglos. Dafür kann es – für die Arbeit mit Rindern erforderlich – aus dem Stand mit hohem Tempo losgaloppieren, geht ohne Gefahr für seine Beine auch mit Tempo durch enge Wendungen und ist insgesamt deutlich „manövrierfähiger“ als ein europäisches Sportpferd.

NERVENSTARK

Aber auch im Interieur haben sich die Erfordernisse der Arbeit, für die das Westernpferd gezüchtet wurde, niedergeschlagen. Westernpferde haben „Nerven wie breite Nudeln“. Sie stehen auch dann noch unangebunden still, wenn der Müllwagen neben ihnen klappernd die Tonnen leert und sie lassen sich nicht aus der Ruhe bringen, wenn ihnen unterwegs eine Riesenmähmaschine begegnet. Sie sind intelligent, lernen schnell und mögen es, mit ihren Menschen zusammenzuarbeiten. Wer ihr Vertrauen gewinnt, hat einen Partner fürs Leben.

Westernpferde haben eine muskulöse Hinterhand und einen kraftvollen, schnellen Antritt.

Quarter Horses sind dem Menschen gegenüber sehr aufmerksam.

Quarter Horse

In Texas ist angeblich alles ein bisschen größer und besser als anderswo auf der Welt, und so sollte es einen nicht wundern, dass die American Quarter Horse Association (AQHA) auf ihrer Website stolz verkündet: „Die American Quarter Horse Association, in Amarillo, Texas, beheimatet, ist die größte Zuchtorganisation der Welt. Die Mitglieder teilen ihre Leidenschaft für das American Quarter Horse und den großartigen Lifestyle, der mit den populärsten Pferden der Welt geschaffen wurde."
Über die erste Aussage lässt sich nicht streiten: Mit um die 5 Millionen eingetragenen Pferden ist die AQHA die größte Zuchtorganisation der Welt. Bei der Vorstellung, wie ein ausgedrucktes Hengstbuch der Rasse aussehen würde, wird einem schwindelig – vermutlich bräuchte man dafür ein eigenes, nicht zu kleines Regal.
Die Anfänge der von der AQHA vertretenen Rasse reichen bis zur Eroberung Amerikas durch die Konquistadores zurück. In Amerika gab es damals keine Pferde. Urpferde waren zwar in grauer Vorzeit mal da gewesen, sind aber irgendwann ausgestorben. Auf den endlosen Steppen des Westens waren dafür riesige Büffelherden unterwegs, die Wälder wurden von Weißwedelhirschen bevölkert, das Land war reich und bot vielen Tieren Nahrung.
Die Konquistadores brachten spanische und portugiesische Pferde mit, wobei nachgewiesen ist, dass mit ihnen auch einige Sorraias reisten und dass diese sowohl die lange Seereise wie auch den harten Einsatz im unbekannten Land am besten überstanden.
Mit jedem Schiff, das aus Europa ankam, kamen neue Pferde, worunter auch Araber und Berber waren. Im 17. und 18. Jahrhundert traf eine ganze Welle von Einwanderern in den amerikanischen Häfen ein – und alle brachten Pferde mit. Irische Connemaras, französische Percherons, Islandponys, Fjordis, aber auch Englische Vollblüter und Hunter – es gibt vermutlich keine europäische Pferderasse, von der zu dieser Zeit nicht einige Vertreter in die USA umzogen.

DIE BERÜHMTE VIERTELMEILE

Neben einem knallharten Alltag, in dem höchste Anforderungen gestellt wurden, wurden die amerikanischen Pferde auch schon Ende des 18. Jahrhunderts einer echten Leistungsprüfung unterzogen. In den Südstaaten hatte man einen gewissen Lebensstandard erreicht und konnte es sich leisten, mit seinen Pferden auch Spaß zu haben. So entwickelten sich die Quarter Miles Races – Rennen, die über 440 Yards (ca. 400 Meter, also eine Viertelmeile) ausgetragen wurden. Man brauchte dazu nur zwei Pferde und eine einigermaßen gerade Straße.
Natürlich waren die Besitzer von Siegern bei diesen Rennen stolz auf ihre Vierbeiner und natürlich fragte da schon mal der eine oder andere Nachbar, ob so ein Siegerhengst nicht seine Stute decken könne – und so kam es durch die Quarter Miles Races zu einer Selektion auf Geschwindigkeit. Und tatsächlich haben selbst die Sprintspezialisten unter den Englischen Vollblütern Schwierigkeiten, auf der Viertelmeile mit einem Quarter Horse mitzuhalten.

Besondere Pferde und besondere Turniere

DIE TURNIERSZENE DER WESTERNREITER

Die meisten der rund 5 Millionen Quarter Horses sind heute keine Arbeitspferde mehr, sondern Freizeitkameraden ihrer Menschen. Und weil Menschen sich und ihre Pferde gerne aneinander messen, gibt es inzwischen weltweit eine Western-Turnierlandschaft, die mindestens so vielfältig ist wie die der europäischen Sportreiter.

Bei den Western-Turnieren gibt es folgende Disziplinen:

Reining: Die Dressur der Westernreiter, bei der in bestimmten Abschnitten bestimmte Manöver in vorher festgelegter Reihenfolge geritten werden müssen.

Western Horsemanship: Hier geht es um die Leistung des Reiters.

Trail: Die Geschicklichkeitsprüfung, bei der zum Beispiel Tore geöffnet und Brücken überquert werden.

Western Pleasure: Eine Art „Materialprüfung", bei der das Pferd in allen drei Grundgangarten zeigen soll, dass es ein Vergnügen ist, auf ihm zu reiten.

Western Riding: Noch mal Dressur, wobei es hier vorwiegend um fliegende Galoppwechsel auf den Punkt geht.

Superhorse: Die Vielseitigkeit der Westernpferde, bei der Elemente aus Pleasure, Trail, Westernriding und Reining abgefragt werden.

Showmanship: Das Pferd wird an der Hand vorgestellt.

Cutting: Ein Rind muss von der Herde abgesondert werden. Dabei soll das Pferd möglichst selbständig arbeiten.

Working Cowhorse: Reining und Rindertreiben innerhalb einer vorgegebenen Zeit mit vorgegebenen Figuren.

UNTERSCHIEDLICHE PFERDETYPEN

Innerhalb der Westernszene wird teilweise auf eine bestimmte Disziplin hin gezüchtet. Es gibt darum heute auch vier verschiedene Typen von Quarter Horses:

Halter-Typ: Der Bodybuilder unter den Pferden, der besonders viel Muskulatur aufbaut.

Pleasure-Typ: Ein edleres, meist auch leichteres Pferd, gerne auch mit Hechtkopf

Cutting-Typ: Nicht zu schwer, sehr wendig, clever

Renn-Typ: In Amerika gehören die Rennen über die Viertelmeile zu den höchst dotierten und beliebtesten. Dafür werden inzwischen spezielle Quarters gezüchtet – mit viel Englischem Vollblut, der einzigen Einkreuzung, die heute noch erlaubt ist.

Quarter Horses sind aber nicht nur in den Westerndisziplinen gut. Sie sind ausgesprochen gute, trittsichere Geländepferde, manche von ihnen brillieren als Distanzpferde, sie sind tolle Partner für Wanderritte. Und als Erbe vom Vollblut bringt mancher Quarter auch etwas Springvermögen mit.

Quarter Horses sind vielseitige Pferde, aber besonders geeignet für das Westernreiten.

Typisch für Quarter Horses sind die gut bemuskelte Brust, die schräge Schulter und der kompakte Rücken.

MUSKELPAKETE

Der Cow Sense, den gute Quarter Horses heute zeigen, ist teilweise angeboren. Natürlich wird er auch trainiert – sogar turniermäßig: „Cutting" ist die Turnierklasse der Quarter Horses, die sich mit dem Absondern und Einfangen von Rindern beschäftigt.

Der Selektion auf den schnellen Antritt haben die Quarter Horses ihre auffallend muskulöse Kehrseite zu verdanken. Die kräftige Hinterhand gibt dem Pferd die Kraft, aus dem Stand schnell durchzustarten.

Diese Fähigkeit brauchten die Quarter Horses nicht nur, wenn ihre Besitzer am Sonntag mit ihnen zum Rennen gingen. Beim Rinderhüten war es ebenfalls von Vorteil, wenn das Pferd schnell antreten und ein Rind wieder einfangen konnte, bevor sich dieses allzu weit von der Herde entfernt hatte. Ebenso musste es aber aus vollem Galopp abstoppen und blitzschnell wenden können.

Kühe hüten, zusammentreiben und in der Herde zu halten – die Westernpferde, die immer wieder mit dieser Aufgabe konfrontiert waren, entwickelten sich dabei zu großartigen Partnern ihrer Reiter. Wer ein gutes Quarter Horse bei der Arbeit mit Rindern sieht, erkennt schnell, dass es nicht erst auf ein Kommando seines Reiters wartet, sondern selbst weiß, was zu tun ist. Es behält das Rind im Auge, es kommt seinen Bewegungen teilweise sogar zuvor. Das nennt man „Cow Sense" – die Fähigkeit, die Bewegungen eines Rinds zu erahnen und dem Reiter die Arbeit durch eigene Aktionen zu erleichtern.

DER STARHENGST IMPRESSIVE

Der 1969 geborene Sorrel Hengst Impressive schien seinem Namen alle Ehre zu machen: Fünfjährig wurde er World Champion in der offenen Halter Klasse für Hengste, wobei er als Modell eines Quarter Horse Hengstes gepriesen wurde. Das brachte ihm entsprechende Bedeckungszahlen ein. Er zeugte 2.250 Fohlen, die fast alle richtig schicke Pferde waren. Fast 40 von ihnen wurden selbst World Champions in den entsprechenden Klassen. Mit so erfolgreichen Pferden wurde natürlich weiter gezüchtet – 2003 gab es rund 55.000 Nachkommen von Impressive.

Dummerweise hatten sie alle nicht nur seine tolle Bemuskelung, sondern auch das beschädigte Gen geerbt, das HYPP – Hyperkaliämische Periodische Paralyse – verursacht. HYPP löst Anfälle aus, bei denen die sogenannte Natrium-Kalium-Pumpe nicht mehr richtig arbeitet. Es kommt zu unkontrollierbaren Muskelzuckungen und Lähmungen, im schlimmsten Fall kann eine Atemlähmung oder ein Herzstillstand eintreten. Impressive selbst soll nie einen HYPP-Anfall gehabt haben. Aber als die Erkrankung bei den Quarter Horses gehäuft vorkam, forschte man in den Pedigrees der betroffenen Pferde und fand überall Impressive. Nachkommen, die ihn einmal im Pedigree aufweisen, haben eine Chance, trotz des defekten Gens zumindest von schlimmen Attacken verschont zu bleiben. Wer das Gen aber doppelt aufweist – und bei einem so erfolgreichen Hengst wurde natürlich „mit Blutanschluss" gezüchtet, sodass es einige Pferde gab, die auf ihn ingezogen sind – ist in hohem Maß betroffen. Je mehr impressive-Blut das Pferd führt, umso schlimmer sind die HYPP-Schübe.

Erstaunlicherweise kann sich die AQHA immer noch nicht ganz von der Impressive-Linie trennen. Seine Nachkommen werden inzwischen getestet und die Träger eines homozygoten HYPP-Gens werden von der Zucht ausgeschlossen. Doch ob das Problem damit endgültig erledigt ist, wird sich erst in der Zukunft zeigen.

THE FOUR LETTER WORDS

„Four letter words" ist das englische Synonym für die Worte, die man besser nicht in Gesellschaft aussprechen sollte. Die Quarter Horse-Züchter haben ein paar mehr davon als andere Leute, wobei die ihren nicht unanständig, aber dafür folgenreich für die Rasse sind.
HYPP und PSSM sind Dinge, über die Quarter Horse-Züchter ebenso ungern sprechen wie über HERDA und MH. Und damit hätten wir dann auch schon die bekanntesten der erblichen Krankheiten des Pferdes aufgezählt – und es ist fast unvermeidlich, dass bei einer so großen Rasse wie den Quarter Horses alle schon aufgetreten sind.

ERBKRANKHEITEN

HYPP steht für Hyperkalemic periodic paralysis. Die Krankheit kam durch den vielfach als Vererber eingesetzten Hengst Impressive verstärkt in die Quarter Horse Population.
PSSM ist die Abkürzung für Polysaccharide Storage Myopathy, einer degenerativen Muskelerkrankung. Im Moment streiten die Gelehrten allerdings noch, ob diese Erscheinung, die hauptsächlich bei Quarter Horses und Kaltblütern auftritt, wirklich eine „Krankheit" ist. Es zeigen sich Symptome wie beim Kreuzverschlag, Muskelabbau, psychische Auffälligkeiten, Rehesymptome und Krampfkoliken.
HERDA bedeutet „Hereditary equine regional dermal asthenia" und geht vermutlich auf den Quarter-Hengst King zurück, dessen Söhne Poco Bueno und Old Grand Dad die Krankheit weitergegeben haben. Im Moment geht man davon aus, dass 28 % aller Quarter Horses das beschädigte Gen haben. HERDA verursacht Hautdefekte, besonders am Rücken. Die Haut ist extrem verletzlich und reißt bei der geringsten Belastung. HERDA ist nicht heilbar, allerdings ist das verursachende Gen inzwischen relativ leicht nachweisbar, daher ist der Gentest für alle Zuchttiere empfehlenswert.
MH ist die maligne Hyperthermie, eine genetische Veranlagung, die zu einer Art „Allergie" gegen bestimmte Substanzen – meist Narkosemittel – führt. Die Zufuhr von gasförmigen Inhalationsanästhetika, aber auch extreme körperliche Anstrengung oder Stress können eine Stoffwechselentgleisung verursachen, die zu Muskelstarre, Herzrasen und Temperaturerhöhung bis hin zum multiplen Organversagen führen kann.

Criollo

„Criollo" ist eigentlich gar keine Rasse, sondern ein Sammelbegriff für die in Südamerika gezüchteten Hütepferde. In Brasilien nennt man sie Crioulo, in Chile Corralero, an der peruanischen Küste Costeño, im peruanischen Gebirge Marocucho und in Venezuela Llanero. In Uruguay und Paraguay heißen die Hütepfede Criollo Uruguayo bzw. Criollo Paraguayo. Der Ursprung der Criollos geht auf die Pferde der Konquistadoren zurück – Iberer, Araber und Berber, wobei Don Pedro Mendoza (1487–1537)die ersten großen Importe veranlasste. Als später Buenos Aires eingenommen wurde, entkamen viele Pferde und verwilderten. Dabei sorgte das raue Klima der argentinischen Pampa für eine natürliche Selektion auf Härte. Die Sommer dort sind sehr heiß, die Winter zwar kurz, aber dafür sehr kalt. Und das Nahrungsangebot ist spärlich.
Die Pferde, die dort überlebten und sich vermehrten, waren zäh und langlebig – was Mancha und Gato bewiesen. Sie gehörten dem Schweizer Abenteurer Aimé Félix Tschiffely, der 1925 in Buenos Aires mit den beiden Criollos zu einem Kontinentalritt startete. Im September 1928 kam er in Washington an und wurde anschließend mit einer Parade auf der Fifth Avenue in New York gefeiert. Dabei waren Mancha und Gato nicht mehr jung, als Tschiffely aufbrach: Mancha war 18, Gato 16. Und die Anstrengung der Tour scheint ihnen nicht geschadet zu haben. Mancha wurde 35 Jahre alt, Gato wurde sogar 40 Jahre alt.

Criollos stammen aus Südamerika.

Die Marcha

Härte ist für die Pferdezüchter Südamerikas heute noch ein entscheidendes Selektionsmerkmal. Ihre Zuchtprüfung ist die Marcha: Ein Distanzritt, der über 14 Tage (mit einem Ruhetag) und an die 750 Kilometer geht. Dabei sind die Reiter mit kleinem Gepäck unterwegs, Pferdefutter nehmen sie nämlich nicht mit. Die Criollos müssen zusehen, dass sie in den Ruhezeiten genug Futter finden. Auf diese Art wird nicht nur ihre Härte getestet, sondern auch die Regenerationsfähigkeit und das Durchhaltevermögen. So ist eine unglaublich harte und zähe Rasse entstanden.
Criollos sind temperamentvoll und eigenwillig. Man muss mit ihnen können und man muss ein Gefühl für sie haben.

Ist der Ruf erst ruiniert...

Als Anfang der 80er Jahre des vorigen Jahrhunderts der Trend zum „Exoten" in Europa ausbrach, kauften clevere Geschäftemacher jede Menge Pferde in Südamerika billig ein. Ob das wirklich Criollos waren, ist sehr zu bezweifeln. Sie wurden unter der Bezeichnung „Schlachtpferde" auf Schiffe verladen, zu Hunderten ohne ausreichend Wasser und Futter unter Deck zusammengepfercht und in Italien wieder ausgeladen – soweit sie den Transport überstanden hatten.
Dort landeten nicht zu wenige der Überlebenden tatsächlich beim Schlachter. Doch die, die noch einigermaßen geradeaus gehen konnten, wurden weiter transportiert, oft genug nach Deutschland, wo sie dann auch noch als „Anfängerpferde" verkauft wurden. Das „Anfänger" stimmte insofern, dass die Pferde keinerlei Ausbildung unter dem Sattel hatten und auch sonst so gut wie nichts konnten. Dazu kam, dass die Tiere von der Schiffsreise unter üblen Umständen tief traumatisiert waren. Ein Reitanfänger, der so ein Pferd erwischte, war vermutlich verraten und verkauft und konnte das Geld, das er beim Kauf gespart hatte, in Beritt investieren – wenn er nicht irgendwann aufgab und seinen „Möchtegern-Criollo" wieder verkaufte. Diesen Negativ-Erfahrungen haben die Criollos einen schlechten Ruf in Europa zu verdanken – und der ist wirklich unverdient. Wer sich für die Rasse interessiert, wer reiten kann, wer einen intelligenten, zähen Partner (zum Beispiel für Distanz- oder Wanderritte) sucht, ist mit einem Criollo gut bedient.

Echte Criollos sind ebenso zähe wie intelligente Partner.

Quarter Horse

HERKUNFT USA

EXTERIEUR Über dem Quadrat stehendes, kompaktes Pferd mit ausgesprochen edlem Kopf, großen Augen, kleinen, beweglichen Ohren, muskulösem, langem, meist recht tief angesetztem Hals, großer, schräger und gut bemuskelter Schulter, kurzem Rücken mit gut ausgeprägtem Widerrist. Die Kruppe ist rund, manchmal leicht überbaut, aber immer gut bemuskelt. Das Fundament soll solide sein, wirkt aber manchmal ein wenig zu fein, vor allem, wenn die Pferde austrainiert sind.

GRÖSSE Stockmaß zwischen 145 und 160 cm

FARBEN Alle Farben, solange sie einfarbig auftreten. Schecken werden nicht als American Quarter Horses, sondern als American Paint Horses eingetragen.

INTERIEUR Intelligent, menschenbezogen, gelassen, dabei aber durchaus temperamentvoll, leistungsbereit und fleißig

VERWENDUNG Für alle Westerndisziplinen geeignet, sehr gute Freizeitpferde

Criollo

HERKUNFT Südamerika, Karibik

EXTERIEUR Über dem Quadrat stehendes, kompaktes Pferd mit geradem, manchmal leicht konvexem Profil, dem man die Verwandtschaft mit den iberischen Pferden oft ansieht. Der Hals ist muskulös und nicht zu hoch angesetzt, die Schulter schräg gelagert, der Rücken gerade und nicht zu lang. Die runde Kruppe geht in einen tiefen Schweifansatz über. Das Fundament ist stabil und die Pferde stehen auf kleinen, sehr harten Hufen.

GRÖSSE Stockmaß zwischen 142 und 152 cm

FARBEN Alle

INTERIEUR Intelligent, lernfähig, teilweise sehr eigenwillig und durchaus temperamentvoll

VERWENDUNG Für alle Westerndisziplinen, außerdem als Distanz- und Freizeitpferde

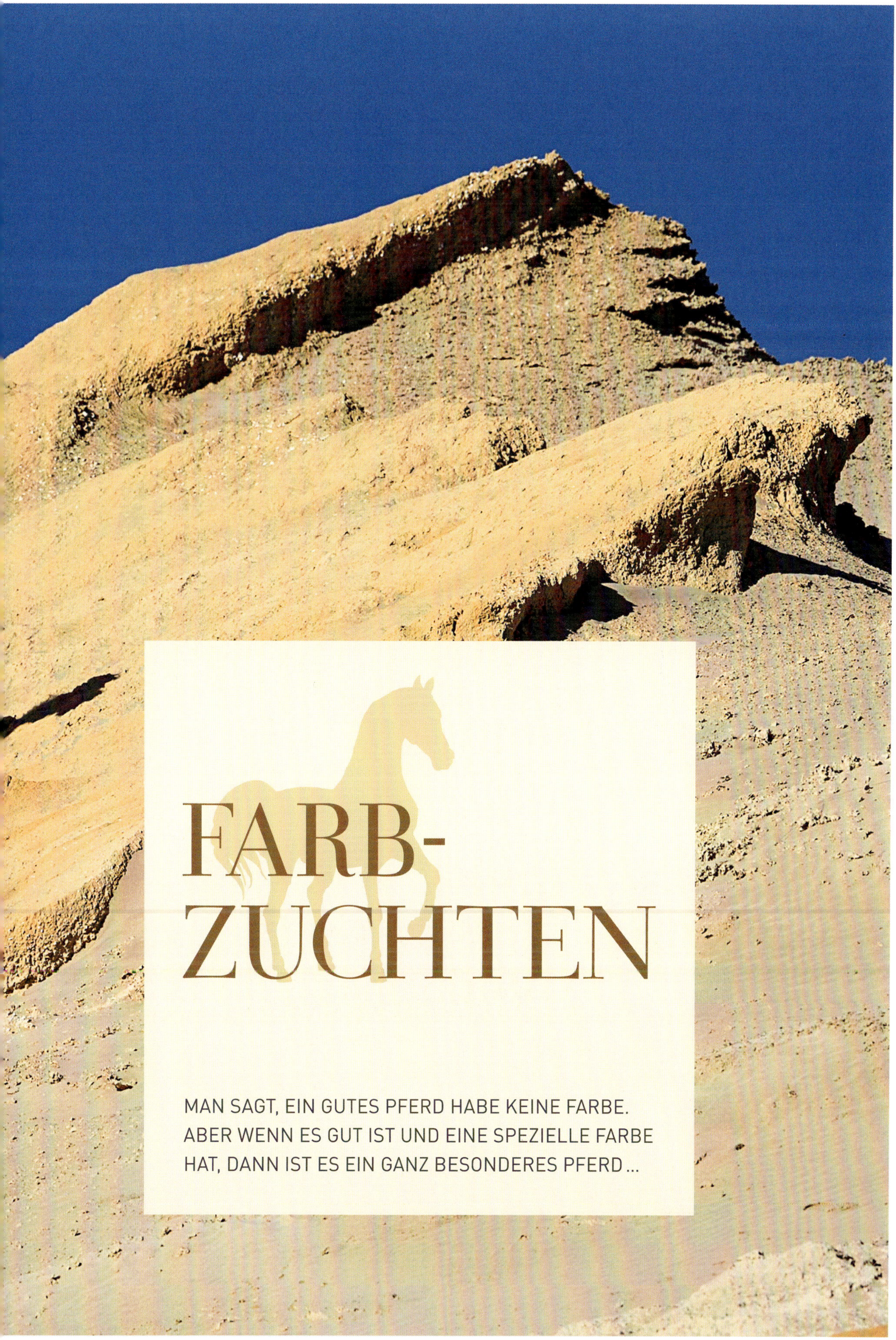

FARB-ZUCHTEN

MAN SAGT, EIN GUTES PFERD HABE KEINE FARBE. ABER WENN ES GUT IST UND EINE SPEZIELLE FARBE HAT, DANN IST ES EIN GANZ BESONDERES PFERD …

FARBVERERBUNG

PLATTENSCHECKEN UND TIGER, CREMELLOS UND MOHRENKÖPFE, PALOMINOS UND APPALOOSAS – BESONDERS GEFÄRBTE PFERDE WAREN SCHON IMMER HINGUCKER. UND SIE WERDEN IMMER BELIEBTER!

Vielleicht war Rudolf Binding (1867–1938) mit daran schuld: In seiner weitverbreiteten „Reitvorschrift für eine Geliebte" führte er aus, dass eine Dame sich auch bei der Wahl ihres Rosses vornehmer Zurückhaltung befleißige und darum am besten einen Braunen ohne Abzeichen reite. Abzeichen oder gar Schecken fand Binding offenkundig vulgär – diese Ansicht war zu seiner Zeit wohl weitverbreitet, denn außer den Trakehnern, die im Hauptgestüt eine kleine Scheckherde hatten, setzten alle deutschen Zuchtverbände auf die „reinen" Farben – also Braun, Schwarz, Fuchs und Schimmel. Falben waren nicht gefragt, Schecken wurden nicht eingetragen und zu viel Abzeichen wollte man auch nicht.
In Amerika hingegen waren Farbzuchten schon immer begehrt. Die Indianer züchteten Appaloosas und liebten Varianten; in der Quarter Horse Zucht gab es schon sehr bald die Untergruppe der bunten Paint-Horses und auch Palominos, die teuer bezahlt wurden.
Aber auch in Europa sah man es nicht überall so streng. Bei den Isländern war die Farbvielfalt immer sehr groß, bei den Welsh- und Connemara-Ponys gibt es Palominos und Cremellos. In Böhmen züchtete man die goldenen Kinsky-Pferde und die Niederländer freuten sich an ihren Gelderländer-Füchsen mit sehr viel Weiß.
Doch selbst bei den europäischen Warmblütern blieb das Scheckgen im Hintergrund. Es ist nämlich nicht nur für die Zeichnung am Körper eines Pferdes verantwortlich, sondern auch für die weißen Abzeichen am Kopf und an den Beinen, die ja nie aus der Warmblutzucht verschwunden sind. Manchmal kam sogar ein bisschen mehr durch: Furiso II, der in Frankreich gezogene Warmblutsohn des Vollblüters Furioso xx, hatte einen auffälligen, weißen Fleck am Bauch. Sollte er den von seiner Mutter, der

Selle Francais-Stute Dame de Ranville geerbt haben? Vom Vollblutvater konnte er ihn doch nicht haben – oder?
Tatsächlich gibt es auch bei ganz rein gezogenen Englischen Vollblütern ein Scheckgen. Im Sommer 2013 staunte das Publikum auf der Rennbahn in Köln-Weidenpesch: Im Führring zum Rennen der Zweijährigen tänzelte ein Schecke! Silvery Moon xx – so heißt der Hengst – ist ein sogenannter Frame Overo, wie er nur entstehen kann, wenn mindestens ein Elternteil ein Schecke ist. Sicher hatte es schon vor Silvery Moon Schecken in der Vollblutzucht gegeben – nur war keiner davor je so positiv auf der Rennbahn aufgefallen. Darum hatte man die Blüterschecken nie weiter beachtet.

VIELFALT DER FARBEN

Die Höhlenzeichnungen von Urpferden zeigen Falben in allen Variationen, auch die Przewalski-Pferde und die portugiesischen Sorraias, die als Urahn der iberischen Pferde gelten, sind durchgehend Falben. Ob in der Mongolei, wo die Przewalskis daheim sind, oder im Tal des Flusses Sorraia – Braun oder Grau sind die idealen Tarnfarben in dieser Umgebung.

DOMINANT ODER REZESSIV

Im Falben steckt aber schon, was die Farbvielfalt unserer Hauspferderassen ausmacht: Eumelanin und Phäomelanin, die beiden Pigmente, die für die Farbe eines Pferdes verantwortlich sind. Während Phäomelanin in rotem Haar dominiert, ist das Eumelanin für braune und schwarze Haare verantwortlich. Diese beiden Faktoren sind auf einem Gen verankert. Dabei ist allerdings die Frage, ob sie dominant oder rezessiv vererbt werden. Man kann sich das wie zwei Schalter vorstellen: Der für Rot – nennen wir ihn mal den „A-Schalter" – steht entweder auf an oder aus, ebenso der für Schwarz, den wir jetzt einmal „B-Schalter" nennen. Und einigen wir uns darauf, dass wir „an" mit einem Großbuchstaben und „aus" mit einem kleinen Buchstaben kennzeichnen. Dann haben wir schon sechs Möglichkeiten: AA, BB, Aa, Bb, Ab, aB.
Es geht aber noch weiter: Auf diesem Gen sitzt auch ein Schalter für die Farbintensität des Langhaars. Dominant – also angeschaltet – sorgt er für eine Aufhellung des Langhaars. Nennen wir den Faktor „C" – und nun haben wir drei Faktoren, also erweitern sich unsere Möglichkeiten auf 3 x 3 gleich 9.
Damit aber immer noch nicht genug: Faktor D ist die Schimmelung, die ebenfalls dominant oder rezessiv auftreten kann. Damit sind wir bei vier Faktoren – und 4 x 4 ergibt 16.
Und es geht noch weiter: Der Faktor E steht für die Scheckung. Damit wären wir bei 5 x 5, also 25 Möglichkeiten.

MENDEL UND WALTHER

Die Grundlagen der Genetik und damit auch der Farbvererbung hat Gregor Johann Mendel (1822–1884) entdeckt. Sie erinnern sich vermutlich an seine Erbsen, die im Biologieunterricht vorkamen? An ihnen kann man wunderbar die Mendelschen Regeln der Vererbung erklären. Der Hippologe Adolf Richard Walther machte sich 1912 daran, anhand der Stutbücher von Lipizza, Trakehnen, Salzburg und Westpreußen die Farbvererbung beim Pferd aufzuschlüsseln. Zu den Grundfarben kommen natürlich noch alle möglichen Varianten. Bei den Füchsen zum Beispiel reicht das Spektrum vom ganz hellen Fuchs über die kastanienbraunen mit deutlichem Rotstich bis hin zum Kohlfuchs, teilweise mit blonder Mähne und mit allen nur denkbaren Abzeichen.
Und was sagt die Beschreibung „Brauner" über ein Pferd? „Braun" kann ein helles, leuchtendes Braun sein oder ein intensives, strahlendes Kognakbraun oder Dunkelbraun. Und manchmal haben helle Braune einen schwarzen Aalstrich.

Zu den „buntesten" Pferden überhaupt zählen die Appaloosas.

[a]

[b]

[a] AUCH IN NEUSEELAND gibt es gescheckte Pferde wie dieses Mauripony: Man könnte streiten, ob es ein Tiger- oder ein Plattenschecke ist – oder es als Tovero deklarieren.

[b] HIER BESTEHT KEIN ZWEIFEL: Dieser Knabstrupper ist eindeutig ein Tigerschecke.

[c] EIN TYPISCHER TOBIANO. Er hat weiße Beine und das Weiß kreuzt die Rückenlinie. Dazu kommt der dunkle Kopf, an dem das Pferd nicht mehr Abzeichen hat als einfarbige Pferde.

[d] STUTE UND FOHLEN im Sabino Overo-Einheitslook. Beide haben die typischen weißen Beine und kleinere weiße Flecken am Körper. Typisch sind auch die Blessen, wobei die bei Sabino Overos oft noch breiter ausfallen.

[c]

[d]

SCHECKE *ist nicht gleich Schecke*

„Schecke" ist bei Pferden der Oberbegriff für ein Tier, dessen Körperbehaarung neben der Grundfarbe klar umgrenzte weiße Bereiche aufweist, die größer als die normalen Abzeichen sind. Landläufig versteht man darunter auch, dass die Abzeichen nicht nur an den Beinen und am Kopf auftreten. Die genaue Einteilung ist eine Wissenschaft für sich ...
Grundsätzlich gibt es zwei Formen von Schecken: Die Tiger- und die Plattenschecken. Beim Tigerschecken haben wir entweder kleine dunkle Punkte auf weißem Grund oder weiße Punkte auf dunklem Grund. Eine Ausnahme von der Regel sind Schimmel mit kleinen braunen Flecken – die werden nicht als Schecken gelistet, sondern als Forellenschimmel.
Bei den Plattenschecken haben wir es wiederum mit zwei Varianten zu tun: den Overos und den Tobianos.

TOBIANOS UND OVEROS

Als Tobiano bezeichnet man einen Schecken, der üblicherweise weiße Beine oder zumindest weiße Abzeichen an den Beinen und nicht mehr weiße Abzeichen am Kopf als andere Pferde hat. Beim Tobiano kreuzt das Weiß irgendwo die Rückenlinie und die Flecken scheinen von oben nach unten zu führen.
Beim Overo gibt es drei Typen: den Frame Overo, den Splashed White und den Sabino.
Der **Frame Overo** zeichnet sich durch eine durchgehend farbige Rückenlinie aus und hat größere weiße Abzeichen im Gesicht. Die Beine sind dunkel, weiße Socken sind möglich. Die Grundfarbe kann Weiß sein – in diesem Fall handelt es sich um einen sogenannten „Porzellanschecken" – oder auch eine andere Farbe, wobei die dann meist sehr hell ausfällt. In der Zucht muss man sehr darauf achten, keine Frame Overos mit dominantem Gen miteinander zu kreuzen. Dabei kommt es nämlich zu dem Overo-Lethal-White-Syndrom (OLWS), die Nachkommen sind nicht lebensfähig.
Der **Splashed White Overo** sieht aus, als ob er durch weiße Farbe marschiert wäre. Diese Pferde sind oben (Rücken, Ohren) farbig und unten (untere Körperhälfte und Beine) weiß. Bei den Splashed White Overos kommt es leider immer wieder zu Taubheit.
Als **Sabino Overos** bezeichnet man Schecken, die vier weiße Beine haben und bei denen sich das Weiß dann in kleinen Flecken weiter nach oben ausbreitet.
Sabino Overos, wie zum Beispiel die Tinker und Shire Horses, haben oft blaue Augen. Unter den Shire Horses gibt es auch sehr häufig Sabino Overos, die nur weiße Beine und eine Blesse haben – wobei diese Blessen dann oft sehr breit sind.
Leider taucht auch bei den Sabino Overos ab und zu das Gen auf, das das Overo-Lethal-White-Syndrom verursacht.

WEITERE VARIANTEN

Die Natur kennt viele Varianten und es gibt durchaus Schecken, die weder ins Overo- noch ins Tobiano-Muster passen. Die nennt man folgerichtig Tovero. Und wenn die Tigerscheckung zusammen mit einer Tobianoscheckung auftritt, hat man es mit einem Pintaloosa zu tun.

Was fasziniert Pferdefreunde an den Schecken? Ein Grund ist sicher, dass es nie zwei Schecken mit der selben Musterung gibt.

DAS CREAM GEN

Wenn man über Sonderfarben beim Pferd spricht, darf man das Cream Gen nicht vergessen. Dahinter steckt in allen Fällen eine Mutation eines Gens auf dem 21. Chromosom des Pferdes. Beim Menschen führt es zu Teilalbinismus, bei Pferden zu einer Aufhellung der Grundfarbe und dadurch zu sehr interessanten Farbvarianten.
Trifft das Cream Gen auf Rot als Grundfarbe, entstehen Isabellen oder Palominos. Braune mit Cream Gen heißen Buckskin oder Perlino, Rappen werden zu Smoky Blacks oder Smoky Creams. Tritt das Cream Gen doppelt auf, entsteht ein Weißisabell, Cremello, Perlino oder Smoky Cream.
Je nachdem, wie das Cream Gen vererbt wird, ergibt sich daraus nicht nur der Grad der Aufhellung, sondern auch eine Veränderung der Augenfarbe. Dabei tritt das Cream Gen weder dominant noch rezessiv auf, sondern sein Vorhandensein führt in jedem Fall zu einer Veränderung. Im Fall der Augenfarbe bewirkt ein Cream Gen, dass das Pferd hellbraune Augen hat. Erbt es das Cream Gen von beiden Eltern, hat es hellblaue Augen.

Ein Cream Gen führt zur Aufhellung des Fells, die Augen sind oft hellbraun.

SELEKTIONSMERKMAL FARBE

Um ein gutes Pferd zu züchten, braucht es eine ganze Reihe von Kriterien, auf die geachtet werden muss: Charakter, Rittigkeit, Leistungsbereitschaft, ein möglichst korrektes Exterieur mit guten Hufen, geschmeidige Gänge, Gesundheit, Fruchtbarkeit. Selbst bei Rassen mit einer großen Basis ist es nicht einfach, die richtigen Partner zusammenzubringen. Ist die Farbe ein weiteres Selektionskriterium, schränkt das unweigerlich die Wahlmöglichkeiten ein. Dazu kommt, dass das beste Mittel, eine bestimmte Farbvererbung zu festigen, die Inzucht ist. Mit Inzucht kann man sehr schnell eine bestimmte Anlage festigen und eine Rasse verbessern.
Doch bei jeder engen Linienführung wird das Risiko von Fehlentwicklungen und auch der Inzuchtdepression mit ihren negativen Folgen größer – das sollte immer bedacht werden. Farbzucht ist riskant. Verantwortungsbewusste Züchter sind sich der möglichen Gefahren bewusst. Verantwortungsbewusste Reiter sollten ebenfalls darüber nachdenken und sich im Klaren sein, dass das auch einer der Gründe ist, warum Pferde mit Spezialfarbe immer etwas teurer sein werden als die „normal“ gefärbten.

Das Cream Gen gibt es nicht nur bei Pferden, sondern auch bei Hunden.

Ein Lusitano mit Cream Gen ist ein Cremello. Er wird als Lusitano eingetragen.

Cremello

Cremellos sind eigentlich keine Rasse. Es gibt kein Stutbuch, keinen Zuchtverband und keine Zuchtzieldefinition. Das ist aber vielleicht auch das Gute daran. Cremellos sind nämlich Lusitanos, werden auch in den Stutbüchern der Lusitanos eingetragen und müssen sich für die Anerkennung als Zuchtpferd denselben Anforderungen stellen wie „normal" farbige Lusitanos. Für die Züchter hat das den Vorteil, dass sie auch für die Fohlen, die nicht in der gewünschten Farbe geboren werden, volle Papiere bekommen. Außerdem erlaubt es immer wieder die Blutauffrischung durch die Einzucht neuer Linien.

Das Cream Gen kommt bei Lusitanos öfter vor – und weil die cremefarbenen Pferde in Portugal schon immer beliebt waren, hat man auch immer wieder Cremellos gezüchtet. Sie treten darum auch in allen Varianten auf, die sich durch das Cream Gen ergeben können. „Richtige" Cremellos gibt es nur, wenn beide Elternteile das Cream Gen haben und Fuchs sind. Bei schwarzen Eltern ergibt das doppelte Cream Gen keinen Cremello, sondern einen Perlino.

Wenn man die 12 Cremellos des Circus Krone anschaut, entdeckt man etwas Spannendes: Sie haben zwar alle blauen Augen und eine weiße Mähne, aber die Fellfarbe variiert von einem ziemlich dunklen Creme, das man fast mit einem sehr hellen Falben verwechseln könnte, über ein sehr helles Creme mit Rotschimmer, das bei entsprechender Beleuchtung fast wie Apricot aussieht, bis hin zum silbrigen Weiß. Doch auch die sind klar vom Schimmel zu unterscheiden – zum einen an ihren blauen Augen, zum anderen ist ihre Haut da, wo sie sichtbar ist, wie zum Beispiel um das Maul und die Augen herum, meist rosa.

Übrigens sind die Cremellos ein wenig lichtempfindlicher als andere Pferde. Sie bekommen leichter Sonnenbrand und sie blinzeln bei hellem Licht öfter. Darum sollte man ihnen im Sommer auf der Koppel eine Möglichkeit geben, sich im Schatten aufzuhalten und eventuell ein Koppelfenster abblenden, sodass sie nicht den ganzen Tag in die pralle Sonne schauen müssen.

BUNTE PFERDE IN EUROPA

AUCH WENN DIE MEISTEN EUROPÄISCHEN PFERDERASSEN NUR IN DEN GRUNDFARBEN GEZÜCHTET WERDEN: ES GAB AUCH IN EUROPA IMMER SCHECKEN UND PALOMINOS.

SCHECKEN IN EUROPA?

Wenn man über „Sonderfarben" beim Pferd spricht, darf man natürlich auch die Schecken nicht vergessen. In Europa waren sie weniger verbreitet als in anderen Ländern, dennoch fand es so mancher Herrscher durchaus erstrebenswert, mit einem Schecken aufzufallen.
So wusste auch Napoleon um den Effekt, den ein schickes Pferd macht, obgleich er kein besonders guter Reiter war. Für das berühmte Gemälde „Napoleon überquert den St. Bernhard", das es in verschiedenen Versionen gibt, posierte er unter anderem auch auf seinem Schecken. Und der prachtliebende deutsche Kaiser Wilhelm II. wechselte nicht nur des Öfteren die Uniform, sondern „trug" tatsächlich auch jeweils das passende Pferd dazu. Zu der Uniform seiner Garde-Ulanen ritt er gerne einen Schecken – wobei das vermutlich einer aus der Trakehner Scheckherde war.
Bei den europäischen Schecken begegnet man einem interessanten Phänomen: Die Rassen sind entweder sehr jung – wie die Barockpintos, die noch nicht einmal eine eingetragene Rasse sind, oder die Tinker, die es zwar schon länger gibt, deren Zuchtverband aber erst 1998 gegründet wurde – oder sehr alt. Die Ursprünge der Knabstrupper-Zucht reichen weit zurück, auch die Noriker sind eine alte Rasse.
Wir haben hier nur die Rassen gelistet, bei denen die „Sonderfarben" sehr häufig auftreten. Es soll aber nicht vergessen werden, dass mittlerweile auch andere europäische

Besondere Farbzuchten

Pferde mit Cream Gen sind in Europa gar nicht so selten wie man denken sollte. Die wahrscheinlich bekannteste Rasse sind die böhmischen Kinskys, die meist strahlend schöne Goldfalben sind. Doch es gibt auch in England eine kleine, aber feine Züchtergemeinschaft, die Palomino-Ponys züchtet. Und schließlich werden in Portugal Cremellos gezüchtet.

Rassen wieder Schecken zulassen. Und weil das Scheckgen zum Beispiel in Oldenburg über die Furioso-Nachkommen immer noch vorhanden ist, wird es wohl früher oder später auch unter den deutschen Warmblütern wieder mehr Schecken geben. Bei den Trakehnern findet man sie bereits wieder. Der Trend ist da und wo eine Nachfrage ist, entsteht früher oder später auch ein Angebot.

Die irischen Tinker wurden angeblich als Schecken gezüchtet, um die Diebstahlgefahr zu verringern.

„Gleich und Gleich gesellt sich gern" scheint auch für die beiden Knabstrupper zu gelten.

Barockpinto

1956 kam der holländische Bauer Albert Keulen auf die Idee, seine gescheckte Alt-Gelderländer Stute von einem Friesenhengst decken zu lassen. Das Produkt dieser Kreuzung war der 1957 geborene gescheckte Hengst Bonte Nico. 1962 von P. S. Hellinga gekauft, verursachte der Schecke jede Menge Wirbel. Er war nämlich schon bald ein begehrter Deckhengst, nur hatte er leider keine Zulassung von irgendeinem Zuchtverband. Damals gab es aber in den Niederlanden noch ein Körgesetz, weswegen dem bunten Nico die Kastration und sogar der Tod angedroht wurden. Prinz Bernhard der Niederlande verwendete sich dann für ihn und so durfte Bonte Nico schließlich doch decken. Damit war die Rasse der Barockpintos entstanden. Sie wird heute in Holland und auch in Deutschland gezüchtet, wobei die Züchter als Ziel ein „im barocken Typ stehendes Reitpferd mit erhöhter Knieaktion und leicht gewölbter Halsung“ anstreben, das bei kurzem Rücken kräftig bemuskelt ist und schwungvolle, raumgreifende Gänge haben sollte.

Gezüchtet wird mit Barockpferden, also Friesen, Andalusiern, Frederiksborgern, Kladrubern, Lusitanos und PREs. Das Scheckgen kommt dann von ... ja, da scheiden sich die Geister. Die Puristen unter den Barockpinto-Liebhabern sagen, dass absolut nur Barockpferde in der Rasse aufgehen dürften. Also bliebe für das Scheckgen nur der inzwischen sehr seltene Alt-Gelderländer. Der Knabstrupper als der Schecke unter den Barocken fällt nämlich aus, weil er Tigerschecke ist und die Barockpintos Plattenschecken sein sollten.

Daher gibt es in der Szene durchaus auch einige Züchter, die auf die Kreuzung Friese x Tinker setzen. Wieder andere favorisieren die Noriker Plattenschecken, wobei bei denen das Scheckgen meist nicht so gefestigt ist wie bei den Tinkern.

Der Barockpinto ist noch eine sehr junge, ungefestigte Rasse.

Kinsky-Pferd

In einem biografischen Lexikon über das Kaiserreich Österreich aus der Mitte des 19. Jahrhunderts findet sich die Aussage: „Die Kinskys sind ein seltsames Geschlecht. In keiner ihrer Tätigkeiten findet sich Mittelmäßigkeit.“ Dabei war zu der Zeit die Gräfin Kinsky, die prominenteste Vertreterin der Familie werden sollte, noch ein kleines Mädchen.

STARTSCHUSS FÜR EINE NEUE RASSE

Doch der Friedensnobelpreisträgerin Bertha von Suttner, geborene Kinsky, war ein Verwandter vorausgegangen, der – wie viele Kinskys – Pferde züchtete. Auf seinem Gestüt wurde 1839 ein isabellfarbenes Stutfohlen geboren. Kinsky wollte es als Vollblüter eintragen lassen, doch der Zuchtverband weigerte sich mit der Begründung, ein Blüter könne kein Isabello sein.
Der Verband hatte Recht, wie sich später herausstellte. Themby II, wie Graf Octavian Josef Kinsky die kleine Stute nannte, war das Produkt eines „Koppelunfalls“. Ihr Vater war vermutlich ein Spanier vom Nachbargestüt, dem Themby II auch ihre Farbe zu verdanken hatte. Doch als sich das herausstellte, hatte Graf Kinsky schon beschlossen, seine eigene Rasse zu züchten. Er ließ Themby II von einem Blüter decken – und der Sohn, der aus dieser Kreuzung fiel und ein Isabello war, wurde Stammvater der Rasse. Der Goldjunge muss ein durchschlagender Vererber gewesen sein, der nicht nur seine extravagante Farbe, sondern auch den Adel und die Härte der Vollblutvorfahren an seine Nachkommen weitergab. Da die Grafen Kinsky hervorragende Pferdekenner waren, schafften sie es, ihre „Goldenen Pferde“ als Rasse zu etablieren.

DER FLUCH DER BESTEN

Die Kinsky-Pferde waren in Böhmen einmal die meist verbreiteten Pferde. Mancher reiche böhmische Magnat hatte gleich vier Kinskys vor der Kutsche. Doch der Erfolg wurde ihnen zum Fluch. Kinskys waren nicht nämlich nur schöne, sondern auch hervorragende Reitpferde und weit über Böhmen hinaus begehrt. Für gute Kinskys wurde viel Geld gezahlt – und so wurden oft die Besten verkauft, häufig sogar

Bei Böhmens Goldstücken kommen Adel und Charme zusammen.

außer Landes. Nach dem Zweiten Weltkrieg kam dann noch dazu, dass sehr viele Kinskys als Veredler für das tschechische Sportpferd eingesetzt wurden und so in dieser Rasse aufgingen.

VOM AUSSTERBEN BEDROHT

Mittlerweile müssen die Kinskys als vom Aussterben bedrohte Haustierrasse gesehen werden. Der tschechische Staat erkennt zwar an, dass sie als Kulturgut besonders geschützt werden sollte, aber solange den Worten keine Taten folgen und die Züchter so unterstützt werden, dass sie ihre besten Pferde behalten können, wird der Ausverkauf wohl nicht mehr aufzuhalten sein.
Im Moment gibt es in Tschechien noch an die 1.000 rassereine Kinsky-Pferde – hoffen wir, dass sie erhalten bleiben und sich wieder vermehren. Die Kinskys sind europäisches Kulturgut, das sich zu erhalten lohnt.

Barockpinto

HERKUNFT Niederlande, Deutschland

EXTERIEUR Typische Barockpferde – meist quadratisch gebaut. Der Kopf ist gerade, hin und wieder auch geramst, der Hals oft hoch angesetzt (Schwanenhals). Der gut markierte Widerrist geht über in eine häufig etwas steilere Schulter. Der Rücken ist eher kurz, die Kruppe rund. Erwünscht ist ein stabiles, korrektes Fundament. Typisch ist üppiges Langhaar, oft findet sich auch ein Kötenbehang.

GRÖSSE Stockmaß zwischen 145 und 165 cm

FARBEN Plattenschecken

INTERIEUR Gutmütig, gelassen, intelligent

VERWENDUNG Freizeitpferde, Barockdressurpferde, Fahrpferde

Kinsky-Pferd

HERKUNFT Tschechien

EXTERIEUR Den edlen Kopf mit den schönen Augen haben die Kinsky-Pferde ihren Vollblutvorfahren zu verdanken, ebenso die muskulösen Schultern und die gut ausgeprägte Sattellage. Der Rücken ist mittellang, die Kruppe manchmal etwas eckig. Erwünscht sind lange, korrekt gestellte Beine mit kleinen und festen Hufen. Das Langhaar ist oft eher spärlich.

GRÖSSE Stockmaß zwischen 158 und 175 cm

FARBEN Angestrebt sind Isabellen und Falben, es fallen aber auch Schimmel, Rappen und Füchse. Typisch für Kinskys ist ein fast metallischer Glanz.

INTERIEUR Klug, temperamentvoll, sehr leistungsbereit

VERWENDUNG Sportpferd für alle Disziplinen

Tinker

„Tinker" kann man als „Kesselflicker" übersetzen – und damit ist man dann schon ganz nahe am Ursprung der Pferderasse. „Kesselflicker" war früher die abwertende Bezeichnung für die Sinti und Roma, die als Familiengruppen über Land zogen und ihr Geld unter anderem damit verdienten, Töpfe (früher oft aus Weißblech – Englisch „tinplate") zu flicken. In Irland sind aber keine Sinti und Roma unterwegs, sondern ein Volk, das sich selbst „Pavee" nennt. Teilweise ziehen die Pavees noch heute mit Wohnwägen über Land und manche haben auch noch bunte Pferde bei sich.
Die Ursprünge der Pferderasse Tinker sind wahrscheinlich bei den englischen Shire Horses, Clydesdales und Dales Ponys zu finden. Die irischen Reisenden brauchten starke, robuste Pferde, die ihre Wagen ziehen und das harte Leben auf der Straße aushalten konnten. Das Scheckgen bekamen die Pferde der Reisenden vermutlich durch Trakehner – um 1900 herum wurde nämlich eine größere Herde Trakehnerschecken nach Irland verkauft.
Den Pavee kam die Scheckung der Pferde angeblich als eine Art „Diebstahlsicherung" entgegen. Scheckmuster sind individuell, und so konnte jeder Reisende sein Pferd ganz genau beschreiben. Dazu kam wohl, dass den Pavees ihre bunten Pferde einfach gefielen.
Wie auch immer: Viele Jahre lang hat sich niemand großartig um die Tinker gekümmert. Sie liefen in Irland eben mit, nach Zuchtbüchern und Linien fragte keiner. Doch um 1990 herum wurden sie – vor allem in Deutschland – „Mode". So kam es 1998 (als Tinker in Deutschland und den Niederlanden schon in den Zuchtbüchern mitgeführt wurden) in Irland zur Gründung eines Zuchtverbandes. Inzwischen kauft manch irischer Tinkerzüchter in Deutschland und den Niederlanden Tinker, um den Bedarf auf den irischen Pferdemärkten befriedigen zu können.

Ursprünglich waren die Tinker die Pferde der irischen Pavees.

Die Knabstrupper Tigerschecken waren einst die Pferde der Herrscher.

Knabstrupper

Tigerschecken sind etwas ganz Besonderes und nicht ganz einfach zu züchten, denn das Gen, das den „Mantel" – also die Tigerscheckung – in sich trägt, ist homozygot. Das bedeutet, dass es dann, wenn beide Elternteile es in sich tragen, beim Nachkommen so durchschlägt, dass sie keine Tigerflecken mehr haben, sondern weiß geboren werden.

TIGERSCHECKEN

In Dänemark hatte man den „Trick" mit der Tigervererbung besonders gut heraus. Als dort 1536 das königliche Gestüt Frederiksborg gegründet wurde, hatte man schon eine kleine Herde Tigerschecken, basierend auf Importpferden aus Spanien.
Die Frederiksborger Tigerschecken waren im Barock in ganz Europa begehrt – und so teuer, dass es nur die ganz großen Herren waren, die sich ein so extravagantes Pferd leisten konnten.

AUFFALLENDE PFERDE

Die Französische Revolution und Napoleons Kriege führten dann aber fast zum Untergang der Rasse. Die Kavallerietaktik veränderte sich grundlegend. Berittene Soldaten wurden nicht mehr in Einzelkämpfe verwickelt, in denen das Pferd als Partner des Reiters mit Sprüngen und Ausschlagen eingriff, sondern die Reiter traten im Pulk auf und ritten schnelle Attacken. Dafür brauchte man andere Pferde – und je weniger das einzelne auffiel, desto besser. Die barocken Tigerschecken waren nicht mehr gefragt.
Im königlichen Gestüt Frederiksborg spielten sie keine große Rolle mehr, aber dafür gab es Major Villars Lunn, der auf seinem Gut Knabstrup weiterhin Tigerschecken züchtete. Er kaufte von einem Händler die getigerte Stute Flaebe, die vermutlich aus dem alten Frederiksborger Bestand stammte. Sie bekam mit einem Hengst spanischer Abstammung einen Sohn, der zum Stammvater der Knabstrupper Tigerschecken wurde.

HOFFENTLICH GERETTET

1891 beendete ein Blitzschlag die Tigerscheckenzucht in Knabstrup. Der Stall brannte ab, 22 Zuchtpferde gingen verloren. Für eine Weile sah es so aus, als ob die alte Rasse verloren sei.
In Dänemark gibt es momentan zwei Zuchtrichtungen: Die eine zielt auf ein modernes Sportpferd ab, die andere versucht, den Knabstrupper als Barockpferd zu erhalten, inklusive der Tigerscheckung. Weil die Zuchtbasis inzwischen recht eng geworden ist und viel vom alten Knabstrupper-Blut verloren ging, kommt man in beiden Richtungen nicht ohne Fremdbluteinfluss aus. Die Züchter der barocken Linie setzen PREs und Lusitanos ein, gute Kreuzungsprodukte werden ins Stutbuch eingetragen. Allerdings muss ein Pferd drei Generationen Knabstrupper-Vorfahren aufweisen, damit es als „Original-Knabstrupper" gilt. Es besteht also Hoffnung, dass die Rasse erhalten bleibt.

Noriker

Bei den österreichischen Norikern sind neben den „normalen" Farben fast alle anderen Varianten vorhanden, darunter auch das seltene Stichelhaar, das bei einem schwarzen Pferd zu der Farbvariante führt, die man „Mohrenkopf" nennt: ein dunkler Kopf zu einem durch mehr oder weniger viele weiße Stichelhaare aufgehellten Körper.
Doch die alte Rasse hat Probleme. Der Bestand mit an die 3.000 eingetragenen Stuten ist eigentlich groß genug, dazu hält im Salzburger Land so ziemlich jeder größere Bauernhof Norikerstuten. Die Mutterstuten gehen mit ihren Fohlen auf die Alm. Dazu kommt noch, dass es EG-Subventionen für die Norikerzucht gibt.
Doch genau das ist ungut für die Zucht. Weil die Kosten für die „Produktion" eines Fohlens durch die Subvention abgedeckt sind, kümmert es viele Noriker-Züchter nicht, dass es keinen Markt für ihre Pferde gibt. Arbeits- und Fahrpferde werden nicht viele gebraucht, also wird ein großer Teil der Fohlen an Schlachter verkauft. Die Noriker-Züchter verdienen zwar nicht viel an ihren Pferden, aber die Unkosten sind gedeckt. Leider – denn es gibt dadurch zu wenig Leistungsselektion bei den Norikern.
Eigentlich hätten die Noriker alles, was sie zu guten Freizeitpferden machen könnte – bis auf das, was man „Reitpferdepoints" nennt. Sehr viele Noriker haben steile Schultern, einen sehr hoch aufgesetzten Hals, stehen nicht korrekt oder sind überbaut. Hier ist noch viel zu tun.

Noriker haben oft auffallend gemusterte Köpfe.

Lewitzer Schecken sind eine junge Rasse.

Lewitzer Schecke

Sie sind eine der ganz jungen deutschen Rassen – und übrigens die einzige, die in der ehemaligen DDR als „Original" entstanden ist. In Mecklenburg-Vorpommern im Großraum Teterow gab es eine kleine Population von Tobiano-Ponys, die im volkseigenen Gut Lewitz in Neustadt-Glewe gesammelt und weitergezüchtet wurden. Dabei hat man vermutlich auch den einen oder anderen Trakehner Schecken eingekreuzt.
Die hübschen Schecken, die außerdem sorgfältig nach Charakter selektiert wurden – freundlich, kinderlieb, gutmütig und mit starken Nerven, dazu intelligent und fleißig – waren bald schon sehr beliebt. Ein Zuchtbuch wurde angelegt und 2005 geschlossen.
Weil aber Farbzucht immer wieder einmal einen einfarbigen „Ausfall" produziert, hat das Lewitzer-Zuchtbuch zwei Abteilungen.
In der Abteilung A werden dem Zuchtziel entsprechende Tobiano-Schecken eingetragen.
In der Abteilung B des Zuchtbuches stehen die einfarbigen Lewitzer und alle anderen Färbungen außer Plattenscheck.
Nach der Wende wurde das Gut Lewitz an Paul Schockemöhle verkauft, der dort ein Warmblutgestüt mit rund 4.000 Pferden eingerichtet hat. Die Lewitzer Schecken wurden aber als eigene Rasse anerkannt und werden von einigen Züchtern in Mecklenburg-Vorpommern innerhalb einer Interessengemeinschaft weitergezüchtet.

Tinker

HERKUNFT Irland

EXTERIEUR Die Rasse ist noch nicht konsolidiert, daher ist das Exterieur noch recht uneinheitlich. Erwünscht ist ein kompaktes Arbeitspferd mit geradem Kopf. Momentan finden sich aber noch recht häufig Pferde mit Ramskopf. Der Hals soll hoch aufgesetzt sein, der Rücken kräftig und nicht zu lang. Tinker sollen ein korrektes Fundament mit guten Hufen haben. Typisch sind der ausgeprägte Fesselbehang und das üppige Langhaar.

GRÖSSE Stockmaß zwischen 135 und 160 cm

FARBEN Plattenschecken werden bevorzugt, es gibt aber auch einfarbige Tinker. Albinos sind nicht zur Zucht zugelassen.

INTERIEUR Gutmütig, freundlich, gelassen, fleißig

VERWENDUNG Freizeitpferde, aufgrund ihrer Gutmütigkeit sind sie oft sehr gute Therapiepferde

Knabstrupper

HERKUNFT Dänemark

EXTERIEUR Knabstrupper werden in zwei Typen gezüchtet: als moderne Sportpferde und als typische Barockpferde.
Beim barocken Typ findet sich häufig ein Ramskopf mit hübschen, kleinen Ohren. Der lange Hals ist hoch aufgesetzt und kräftig, der Rücken nicht zu lang, die Kruppe eher melonenförmig. Die Beine sind kräftig und korrekt gestellt.

GRÖSSE Stockmaß zwischen 153 und 157 cm

FARBEN Tigerschecken

INTERIEUR Gelassen, freundlich, intelligent und sehr menschenbezogen

VERWENDUNG Je nach Typ als Barockpferd oder vielseitiges Sportpferd

Noriker

HERKUNFT Österreich

EXTERIEUR Der Noriker hat einen hübschen, geraden Kopf mit kleinen Ohren. Der Hals ist tief angesetzt, der Widerrist nicht immer ideal, der Rücken nicht zu lang. Den Norikern sieht man den Kaltblüter an, viele haben eine doch deutlich gespaltene Kruppe. Häufig ist das Fundament nicht so korrekt, wie man es sich wünschen würde.

GRÖSSE Stockmaß zwischen 155 und 165 cm

FARBEN Alle Grundfarben, außerdem Tiger- und Plattenschecken sowie Mohrenköpfe

INTERIEUR Gutmütig, freundlich, fleißig

VERWENDUNG Fahr- und Arbeitspferde, sie sind auffallend trittsicher und wendig. Leider steht der Verwendung als Freizeitpferd für Reiter entgegen, dass viele Noriker nicht genug Reitpferdepoints haben und ihnen zum Beispiel Anlehnung schwerfällt.

Lewitzer Schecke

HERKUNFT Deutschland

EXTERIEUR Deutschlands jüngste Ponyrasse zeichnet sich durch einen auffalllend hübschen und edlen Kopf aus. Das Exterieur steht im eleganten Sportpferdetyp: Der Hals ist nicht zu lang, die Schulter schräg, die Sattellage gut. Der Rücken ist mittellang, die Kruppe eher rund. Die trockenen Beine haben feste Hufe.

GRÖSSE Stockmaß zwischen 130 und 148 cm

FARBEN Alle Grundfarben. Im Zuchtbuch A werden nur Tobianos (meist Rapp- und Braunschecken, aber auch Fuchsschecken) aufgenommen. Im Zuchtbuch B stehen die einfarbigen Lewitzer.

INTERIEUR Umgänglich, freundlich, robust, leistungsbereit

VERWENDUNG Vielseitiges Sportpony zum Reiten und Fahren

AMERIKAS FARBZUCHTEN

DIE AMERIKANER SIND WELTMEISTER IN SACHEN FARBZUCHT. NIRGENDS FINDEN FREUNDE BUNTER PFERDE SO VIELE VARIANTEN, NIRGENDS IST DIE ZUCHTBASIS FÜR „BUNT" SO BREIT UND DIE EINTEILUNG SO DETAILLIERT.

In Amerika ist nicht nur die größte Rasse der Welt – die der Quarter Horses – entstanden, sondern innerhalb der Rasse haben sich ein paar Sonderabteilungen gebildet. Drei davon stechen hervor, weil die Pferde besondere Farben haben: die Paints, die Appaloosas und die Palominos.

GENIMPORT

Die Frage, wie das Scheck- und das Cream Gen nach Amerika kamen, ist nicht schwer zu beantworten: Das Cream Gen brachten vermutlich schon die Konquistadoren mit. Kolumbus' Schriftwechsel weist aus, dass er nicht nur, wie man lange angenommen hat, spanische Pferde mitgebracht hat, sondern auch portugiesische Sorraias und ihre Nachkommen, also Lusitanos. Sorraias sind Falben, unter den Lusitanos gibt es immer wieder Cremellos und Perlinos – da war es also schon, das Cream Gen.

Das Gen für die Scheckung kam wahrscheinlich aus ganz Europa: Die Engländer, die in Amerika einwanderten, brachten Shire Horses, Clydesdales und vermutlich auch das eine oder andere gescheckte Shetland Pony mit. Die irische Einwandererwelle spülte den einen oder anderen Tinker ins Land, zudem kamen mit den Iren Connemara Ponys, unter denen es sehr viele Falben und einige Pferde mit Stichelhaaren gibt. Und wer weiß, ob nicht auch ein paar Knabstrupper und Trakehner Schecken nach Amerika gelangten?

DIE INDIANER KOMMEN AUFS PFERD

Wahrscheinlich haben wir es Karl May und seinen Geschichten von Winnetou und seinem stolzen Hengst zu verdanken, dass Indianer bei uns als „Reitervolk" gelten. Das waren sie eigentlich nicht.

Die Urpferde in Amerika waren schon ausgestorben, als die ersten Menschen sich dort angesiedelt haben, und der größte Teil der Geschichte der Indianer ist ohne Pferde verlaufen. Doch mit den spanischen Eroberern kamen Pferde ins Land – und jede neue Einwandererwelle brachte nicht nur neue Menschen, sondern auch neue Pferde. Die Indianer begriffen schnell, dass ein Reiter einem Fußgänger nicht nur im Kampf, sondern auch auf der Jagd und im Alltag überlegen ist. Die ersten Pferde haben sie wahrscheinlich im Kampf gegen die Weißen erobert, gestohlen oder sie haben Pferde, die den Besatzern weggelaufen waren, eingefangen. Und natürlich haben sie dann angefangen, zu züchten – welch bessere und billigere Methode konnte es denn geben, den Pferdebestand zu vergrößern?
Der erste Indianerstamm, der sich intensiv mit Pferdezucht beschäftigte, waren die in der Palouse Prärie in Idaho beheimateten Nez Percé. Die Nez Percé waren Jäger und Sammler, aber sie waren sesshaft und lebten den größten Teil des Jahres in mit Matten gedeckten Langhäusern. Sie hatten offenkundig ein Faible für bunte Pferde und züchteten sie sehr erfolgreich.

EINE WISSENSCHAFT FÜR SICH

Bei der Vielzahl von bunten Pferden in Amerika hat sich natürlich auch eine unglaubliche Vielfalt an Varianten ergeben. So listen allein die

Appaloosas sind nicht nur bunt, sondern auch clever. Zum Glück konnte die alte Zucht der Indianer wenigstens teilweise erhalten werden.

Appaloosa-Züchter 14 Farben und Muster auf. Die American Paint Horse Association (APHA) beschränkt sich zwar auf drei Muster – Tobiano, Overo und Tovero – , schaut man aber in ihre Liste der „Coat Colors“ (Fellfarben), schwirrt einem sehr schnell der Kopf: von Black über Brown über Buckskin und Dun zu Sorrel – 16 Farben sind möglich und zugelassen. Wahrscheinlich gehört das Studium der verschiedenen Möglichkeiten mit zum Spaß, den Freunde von bunten Pferden haben …
Bei den amerikanischen Farbzuchtverbänden ist es oberstes Gebot, dass Farbe allein nicht ausreicht, auch das sonstige Exterieur und das Interieur müssen stimmen, das nehmen auch die deutschen Zuchtverbände ernst.
Dennoch muss man sich des Risikos der Farbzucht bewusst bleiben, vor allem bei den Schecken. Das Gen, das die Overo-Scheckung auslöst, ist eine Mutation – wenn es bei einem Individuum doppelt auftritt, führt es zu Fehlbildungen im Bereich des Magen-Darm-Traktes. Die weiß geborenen Fohlen leiden am OLWS (Overo-Lethal-White-Syndrome). Ihnen fehlen die Nervenzellen am Ende des Dünndarms, im Blinddarm und im gesamten Dickdarm, was innerhalb von 72 Stunden nach der Geburt zu einem Darmverschluss und zum Tod führt.

Zurück in die alte Welt

Es war Mitte der 80er Jahre des vorigen Jahrhunderts, als die ersten „bunten“ Pferde aus den USA nach Deutschland kamen. Auf der Equitana wurden die Paints viel bestaunt und Pferdefreunde, die in die USA gereist waren, schwärmten von der Gutmütigkeit und Leichtrittigkeit der amerikanischen Pferde und ihren tollen Farben. Heute werden fast alle amerikanischen Farbrassen in Deutschland nachgezüchtet, Paints und Appaloosas sind zu einem vertrauten Bild in deutschen Reitställen geworden. Und so gilt auch schon für die deutschen Nachzuchten, dass die Populationsgröße das Risiko einer reinen Farbselektion vermindert.

Paint Horse

Als 1519 Hernando Cortes die Segel setzte, um die neue Welt zu erobern, hatte er nicht nur Pferde, sondern unter seinen Männern auch einen gewissen Señor Diaz del Castillo an Bord, der glücklicherweise einiges an Berichten über die Expedition hinterlassen hat. So wissen wir, dass unter den Pferden, die Cortes mit nach Amerika nahm, zwei waren, die wahrscheinlich ein Scheckgen mit über den Atlantik brachten. Castillo berichtet von einem „Pinto" mit weißen Vorderbeinen und einem Braunen mit weißen Stichelhaaren.
In den nächsten Jahrhunderten wanderten immer mehr Menschen in Amerika ein – und viele von ihnen brachten Pferde mit. Doch in dem großen, weiten Land war es nicht so einfach, Pferde zu hüten – etliche liefen ihren Besitzern davon und verwilderten. Anfang des 20. Jahrhunderts gab es Tausende von Pferden, die frei über die amerikanischen Steppen zogen. Dazu wurde im ganzen Norden Amerikas gezüchtet, wobei es zu dieser Zeit noch keine Zuchtorganisationen gab. Jeder Farmer, der Pferde hielt, züchtete für seinen eigenen Bedarf und nach seinem Geschmack. Einige Indianerstämme – neben den Nez Percé waren auch die Comanchen als gute Pferdezüchter bekannt – waren sogar schon sehr erfolgreich in der Farbzucht. Aber es dauerte noch einige Jahrzehnte, bis die Zucht farbiger Pferde reguliert wurde.

VERBANDSGRÜNDUNG AM KÜCHENTISCH

Es war 1960, als Rebbeca Tyler Lockhart, stolze Besitzerin und Züchterin bunter Pferde, befreundete Gleichgesinnte anrief, um zu fragen, ob sie an einem Stutbuch interessiert seien. Wenn ja, schrieb Rebecca Tyler Lockhart die Informationen über die Pferde desjenigen auf ein Stück Papier und legte es in einen Karton auf ihrem Küchentisch. „Bald war mein Küchentisch mit Papier bedeckt und ich musste ein paar Frauen bitten, mir beim Aufschreiben zu helfen. Das funktionierte sehr gut, bis wir uns alle erkältet haben." An der Stelle bat die verschnupfte Dame dann drei Freunde um Hilfe. Das kleine Grüppchen organisierte dann eine Show, zu der sie Besitzer von Schecken aus Nord-Texas und Oklahoma einluden, samt ihren Rössern nach Waurika in Oklahoma zu kommen. Dies war ein voller Erfolg und schon bald beantragte die Gruppe, bei den offiziellen Turnieren für Westernpferde eine Klasse für bunte Pferde einzurichten.
Im Februar 1961 gründeten sie dann die American Paint Stock Horse Association und im August 1962 fing Rebecca Tyler-Lockhart an, Daten fürs Stutbuch zu sammeln, in dem sie den ersten Hengst eintrug, einen schwarz-weißen Tobiano namens Bandits Pinto.

UND ES WERDEN IMMER MEHR ...

1965 vereinigte sich die American Paint Stock Horse Association mit der American Paint Quarter Horse Association zur American Paint Horse Association (APHA). Nun waren es schon 1.300 Mitglieder mit 3.800 Pferden. Inzwischen hat sich die APHA über 59 Länder ausgebreitet, hat in ihren Stutbüchern aktuell ungefähr 1 Million eingetragene Pferde und registriert jedes Jahr um die 15.000 Fohlen. Um volle Papiere von der APHA zu bekommen, muss das Pferd entweder ein Schecke oder zumindest stichelhaarig oder ein Cremello sein. Die Muster sind genau vorgeschrieben. Weil aber Vererbung immer noch nicht 100 % berechenbar ist und weil außerdem ein Übermaß an Scheckgenen gefährlich werden kann, passiert es immer wieder, dass bei der APHA eingetra-

Paint oder Pinto?

Manchmal herrscht noch etwas Begriffsverwirrung: Paint und Pinto – beides steht für amerikanische Schecken. Aber wie unterscheiden sich die eigentlich?
Es ist relativ einfach: Jedes Paint Horse ist auch ein Pinto, aber nicht jeder Pinto ist ein Paint. Als Paint Horses werden nur Schecken anerkannt, deren Vorfahren entweder bei der APHA, der Quarter Horse Association oder als Englische Vollblüter eingetragen sind. „Pinto" nennt man dagegen alle Schecken, unabhängig von ihren Vorfahren und Papieren. Noch genauer: Um als Paint Horse anerkannt zu werden, muss ein Pferd nicht nur bunt sein und die passenden Vorfahren haben, sondern auch dem definierten Typ – also dem amerikanischen Stock Horse – entsprechen.

Ein Paint Horse muss nicht nur bunt mit einem entsprechenden Muster sein, sondern auch dem Rassestandard entsprechen.

gene Pferde einfarbige Nachkommen haben. Das ist für die Züchter zum Glück kein großes Problem. Ein einfarbiges Paint Horse bekommt, wenn es sonst dem Standard entspricht, Papiere als Quarter Horse. Wenn es eine Stute ist, kann sie auch zur Zucht eingesetzt werden. Bekommt sie ein Fohlen, das in der Farbe wieder in die Standards der APHA passt, wird das dort aufgenommen.

DNA-TESTS MÜSSEN SEIN

In der amerikanischen Paint Horse Zucht sind inzwischen DNA-Tests sehr wichtig geworden. Neben dem Overo-Lethal-White-Syndrome haben sich bei den Quarter Horses ebenfalls genetische Probleme eingeschlichen – so unter anderem HYPP (Hyperkaliämische Perodische Paralyse), HERDA (Hereditary Equine Regional Dermal Asthenia) und PSSM (Polysaccharide Storage Myopathy).

Durch die enge Verwandtschaft zu den Quarter Horses sind auch die Paint Horses betroffen, weswegen die Zuchthengste inzwischen fast durchgehend einem DNA-Test unterzogen werden, ehe man sie einsetzt. Verantwortungsvolle Züchter lassen auch ihre Stuten testen. Wer ein Paint Horse kauft, sollte durchaus fragen, ob es aus einem Gestüt stammt, das seine Pferde durchgetestet hat, um sicherzustellen, dass sie von den genetisch bedingten Krankheiten verschont bleiben. Besonders wichtig ist das natürlich, wenn man eine Stute kauft und mit ihr eventuell züchten möchte. Selbst wenn man dann vielleicht Glück in der Genlotterie hätte und ein gesundes Fohlen herauskommt, obwohl die Stute selbst ein beschädigtes Gen hat – es wäre nicht sicher, dass das Fohlen seinen Schaden nicht weiter vererbt. Um die Erbkrankheiten wieder aus der Rasse herauszubekommen, ist es sehr wichtig, dass betroffene Tiere generell nicht mehr zur Zucht eingesetzt werden.

DIE FELLFARBEN *der Paints*

WUNDERBAR BUNT

Fellfarben und Scheckung sind bei den amerikanischen Pferden eine Wissenschaft für sich, die aber mit viel Freude und Hingabe der Züchter betrieben wird.

Die American Paint Horse Association (APHA) listet auf ihrer Website die möglichen Fellfarben eines Paints auf:

BLACK Rappe. Das ganze Pferd von der Nase bis zum Huf ist schwarz. Die Farbe darf zu bestimmten Zeiten im Jahr aufhellen (Sommer- oder Winterrappen), ein Rotstich und ein Mausgrau bei sehr jungen Fohlen ist erlaubt.

BROWN Brauner. Braun mit kleinen, weißen Abzeichen im Gesicht und an den Beinen, das Langhaar ist schwarz

BAY Rotbrauner mit schwarzem Langhaar, die Spitzen der Ohren und die Beine sind üblicherweise auch schwarz

BAY ROAN Ein Rotbrauner mit weißen Stichelhaaren

BLUE ROAN Ein Rappe mit weißen Stichelhaaren

BUCKSKIN Ein Falbe mit schwarzem Langhaar und schwarzen Beinen, sonst aber ohne schwarze Abzeichen

DUN Ein Falbe mit Aalstrich und Zebrastreifen an den Beinen

GRAY Schimmel. Kann in jeder Farbe geboren werden, wird aber mit jedem Fellwechsel heller. Die Haut ist dunkel und um die Augen und hinter den Ohren grau.

GRULLO Ein grauer Falbe

PERLINO Ein Brauner oder Schwarzer mit doppeltem Cream Gen. Er ist perlgrau mit dunkleren Beinen und Langhaar, die Haut ist grau oder pink, die Augen sind blau oder hellbraun.

CHESTNUT Ein Fuchs, wobei das Spektrum vom Lichtfuchs bis zum Dunkelfuchs reicht. Entscheidend ist, dass das Langhaar nicht dunkler als die Fellfarbe ist.

CREMELLO Cremefarben mit heller Haut, die Augen sind blau oder hellbraun

PALOMINO Golden mit hellerem Langhaar

RED DUN Falbe mit deutlichem Rotstich

RED ROAN Ein Fuchs mit Stichelhaaren

SORREL Ein kupferroter Fuchs mit dunkelbraunem oder blondem Langhaar

Chestnut mit interessanter Overo-Scheckung

Appaloosa

Gefleckte Pferde hat es schon immer gegeben und sie scheinen schon immer einen besonderen Eindruck auf Menschen gemacht zu haben. Das beweisen Höhlenzeichnungen in Pech Merle in Frankreich, die vor ungefähr 20.000 Jahren entstanden sind.
Es war wohl am Anfang des 18. Jahrhunderts, dass die Nez Percé Indianer, die im Grenzdreieck von Oregon, Idaho und Washington siedelten, zu Pferden kamen und sie in ihre Mythen und ihre Spiritualität einbanden. Sie glaubten an magische Kräfte, die sich in Pferdemustern ausdrückten, weswegen ihre besten Pferde zu bestimmten Anlässen mit Federn, Schleifen und Farbmustern geschmückt wurden. Und natürlich schätzten sie die Pferde, die von Natur aus „bunt“ waren, besonders.

DIE ZUCHT DER NEZ PERCÉ

Das erstaunliche an den Nez Percé war aber, dass sie – ganz ohne dass es ihnen jemand beigebracht hätte – als erster Indianerstamm die Grundsätze von Pferdezucht und die Notwendigkeit von Selektion begriffen. Sie begannen, die zu schweren, einfarbigen oder sonst weniger guten Pferde entweder als Tragtiere zu verwenden oder bei Tauschgeschäften einzusetzen. Mit den guten – den kräftigen, schnellen, wendigen und mutigen – Stuten und Hengsten züchteten sie weiter. 1806 erschien ein Artikel über die Zucht bei den Nez Percé, dessen Schreiber sich erstaunt darüber zeigte, dass bei den Indianern sogar minderwertige Hengste gelegt wurden. Zu der Zeit hießen die Pferde der Nez Percé allerdings noch nicht Appaloosa. Der Name kam erst auf, als sich Weizenfarmer im Tal des Flusses Palouse niederließen, wo auch die Nez Percé und ihre gefleckten Pferde zu Hause waren. Die Farmer nannten diese Pferde erst „Palousey Horses“, woraus dann „A Palousey“ wurde und schließlich Appaloosa.

DER UNTERGANG

Der Anfang vom Ende kam für die Nez Percé, als in ihrem Gebiet Gold gefunden wurde. Siedler und Goldgräber drangen immer weiter vor, nahmen ihnen immer mehr Land weg und schließlich – Gipfel der Ungerechtigkeit – befahl die Armee 1877, dass die Nez Percé ihre Heimat zu verlassen und innerhalb von 30 Tagen in ein Reservat nach Idaho umzusiedeln hatten.
Die Nez Percé wollten den Frieden wahren und gingen. Doch schon bei der Überquerung des Snake Rivers verloren sie 900 ihrer Pferde. Auf dem Weg zum Reservat kam es dann zu kleineren Zwischenfällen mit Siedlern und am Ende entstand daraus genau das, was die Nez Percé nie gewollt hatten: Krieg. 600 amerikanische Soldaten standen schließlich 120 Nez Percé Indianern gegenüber, die heroisch kämpften, aber der Übermacht weichen mussten.

Porzellanschecken sind etwas ganz Besonderes.

RETTUNG DER GEFLECKTEN PFERDE

Den Amerikanern fiel auf, dass die Indianer überdurchschnittlich gute Pferde hatten, und so wurden die am Ende der Kämpfe beschlagnahmt und versteigert. Sie fanden reißend Absatz – und die Zucht der Nez Percé schien am Ende zu sein. Ihre wertvollen Zuchttiere wurden im ganzen Land verschleudert und mit allem gekreuzt, was ihren neuen Besitzern passend erschien.
Zum Glück gab es unter den neuen Besitzern der Indianerpferde auch ein paar, die die Qualität und Schönheit der Appaloosas zu schätzen wussten und erkannten, dass sie nur durch Reinzucht zu erhalten sein würden. So blieben wenigstens ein paar der Indianerlinien erhalten. 1938 wurde der Appaloosa Horse Club USA (ApHC) gegründet, der es sich zur Aufgabe machte, die Rasse rein zu züchten. Er startete mit 55 Mitgliedern und 113 eingetragenen Pferden.

Die Muster der Appaloosas

Die Farben der Appaloosas entsprechen in der Definition denen der Paint Horses, aber bei den Appaloosas kommen bestimmte Muster dazu, die in sechs Kategorien eingeteilt werden:

BLANKET Das Pferd hat eine klar und kontrastreich von der Grundfarbe abgesetzte Decke, die mindestens über die Kruppe reicht.

SPOTS: Weiße oder dunkle Flecke, zum Beispiel über Hüfte und Lenden

ROAN Stichelhaare. Wenn ein Pferd nur Stichelhaare hat, muss es zumindest gefleckte Hautpartien haben, um als Appaloosa eingetragen zu werden.

ROAN BLANKET Ein Blanket, dessen Decke Stichelhaare hat

ROAN BLANKET WITH SPOTS Außer dem Blanket mit Stichelhaaren hat das Pferd weiße oder dunkle Flecke. Das entspricht dem, was man bei uns „Schabrackentiger" nennt.

SOLID Ein einfarbiges Pferd. Es muss allerdings gefleckte Haut und noch ein weiteres Appaloosa-Merkmal (weiß umrandete Pupille, gestreifte Hufe) aufweisen, um als Appaloosa anerkannt zu werden.

EINE EIGENSTÄNDIGE RASSE

In den folgenden Jahren, vor allem, nachdem Amerika die große Wirtschaftskrise überstanden hatte, bekam die ApHC regen Zulauf.
Die bunten Pferde kamen immer mehr in Mode und es fanden sich zunehmend Züchter, die noch originale Appaloosa-Stämme hatten und eintragen ließen.
1950 wurde die Rasse in Amerika dann als eigenständig anerkannt. Inzwischen verzeichnet der Zuchtverband rund 700.000 Pferde, von denen nicht wenige inzwischen in Europa zu Hause sind, wo zum Beispiel in Deutschland und den Niederlanden eifrig nachgezüchtet wird.
Dabei zeichnet die Appaloosas immer noch das aus, was sie schon bei den Nez Percé Indianern so erfolgreich gemacht hat: In der Appaloosa-Zucht zählt nicht nur die Farbe, sondern es wird sehr streng auf Exterieur, Interieur und Leistungsfähigkeit selektiert.

Palomino

Falben mit Cream Gen – das ist Voraussetzung, damit ein Pferd Palomino wird – waren schon immer sehr begehrt und wurden auch schon immer gezüchtet. Es sollte daher nicht wundern, dass auch die farbfreudigen Amerikaner goldene Pferde mit weißem Langhaar züchten und einen eigenen Verband dafür haben.
Allerdings betreiben die Palomino Horse Breeders of America (PHBA) keine Reinzucht mit einem geschlossenen Stutbuch, sondern nehmen goldene Pferde mit weißer Mähne aus den folgenden Verbänden auf:

- American Quarter Horse
- American Paint Horse
- American Holsteiner Horse
- Pinto Horse Association of America
- Appaloosa Horse Club
- Jockey Club (also die Englischen Vollblüter)
- American Saddle Horses
- Arabians
- Half Arabs
- Morgans
- Tennessee Walking Horses
- Mountain Pleasure Horses
- Morabs
- Quarabs
- Missouri Fox Trotters
- Rocky Mountain Horse

So kann man die Palominos nicht eigentlich „Rasse" nennen – sie sind eine Farbvariante, die in fast jeder amerikanischen Rasse vorkommt. Tatsächlich wäre der Versuch, Palominos rein zu züchten, auch gefährlich, da es dabei zu einer beständigen Vermehrung des Cream Gens käme.

Palominos sind golden mit weißer Mähne.

Paint Horse

HERKUNFT USA

EXTERIEUR Typische Quarter Horses: Eher über dem Quadrat stehend mit edlem Kopf, langem, schönem Hals, relativ kurzem Rücken, sehr gut bemuskelter Schulter und Kruppe und korrektem Fundament mit meist kleinen, festen Hufen

GRÖSSE Stockmaß zwischen 142 und 158 cm

FARBEN Schecken aller Art: Overo, Tobiano und Tovero-Plattenschecken, außerdem Tigerschecken und Cremellos. Ein Pferd muss zumindest Stichelhaare haben, um als Paint eingetragen zu werden.

INTERIEUR Ehrlich, nervenstark, intelligent, leistungsbereit, wendig und robust

VERWENDUNG Freizeitpferde für alle Gelegenheiten, außerdem für alle Westerndisziplinen geeignet, inklusive Reining – Paint Horses haben nicht weniger „Cow Sense" als ihre einfarbigen Quarter-Verwandten.

Appaloosa

HERKUNFT USA

EXTERIEUR Ein edler, gerader Kopf mit mittelgroßen Ohren und weit auseinanderstehenden, klaren Augen, die weiß umrandet sein dürfen („Menschenauge"). Der Hals sollte nicht zu massig sein, die Schulter lang, schräg und gut bemuskelt. Ein relativ kurzer Rücken und eine schräg abfallende Kruppe sind ebenso wichtig. Dazu gehört ein solides Fundament mit einer kurzen Röhre, schräger Fessel und einem nicht zu großen, festen Huf (der bei vielen Appaloosas gestreift ist).

GRÖSSE Stockmaß zwischen 142 und 162 cm

FARBEN Tigerschecken aller Art, aber keine Plattenschecken

INTERIEUR Gelassen, freundlich, intelligent, wendig und mit starken Nerven

VERWENDUNG Freizeitpferde für alle Gelegenheiten, außerdem für alle Westerndisziplinen geeignet

GANGPFERDE

ALLER GUTEN DINGE SIND DREI? GANGPFERDEFANS SEHEN DAS ANDERS. FÜR SIE HAT EIN GUTES PFERD VIER, WENN NICHT SOGAR FÜNF GÄNGE.

DARF'S EIN BISSCHEN MEHR SEIN?

WARUM SOLLTEN PFERDE NUR SCHRITT, TRAB UND GALOPP GEHEN? IN ISLAND UND DEN AMERIKANISCHEN SÜDSTAATEN SIEHT MAN ES NICHT SO ENG, SONDERN GENIESST DAFÜR DIE ERWEITERUNG DER GANGMÖGLICHKEITEN.

Wie verschafft man einem Dressurreiter eine schlaflose Nacht? Das geht relativ einfach: Ein scharfer Blick aufs Pferd, das im Schritt unterwegs sein sollte, und die Anfrage: „Du, geht der Pass?" Allein der Gedanke treibt einem Dressurreiter den Schweiß auf die Stirn. Pass in der Dressurprüfung da, wo Schritt vorgeschrieben ist? Das gibt null Punkte für „Lektion nicht ausgeführt" – und da Schritt doppelt gewertet wird, kann der Reiter an der Stelle den Hut ziehen und am langen Zügel – hoffentlich dann wieder im klaren Schritt – nach Hause reiten.

Aber klären wir doch erst einmal ab: Was ist Pass? Im Schritt ist die Schrittfolge links vorne, rechts hinten, rechts vorne, links hinten. Der Pass ist eine laterale Gangart, die Schrittfolge lautet links vorne, links hinten, rechts vorne, rechts hinten. Anstatt des Viertakts im Schritt entsteht ein Zweitakt.

Pass im langsamen Tempo ist auch bei den meisten Gangpferden unerwünscht. Sehr gut ausgebildete, geschmeidige Isländer gehen auf kurzen Strecken Rennpass. Darüber hinaus ist Pass nicht erstrebenswert, denn im Pass kann sich ein Pferd nicht biegen.

Gangpferde gehen Tölt – oder eine Variation davon. Dabei ist der Tölt keineswegs eine spezielle Errungenschaft einiger weniger Rassen. Man vermutet zwar inzwischen, dass die Töltveranlagung mit einer Mutation des Gens DMRT3 verknüpft sein könnte, die bei den meisten Gangpferderassen auftritt, aber diese Genmutation scheint früher auch häufiger bei anderen Pferden aufgetreten zu sein. Im Mittelalter war sie sogar begehrt. Der Zelter, das Damenreitpferd des Mittelalters, das die Ritterfräulein im Seitsitz über weitere Strecken zu transportieren hatte, war bevorzugt ein erschütterungsfrei töltendes Pferd.

WAS IST TÖLT?

Der Tölt ist eine Abwandlung des Schritts mit gleicher Fußfolge, also eine diagonal-laterale Gangart im Viertakt. Aber im Gegensatz zu Trab und Galopp hat der Tölt keine Schwebephase. Dadurch ist er für den Reiter weitgehend erschütterungsfrei. Das Tempo des Tölts variiert zwischen einem flotten Schritt und einem lockeren Canter.

Im Gegensatz zum Schritt wechseln sich beim Tölt Ein- und Zweibeinstützen ab, woraus sich ein Ablauf in acht Phasen ergibt. Wenn das Pferd mit der diagonalen Zweibeinstütze hinten rechts und vorne links beginnt, geht es wie folgt weiter:

1. Vorne links fußt ab → Einbeinstütze hinten rechts
2. Vorne rechts tritt auf → laterale Zweibeinstütze
3. Hinten rechts fußt ab → Einbeinstütze vorne rechts
4. Hinten links tritt auf → diagonale Zweibeinstütze
5. Vorne rechts fußt ab → Einbeinstütze hinten links
6. Vorne links tritt auf → laterale Zweibeinstütze
7. Hinten links fußt ab → Einbeinstütze vorne links

VARIANTEN

Der Tölt heißt nicht bei allen Rassen so. Bei den Paso Peruanos wird er als Paso Llano bezeichnet, bei den Paso Finos als Paso.

Rack nennt sich der Tölt der amerikanischen Gangpferde, der sich allerdings vom Tölt der Isländer dadurch unterscheidet, dass das Pferd kadenziert geht, also für einen Moment das jeweils angehobene Bein in der Luft „stehen“ lässt. Das hat der Rack übrigens mit dem Slow Gait, dem „Dressurschritt“ der amerikanischen Gangpferde, gemeinsam.

Tennessee Walking Horses gehen Walk. Der Walk ähnelt in der Schrittfolge dem Tölt, beim Walk bleiben aber immer drei Hufe am Boden, woraus sich eine sehr hohe Gangsicherheit ergibt. Dazu nicken die Pferde im Walk mit dem Kopf.

Mangalarga Marchadores zeigen den Marcha, einen dem Tölt verwandten Viertakt, bei dem immer zwei Beine am Boden sind.

Der Foxtrott gehört zum Missouri Foxtrotter und sieht für europäische Reiter erst einmal irritierend aus. Dabei geht das Pferd nämlich vorne Schritt und hinten Trab. Für den Reiter ist das recht bequem und fürs Pferd offenkundig so schonend, dass der Missouri Foxtrotter in diesem Gang große Strecken zurücklegen kann.

Die unterschiedlichen Gangpferde zeigen vielerlei Varianten des Tölts.

Prächtiges Langhaar ist typisch für Isländer, es schützt sie vor Wind und Wetter.

Islandpferd

Es gibt lebensfreundlichere Umgebungen als Island, die Insel aus Feuer und Eis hoch oben im Norden. Lange, harte Winter werden von kurzen Sommern abgelöst, in denen der vereiste Boden auftaut und sich in grundlosen Schlamm verwandelt, der ewige Seewind pfeift über die Hügel, aus Bodenspalten schießt kochend heißes Wasser nach oben. Ackerbau kann man nur in wenigen Regionen betreiben, dafür lebte man von Fischerei und Viehzucht.
Hier sind die Islandpferde entstanden. Ihre Vorfahren waren wohl die zottigen, einheimischen Ponys – und so ziemlich alles, was die Wikinger mitbrachten.

DIE TÖLTER KOMMEN ZURÜCK

Für Jahrhunderte gab es bei uns keine töltenden Pferde. Nach dem Mittelalter war den Warmblütern der Tölt „abgezüchtet" worden und schließlich in Vergessenheit geraten.
Dann kam „Immenhof". In den 70er Jahren des vorigen Jahrhunderts waren zuerst die Immenhof-Bücher der Autorin und Islandpferde-Reiterin Ursula Bruns erfolgreich. Dann erschienen die Filme – und plötzlich wollten deutsche Reiter allerorten auch so ein knuddeliges, handliches Pferd aus dem Norden. Tölt hat dabei wahrscheinlich noch nicht die große Rolle gespielt. Doch je mehr „Isis", wie die Pferde zärtlich genannt werden, ins Land kamen, desto mehr entdeckten die Reiter, dass Tölt Spaß macht.

Gangpferde der Welt

Nach den Islandpferden folgten immer weitere Gangpferde, größtenteils werden sie bei uns nun auch nachgezüchtet:

- Die Europäer: Isländer und Aegidienberger
- Die Südamerikaner: Paso Peruano, Paso Fino und Mangalarga Marchador
- Die Nordamerikaner: Tennessee Walking Horse, American Saddlebred, Missouri Foxtrotter, American Standardbred, Gaited Morgan und Rocky Mountain Horse

TAUSEND JAHRE REINZUCHT?

Zu den Legenden, die gerne erzählt werden, gehört die Geschichte, dass auf einem Althing, der gesetzesgebenden Versammlung in Island 930 n. Chr. beschlossen wurde, dass keine fremden Pferde mehr auf die Insel kommen dürften, damit der bis dahin gezüchtete Bestand in isolierter Reinzucht erhalten bleibe.
Dagegen sprechen diverse Schiffspapiere, die von Historikern ausgewertet wurden und zeigen, dass im Mittelalter und später immer mal wieder Pferde nach Island exportiert wurden, darunter Pferde aus Spanien und sogar ein paar Vollblüter. Es ist mit hoher Wahrscheinlichkeit davon auszugehen, dass der eine oder andere eingereiste Hengst auch in der Zucht seine Spuren hinterlassen hat. Dass die Isländer trotzdem so „einheitlich" ausfallen und so deutlich von anderen Pferden zu unterscheiden sind, ist mit dem prägenden Einfluss der besonderen Umgebung zu erklären.
Pferde, die in Island überleben und sich fortpflanzen wollen, müssen mit den extrem harten Bedingungen klarkommen. Sie müssen ein dichtes Winterfell entwickeln, denn Isländer stehen auch im Winter nicht im Stall. Dazu müssen sie gute Futterverwerter sein – die isländischen Pferdezüchter füttern selbst im Winter nur sehr spärlich zu. Und weil Heu und Kraftfutter in Island sehr, sehr knapp sind, bekommen die Isländer schon mal ein Fass mit Trockenfisch hingestellt – und kommen damit klar, obwohl sie oft noch empfindlicher auf Eiweiß reagieren als andere Pferde.

NACHZUCHTLÄNDER

Seit den 80er Jahren des vorigen Jahrhunderts werden Isländer nach Deutschland exportiert. Inzwischen ist es ein Weg ohne Wiederkehr. Der isländische Zuchtverband ist sehr streng, die Einfuhr von Pferden ist in Island definitiv verboten und unter dieses Gesetz fallen sogar Pferde, die ursprünglich aus Island stammen. Deutschland ist inzwischen das wichtigste Nachzuchtland, aber auch in Österreich und der Schweiz werden viele Islandpferde gezüchtet. Die Islandpferdevereinigung Schweiz hat sogar fast zwei Dutzend Hengste in ihrem Katalog, darunter Plattenschecken, ein Falbe mit Cream Gen, Füchse, Rappen, Braune und Schimmel.
Die Turnierszene ist bei den Isländern sehr aktiv, man muss aber gar nicht so viel Ehrgeiz entwickeln: Die Fünfgänger aus dem Reich der Mitternachtssonne wurden bekannt und beliebt als hervorragende Gelände- und Trailpferde.

Lästige Allergie: Sommerekzem

Wo Licht ist, ist auch Schatten – und bei den Isländern ist es das Sommerekzem, das ein Problem darstellt.
Das Sommerekzem ist eine Allergie gegen den Speichel einer Gnitzenart (Culicoides sp.), die es auf Island nicht gibt, weswegen die Pferde keine Resistenz entwickeln konnten. Bekommen sie es bei uns mit diesen Gnitzen zu tun, zeigen die Pferde Juckreiz, und scheuern sich, es können Entzündungen entstehen. Dabei sind „echte", aus Island importierte Pferde mehr betroffen als Nachzuchten, die hier geboren sind.
Die Veranlagung zu Sommerekzem ist wahrscheinlich vererblich, daher sollte man bei Ekzemern mit der Zucht vorsichtig sein.

Isländer sind perfekt an ihre natürliche Umgebung angepasst, deshalb bekommen sie im deutschen Sommer oft Probleme mit Ekzemen.

Aegidienberger

Isländer sind nicht sehr groß. Sie können zwar viel Gewicht tragen, aber mancher Reiter würde ein größeres Pferd bevorzugen.
Das brachte Walter Feldmann sen. und seinen gleichnamigen Sohn auf die Idee: Was, wenn man ein Pferd züchten könnte, dass alle guten Eigenschaften des Isländers – inklusive seiner Töltveranlagung – hätte, aber eben ein wenig größer und weniger temperaturempfindlich wäre? Dazu musste eine Rasse gefunden werden, die zu den Isländern passte, und sie fand sich in den Paso Peruanos.
Die Feldmanns gingen nach einem definierten Schema vor: Ein Elternteil Isländer, eines Paso Peruano ergab die erste, die sogenannte F1-Generation. Deren Angehörige wurden dann wieder mit einem Isländer – der isländische Blutanteil sollte ja durchaus überwiegen – gekreuzt. Die zweite Generation kreuzte man wiederum mit einem Vertreter der ersten Generation.
Das Ergebnis war ein Pferd mit 62,5 % Isländerblut und 37,5 % Anteil des Paso Peruano. Mit diesen Endprodukten kann man dann weiterzüchten, der Blutanteil verändert sich nicht mehr.

Auch wenn sie Gewichtsträger sind, fühlt sich nicht jeder Reiter auf einem kleinen Isländer wohl.

Das Ergebnis dieser Kreuzungszucht entspricht dem, was die Feldmanns wünschten: Ein Pferd, das deutlich dem Isländer ähnelt, allerdings ein wenig größer ist und eine sichere Töltveranlagung hat.
1994 wurde die neue Rasse nach dem Feldmann-Gestüt Aegidienberger genannt und offiziell anerkannt.

Aegidienberger entstanden aus einer Kreuzung von Isländer und Paso Peruano.

Paso Peruanos wurden erst von den Europäern nach Südamerika gebracht.

Paso Peruano

Wer heute die peruanischen Caballeros auf ihren Pferden sieht, meint, das sei schon immer so gewesen. Tatsächlich sind Pferde aber auch in Südamerika nicht heimisch. So gehört auch der Paso Peruano zu den Rassen, die auf die Pferde der Konquistadoren zurückgehen.

Das Gelände in Peru ist recht schwierig. Es geht auf steinigen Wegen ständig bergauf und bergab, man hat große Strecken zu überwinden und dafür brauchte man Pferde, die trittsicher und bequem zu sitzen waren.

Die Gänge, die beim Paso Peruano gefragt sind, sind der Paso Llano – das ist der Tölt im klaren Viertakt – und der Sobreandando, eine Variante, die zum Pass hingeht. Beide Gänge werden mit dem typischen Termino gezeigt. Die Vorderbeine schwingen leicht nach außen, wobei man diese Bewegung nicht mit dem „Bügeln" mancher Pferde verwechseln sollte. Der Termino ist sozusagen die „Federung" der Pasos. Die Auswärtsbewegung aus der Schulter fängt den Schwung auf und verhindert dadurch, dass der Reiter geworfen wird. Auch wenn die Bewegung für manchen Reiter merkwürdig aussieht: Tierärzte haben belegt, dass diese Bewegung keine gesundheitliche Belastung darstellt.

Die ersten Paso Peruanos wurden um 1970 herum aus Südamerika importiert, inzwischen gibt es auch bei uns Nachzuchten. Seit 1982 existiert ein Zuchtverband, der Paso Peruano Europa (PPE).

Paso Fino

Das wichtigste am Paso Fino sei, so sagen seine Reiter und Züchter, der „Brio". Unter diesem Oberbegriff fassen sie die spezielle Spritzigkeit, den Arbeitseifer, das Temperament, aber auch die Gelassenheit und Menschenbezogenheit ihrer Pferde zusammen.

Ein Paso Fino ist alles andere als eine Schlafmütze, aber er ist auch kein nervöser Hampel, sondern ein selbstbewusstes Pferd, das mit seinem Reiter kooperiert.

Der Name „Paso Fino" bedeutet „feiner Gang" – und auch bei den kolumbianischen Pferden bedeutet das Tölt in klarem Viertakt. Er wird in drei Tempi geritten: Als „gemütlicher" Paso Fino, als Paso Corto – das ist das „Wandertempo", in dem die Pferde über sehr lange Strecken durchhalten, und als schneller Paso Largo.

Den Paso Finos sieht man meist an, dass sie von spanischen Pferden abstammen. Sie wirken zwar leichter als viele Spanier, haben aber den typischen hohen Halsaufsatz und meist auch einiges an Knieaktion. Das macht sie zu repräsentativen Pferden, die sich effizient bewegen können.

Bis 1970 waren Paso Finos fast ausschließlich in ihren Herkunftsländern bekannt, doch dann setzte sowohl in Deutschland wie auch in Nordamerika ein Boom ein, der dazu geführt hat, dass es inzwischen sowohl eine Paso Fino Association Europe e.V. als auch eine Paso Fino Horse Association USA gibt, die jeweils die Nachzuchtgebiete betreuen.

Paso Finos werden auch als Schecken eingetragen.

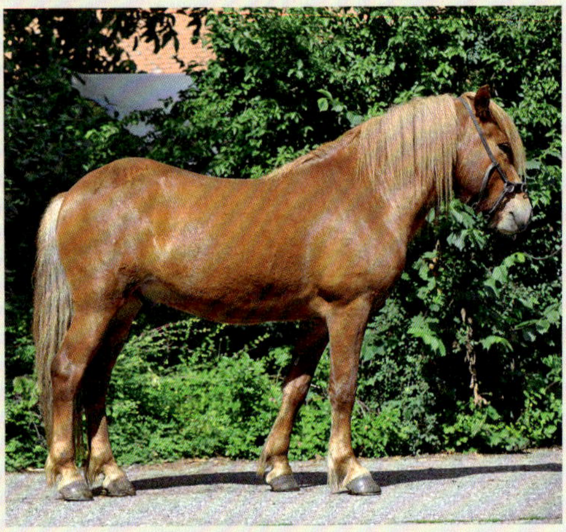

Islandpferd

HERKUNFT Island

EXTERIEUR Kompaktes Kleinpferd mit geradem, typischem „Ponykopf" mit großen Augen, kleinen, beweglichen Ohren und weiten Nüstern. Der Hals ist eher tief angesetzt, der Widerrist nicht immer so ausgeprägt wie man es sich wünschen würde, der kurze Rücken geht in eine runde Kruppe mit tief angesetztem Schweif über. Isländer stehen auf einem stabilen Fundament mit kleinen, sehr harten Hufen. Auffallend ist das üppige Langhaar und das lange, dichte Winterfell.

GRÖSSE Stockmaß zwischen 130 und 150 cm

FARBEN Alle Farben außer Tigerschecken

INTERIEUR Unabhängig, gesellig, manchmal eigenwillig, temperamentvoll, sehr intelligent und lernbereit, fleißig

VERWENDUNG Pferde für (Islandpferde-) Turniere und Freizeitreiter, auch für gesellige Wanderritte bestens geeignet

Aegidienberger

HERKUNFT Deutschland

EXTERIEUR Der Isländer vererbte dem Aegidienberger das stabile Fundament mit den kleinen, harten Hufen und dem hübschen Kopf. Die südamerikanischen Pasos brachten Größe und Adel in die Rasse und bewirkten, dass das Langhaar nicht ganz so üppig ausfällt wie beim Isländer.

GRÖSSE Stockmaß zwischen 143 und 152 cm

FARBEN Alle Farben

INTERIEUR Ausdauernd, ausgeglichen, freundlich und leistungsbereit

VERWENDUNG Freizeitpferde und Turnierpferde für Gangpferdewettbewerbe

Paso Peruano

HERKUNFT Peru

EXTERIEUR Der Paso Peruano hat einen trockenen Kopf mit geradem Profil, großen, intelligenten Augen und meist kurzer Maulspalte. Der Hals ist lang und gut aufgesetzt, der Rücken kurz und kräftig, die Kruppe rund mit tiefem Schweifansatz. Die Hufe sind klein und hart. Paso Peruanos sind nicht immer korrekt gestellt, daraus entstehen aber nicht unbedingt Probleme.

GRÖSSE Stockmaß zwischen 142 und 155 cm

FARBEN Alle, Schecken sind nicht zugelassen.

INTERIEUR Freundlich, menschenbezogen, intelligent, stolz und sensibel, dabei aber nervenstark

VERWENDUNG Freizeitpferde

Paso Fino

HERKUNFT Kolumbien, Puerto Rico

EXTERIEUR Mit deutlichen Anklängen an die PREs: Mittelgroßer Kopf mit geradem Profil, hoch aufgesetzter „Schwanenhals", schräge, gut bemuskelte Schulter mit ausgeprägtem, wenn auch kurzem Widerrist. Der relativ kurze Rücken ist kräftig, die Kruppe rund und muskulös. Die trockenen, klaren Beine enden in harten, kleinen Hufen.

GRÖSSE Stockmaß zwischen 140 und 145 cm

FARBEN Alle

INTERIEUR Sensibel, temperamentvoll, dabei aber nervenstark, energisch und immer eifrig bei der Arbeit

VERWENDUNG Freizeitpferde, auch gute Wanderreitpferde

Das Besondere an diesen Pferden ist die Marcha, eine Art des Tölts, in der sie auch weite Strecke mühelos zurücklegen können.

Mangalarga Marchador

Als der portugiesische Königshof 1807 vor Napoleon nach Brasilien floh, begleiteten ihn einige der besten Pferde aus Portugal. Darunter war auch Sublime, ein Altér Real Hengst, den der König 1812 dem Gutsherrn Gabriel Francisco Junqueira schenkte. Dieser kreuzte Sublime mit seinen einheimischen Stuten. Welche Seite dabei die Tölt-Veranlagung einbrachte, lässt sich heute nicht mehr feststellen, aber die Nachkommen von Sublime waren schon bald für ihren besonders weichen, angenehmen Gang bekannt. Sie wurden darauf selektiert und weitergezüchtet, wobei sich vor allem das Gut Manga Larga in der Provinz Rio de Janeiro hervortat. Die Pferde von dort wurden dann auch sehr schnell Mangalargas genannt – und der Gang, in dem sie sich vorwärtsbewegen, wurde als „Marcha" bezeichnet.

Gesunde Aufzucht bedingt die legendäre Härte der Mangalarga Marchadors.

VIERTAKT MIT ZWEIBEIN-STÜTZE

Die Marcha ist eine Art Tölt, nur mit dem Unterschied, dass es dabei nicht zu Einbeinstützen kommt, sondern das Pferd immer mindestens zwei Beine am Boden hat. Der Vorteil ist, dass die Pferde in der Marcha stundenlang weitgehend ermüdungsfrei unterwegs sein können. Auch steinige, steile Wege sind so zu überwinden, für den Reiter fast erschütterungsfrei und sehr bequem.

In den 30er Jahren des vorigen Jahrhunderts hat man in Brasilien amerikanische Pferde – Morgans, American Saddle Horses, aber auch Hackneys – in die Rasse eingekreuzt. Gleichzeitig bildete sich aber eine Bewegung unter den Züchtern, die die ursprüngliche Rasse rein erhalten wollte. Der Zuchtverband trennte sich, seitdem heißen die „reinen" Mangalargas hinten Marchador, während die mit dem amerikanischen Einfluss Mangalarga Mineiro oder Mangalarga Paulista genannt werden.

Tennessee Walking Horse

Im Westen der Vereinigten Staaten brauchte man einst die Pferde vorwiegend zum Hüten der Rinderherden. Im Süden dagegen war das Pferd Transportmittel – und es ging oft um große Strecken. Die Plantagen lagen weit auseinander, die Felder, auf denen in Tennessee Baumwolle und Tabak angebaut wurde, mussten täglich kontrolliert werden. Die Herren der Plantagen und ihre Verwalter verbrachten dabei Stunden im Sattel.

LANGSTRECKENPFERDE

Dabei ist eine besondere Form von Schritt die in Tennessee bevorzugte Gangart. Dieser Bewegung haben die Pferde auch ihren Rassenamen zu verdanken: Walk = Schritt. Die Tennessee Walkers sind darauf gezüchtet, dass sie im Walk viel Boden gutmachen. Das geschieht nicht nur, indem sie den Schritt beschleunigen, sondern sie verlängern dabei die einzelnen Schritte so, dass die Hinterhufe weit vor den Vorderhufen auffußen. Das Tempo, das dabei herauskommt, ist erstaunlich – im Running Walk kommen die Tennessee Walking Horses durchaus auf Trabtempo, im langsameren Flat Walk schaffen sie noch zwischen acht und zehn Kilometer in der Stunde.

Der Walk ist inzwischen bei den Tennessee Walking Horses recht gut gefestigt, aber man sieht den Pferden immer noch an, dass sie zu einer jungen Rasse gehören, deren Ausgangsbasis sehr verschiedene Pferde waren. Die Pflanzer in Tennessee fanden die Anlage zum Walk bei den American Standardbreds, den Morgans, den American Saddlebreds, den Narragansett Pacer und sogar bei manchen Vollblütern. All diese Rassen wurden in der Zucht eingesetzt.

Übrigens sollte man sich nicht von den Bildern aus Amerika irritieren lassen. Die Tennessee Walking Horses werden in einer für uns sehr ungewohnten Manier fotografiert: Mit weit nach hinten ausgestellten Beinen, woraus sich eine abschüssige Rückenlinie ergibt. Tatsächlich sind einige von ihnen hinten etwas „unterbaut“, was ihnen aber vermutlich den Walk erleichtert und keine weiteren negativen Auswirkungen hat.

Tennessee Walker können schnell und für den Reiter sehr bequem große Strecken überwinden.

American Saddlebreds werden auf ihr Gangvermögen selektiert.

Schauen wir genauer hin. Beim Walk handelt es sich um Schritt, der als Slow Gait, als Primp oder Bouncewalk gezeigt wird. Dabei wird aus dem Viertakt allerdings ein diagonaler Zweitakt mit derselben Schrittfolge wie der Trab.
Trot ist Trab, ebenfalls mit der bekannten Fußfolge, wobei der beim American Saddlebred (das traditionell englisch gesattelt wird) wie bei uns leichtgetrabt wird.
Slow Gait ist ein kadenzierter Tölt, der vor allem als „Showgangart" gezeigt wird. Das Pferd wird dazu tief auf die Hinterhand gesetzt und vorne hoch aufgerichtet.
Wenn es über größere Strecken zügig gehen soll, ist beim American Saddlebred der Rack gefragt. Das ist ein schneller Tölt, in dem die Saddlebreds recht hohe Geschwindigkeiten ziemlich lange durchhalten können. Rack ist weitgehend erschütterungsfrei und sehr bequem zu sitzen. Schließlich gehen die American Saddlebreds auch noch Canter, das ist nichts anderes als der Galopp. In den Prüfungen der Saddlebreds wird Canter immer aus dem Schritt oder Halten geritten, das Pferd über den Trab in den Galopp zu schicken gilt als Fehler.

American Saddlebred

Das American Saddlebred ist eine von Amerikas ältesten Rassen, die sich vorwiegend im Süden entwickelt hat.
Ausgangspunkt der Zucht waren Pferde mit entsprechender Gangveranlagung wie zum Beispiel Hackneys und Galloways, die mit einheimischen Pferden gekreuzt wurden. Dazu kamen Narragansett Pacer, Vollblüter und Morgans. Vor allem in Kentucky und Virginia wurde dann sehr gezielt auf Gang selektiert, um ein besonders bequemes Reitpferd zu züchten.

DREI- UND FÜNFGÄNGER

Die Fans der Rasse unterscheiden zwischen „three-gaited" und „five-gaited" Saddlebreds. Three-gaited Saddlebreds gehen Schritt, Trab und Galopp. Die Fünfgänger hingegen zeigen Walk, Trot, Slow Gait, Rack und Canter – macht fünf. Oder?

Die Sache mit dem Schweif

Zum Schönheitsideal der American Saddlebreds gehört nicht nur ein üppiger Schweif, sondern auch, dass er hoch getragen wird. Um das zu erreichen, wurde den Pferden in früheren Zeiten die Schweifrübe gebrochen und dann so hochgebunden, dass sie in der gewünschten Position heilte. Dass das Pferd dann keine Chance mehr hatte, seinen Schweif über die Genitalien zu klappen, um sie zum Beispiel vor Fliegen zu schützen, störte offensichtlich niemanden – außer den Pferden.
Heute ist das Brechen verboten, teilweise werden aber vom Tierarzt die Nerven im unteren Teil der Schweifrübe beschnitten, damit die gewünschte Schweifhaltung erreicht wird. Was davon zu halten ist, möge sich jeder selbst denken, in Deutschland könnte ein solcher Eingriff als „Tierquälerei" gesehen werden und es wird sich wohl kaum ein seriöser Tierarzt finden, der ihn vornimmt.

Missouri Foxtrotter

Die ca. 250.000 Amischen sind Mitglieder einer Religionsgemeinschaft. Sie leben heute wie vor 200 Jahren, oft ohne Strom, ohne Autos und andere Errungenschaften der Neuzeit. In den Staaten, in denen sie sich angesiedelt haben, sind ihre schwarzen Kastenwägen mit den braunen Pferden davor ein gewohnter Anblick. Die Pferde sind häufig Missouri Foxtrotter, eine der alten amerikanischen Rassen, die vorwiegend in Missouri und Arkansas gezüchtet wird.

Bei den Missouri Foxtrottern haben wir es gleich mit sieben Gängen zu tun, von denen drei als Zuchtziel definiert sind. Diese drei sind Canter, Flatfoot Walk und Foxtrot.

Canter ist, wie der Name schon andeutet, ein lockerer Galopp im Dreitakt. Beim Flatfoot Walk handelt es sich um einen Viertakt mit lateraler Fußfolge, bei der die Hinterhand weit über die Vorhand hinausgreift. Der Foxtrot schließlich ist ein Viertakt mit diagonaler Fußfolge, Kopf und Schweif nicken dabei im Rhythmus.

Missouri Foxtrotter sind meist hoch aufgerichtet.

Außerdem zeigen die Missouri Foxtrotter noch den Renngalopp – der sollte ein sauberer Viertakt sein, weich und geschmeidig. Der Walk ist der Schritt, der flach fußen soll und der zum schnellen Running Walk austrainiert werden kann. Und schließlich gibt es noch den Single Foot, einen Viertakt-Gang mit Einbeinstütze, in dem viele Foxtrotter sehr hohe Geschwindigkeiten erreichen können.

Speziell im Foxtrot halten die Pferde über lange Strecken durch, weswegen sie nicht nur gerne von Amischen gefahren, sondern auch von den Forestrangers, den amerikanischen Wildhütern, geritten werden.

Kentucky Mountain Horse

Eine der amerikanischen Gangpferde-Rassen ist das Kentucky Mountain Saddle Horse, wie es meist mit vollem Namen genannt wird. Es stammt, wie der Name schon vermuten lässt, aus Kentucky und wird da und in den Appalachen gezüchtet. Die hügelige Umgebung hat es geprägt, die Pferde sind ausgesprochen geländegängig und trittsicher.

IM VIERGANG DURCH KENTUCKY

Kentucky Mountain Horses zeigen vier Gangarten:

Trail Walk Ein gleichmäßiger Schritt im Viertakt mit Drei- und Zweibeinstütze;

Show Gait Ein Rack in höherem Tempo als der Trail Walk mit Zwei- und Einbeinstützen, in dem so ungefähr drei bis acht Kilometer in der Stunde zurückgelegt werden;

Pleasure Gait Noch schneller als der Rack;

Canter Ein versammelter Galopp.

Der Vorteil aller Gänge der Kentucky Mountain Horses ist, dass sie superbequem zu sitzen sind. Die Pferde scheinen fast erschütterungsfrei unterwegs zu sein, der Reiter wird nicht geworfen. Und da sie zudem ausgesprochen „handlich“ sind – auch die „kleinen“ Kentuckys aus der Klasse B können einen Erwachsenen tragen – sind sie die idealen Pferde für ältere Reiter oder Reiter mit Rückenproblemen.

Es ist kein Wunder, dass ein so großes, vielfältiges Land wie die Vereinigten Staaten von Amerika eine große Zahl sehr verschiedener Pferderassen zu bieten hat. In fast jeder Region hat sich eine regionale Spezialität herausgebildet und mit der Offenheit gegenüber anderen Gangarten als nur Schritt, Trab und Galopp kam es dazu, dass sich unter den vierbeinigen Amerikanern besonders viel Gangpferde finden.

Mangalarga Marchador

HERKUNFT Brasilien

EXTERIEUR Die Idealformel für einen guten Mangalarga Marchador heißt: Hals, Rücken und Hüftknochen sollen dieselbe Länge haben. Daraus ergibt sich ein kompaktes, elegantes Pferd mit guter Sattellage. Die Schulter ist manchmal etwas steil. Der Kopf ist elegant, die Augen sind groß, die Ohren klein. Die trockenen Beine haben kräftige, elastische Fesseln.

GRÖSSE Stockmaß zwischen 140 und 157 cm

FARBEN Alle

INTERIEUR Freundlich, sanft und gelassen, ausgeglichen

VERWENDUNG Hütepferde, Distanzpferde, Freizeitpferde. Mangalargas haben „Cow Sense" und sind auch bei Trailwettbewerben sehr geschickt.

Tennessee Walking Horse

HERKUNFT USA

EXTERIEUR Uneinheitlich, je nach der Abstammung. Unter den Tennessee Walkern gibt es Typen, die stark an Quarter Horses erinnern, andere stehen eher im Vollblut-Typ. Man legt allerdings Wert darauf, dass die Pferde sehr gut bemuskelt sind. Sie werden üblicherweise mit weit ausgestellter Hinterhand gezeigt.

GRÖSSE Stockmaß zwischen 145 und 173 cm

FARBEN Alle

INTERIEUR Ruhig und freundlich, leichtrittig, menschenbezogen und sanft

VERWENDUNG Freizeitpferde

American Saddlebred

HERKUNFT USA

EXTERIEUR American Saddlebreds fallen auf. Dafür sorgt der hübsche, gerade Kopf mit den sichelförmigen Ohren, der auffallend lange, hoch aufgesetzte „Schwanenhals“, die meist recht steile Schulter, der ausgeprägte Widerrist und der eher kurze, kräftige Rücken. Der Widerrist soll höher liegen als die kurze, runde Kruppe. Für uns sehr ungewohnt sind die Schweifhaltung und die oft sehr langen Hufe.

GRÖSSE Stockmaß zwischen 151 und 163 cm

FARBEN Alle

INTERIEUR Freundlich, sanft und gelassen, ausgeglichen

VERWENDUNG Hütepferde, Distanzpferde, Freizeitpferde

Missouri Foxtrotter

HERKUNFT USA

EXTERIEUR Kompaktes, kräftiges Pferd mit feinem, keilförmigem Kopf, tiefer, breiter Brust und schräger Schulter. Der Widerrist ist gut ausgeprägt, der kurze Rücken geht in eine runde, leicht abfallende Kruppe über. Die Beine sind nicht sehr lang, sollen aber kräftig sein, mit trockenen Gelenken und festen Hufen, dazu gut bemuskelt und korrekt gewinkelt.

GRÖSSE Stockmaß zwischen 140 und 160 cm

FARBEN Alle Farben sind zugelassen, die Amische bevorzugen allerdings Braune mit möglichst wenig weiß.

INTERIEUR Fleißig, sanft, menschenbezogen

VERWENDUNG Reit- und Fahrpferde

PONYS

NATÜRLICH SIND PONYS AUCH PFERDE, NUR EBEN ETWAS KLEINER. DAFÜR HABEN SIE ABER MEIST GANZ ANDERE QUALITÄTEN! DESWEGEN GIBT ES AUCH VIELE ERWACHSENE REITER, DIE IHR HERZ AN PONYS VERLOREN HABEN.

KLEIN, ABER BEGABT

BEI PFERDEN SCHEINT WENIGER KÖRPERGRÖSSE MANCHMAL VON VORTEIL ZU SEIN. SEHR VIELE PONYS SIND NÄMLICH KRÄFTIGER UND ROBUSTER ALS DIE GROSSE VERWANDTSCHAFT.

Das Wort Pony kommt aus dem Lateinischen: Da heißt ein Fohlen „pullus" und ein Junghengst „pullanus". Mit den Römern „reiste" das Wort nach Frankreich und wurde zum altfranzösischen „poulain" oder „poullent", woraus die Schotten „poulenet" machten, was über „pulnei" zu „powney" und schließlich – als Bezeichnung für ein kleines Pferd (und davon gab's in Schottland jede Menge) zu „pony" wurde.
Um 1847 verstand man bereits eine Menge von Pferden und war in Europa bereits sehr vernetzt. Ein Universallexikon kennt das Wort bereits und führt an, dass „Pony" für „eine sehr kleine, zierliche, aber kräftige und stark behaarte Pferderasse" steht. Dabei finde man „die kleinsten Ponys [...] auf den Shetlandinseln, Island, Norwegen, Öland u. Corsica; etwas größer [in] Wales, Galloway, Sardinien und den Pyrenäen".

Sehr viel hat sich seit damals nicht verändert. Die kleinste originale Ponyrasse, die Shetland-Ponys, findet man immer noch halbwild lebend auf den sturmumtosten Shetland-Inseln vor der schottischen Küste. Die Islandpferde und die norwegischen Fjordis sind heute eher im oberen Ponymaß.
Die meisten Ponys kommen wohl immer noch aus England – und bitte wundern Sie sich nicht, dass Sie hier einige typische britische Ponyrassen, wie zum Beispiel die Shetlands, New Forests und Fells, nicht finden. Auch die Connemaras sind nicht hier – die sind alle im Kapitel „Wild lebende Pferde" zu finden. Dafür aber haben wir zwei Ponyrassen, die das Lexikon noch nicht nannte: das Deutsche Reitpony und die Haflinger – wobei Hippologen letztere nicht als „Pony" sehen, sondern als Kleinpferd. Aber wir wollen nicht päpstlicher sein als der Papst.

WAS MACHT EIN PONY AUS?

Wer Umgang mit Ponys hat, merkt meistens ganz schnell, dass sie nicht einfach kleine Pferde sind und dass man sie ganz sicher nicht unter „Och, ist das niedlich!" ablegen sollte. Bei Ponys gilt sehr oft, dass sie das, was ihnen an Größe fehlt, durch Cleverness, Mut und Persönlichkeit wettmachen.
Von Ponys erwartet man aber noch etwas: Heutzutage werden sie meist als Kinderreitpferde eingesetzt, weswegen man zum Beispiel dem Deutschen Reitpony und den Welsh das angezüchtet hat, was man „Reitpferdepoints" nennt. Sie sollen den „Reitkomfort" eines Großpferdes bieten – keinen Trippel-Trappel-Trab, sondern fördernde, federnde Gänge – damit der zweibeinige Nachwuchs auf ihnen „richtig" reiten lernt. Außerdem wird von ihnen Nervenstärke und Zuverlässigkeit verlangt. Ein Kinderpony darf nicht leicht scheuen, es muss ruhig stehen, auch wenn die anderen Pferde in Aufregung sind und es sollte weder beißen noch treten. Und tatsächlich können sehr viele Ponys sehr gut differenzieren. Sie treten gegenüber Großpferden und erwachsenen Menschen durchaus selbstbewusst, ja manchmal sogar frech auf. Aber wenn man ihnen ein Kind anvertraut, passen sie darauf auf und nehmen nicht so schnell etwas übel. Erlebt man, wie die kleinen Engländer bei ihren „Mounted Games" – den Ponyspielen – mit ihren Ponys Spaß haben und welche Gemeinschaft zwischen Mensch und Tier herrscht, muss man die vierbeinigen Erziehungshelfer einfach gern haben.

Klein und stark

Vielleicht ahnen Sie, was Tierärzte zum Beispiel wissen? Nämlich, dass die meisten Ponys in der Relation zu ihrem Körpergewicht stärker als Großpferde sind? Wenn man Eigengewicht ins Verhältnis zu dem setzt, was ein Pferd tragen beziehungsweise ziehen kann, sind die Kleinsten unter den Kleinen, die Shetland-Ponys, sogar die absolut Größten: Selbst nur um die 100 cm groß, hatten sie in früheren Zeiten kein Problem damit, erwachsene Männer oder 60 Kilogramm schwere Säcke tagelang durch raues Gelände zu tragen. Sie wurden steinalt und konnten bis ins hohe Alter arbeiten.

Haflinger sind manchmal etwas dickköpfig, aber dafür nervenstark und zuverlässig.

Welsh Pony

Das kleine Wales ist eine der eigenständigsten Gegenden auf der englischen Insel. Die Waliser zeigen stolz ihre eigene Flagge mit dem roten Drachen, sie sprechen immer noch ihre eigene Sprache und sie haben auch in Sachen Pferdezucht immer ihr eigenes Süppchen gekocht. Das aber durchaus erfolgreich, denn die Welsh Ponys sind heute in aller Welt bekannt.

VIER SEKTIONEN

Sie trotzten allen Einflüssen „von oben". Als 1960 das Stutbuch der Welsh Ponys geschlossen wurde, war es in vier Sektionen unterteilt, und dabei ist es bis heute geblieben.
Die Welsh Pony Stutbücher werden von der Welsh Pony & Cob Society (WPCS) in Cardiff geführt. Für alle vier Stutbücher gilt, dass bei Welsh Ponys alle Farben zugelassen sind – bis auf Schecken. Schimmel sind häufig, aber auch Füchse, Braune, Rappen, Falben, Palominos, Cremellos und Perlinos kommen vor.

Welsh-Ponys sind auch durch ihre Vielfalt an Farben sehr beliebt.

Welsh Ponys sind ausgesprochen kinderlieb und menschenbezogen.

SEKTION A: WELSH-MOUNTAIN PONY

Sie sind die „ursprünglichsten" Welsh Ponys und wurden früher als Grubenponys eingesetzt. Durchaus edel, kompakt mit hübschen Köpfen und stabilem Fundament, mit meist gutem Springvermögen und Dressurveranlagung, eignen sie sich nicht nur als Kinderlehrpferde, sondern sind auch sehr gute Fahrpferde.
In die Sektion A des Welsh Stutbuches werden nur Pferde eingetragen, bei denen beide Elternteile ebenfalls Welsh A sind.

SEKTION B: WELSH-PONY

Die Sektion B steht für elegante Ponys mit hübschem, trockenem Kopf, schöner, schräger Schulter, gut ausgeprägtem Widerrist, kurzem, kompaktem Rücken und melonenförmiger Kruppe über einem trockenen Fundament mit kleinen, festen Hufen. Die Welsh B haben öfter einen Vollblutanteil, zeigen fast alle auffallend schöne, federnde Gänge, können springen und sind schnell. Ergo sind sie ausgesprochen gute Turnierponys, sowohl in der Dressur wie auch im Springen und in der Vielseitigkeit. Meist kann man sie auch fahren.

Ein Welsh B wird dann eingetragen, wenn entweder beide Eltern Welsh B sind oder einer Welsh B und der andere Welsh A.

SEKTION C: WELSH-PONY IM COB-TYP

Die C-Ponys sind stämmiger als die Welsh B, bei ihnen sind Kötenbehang und ein schwebender, fördernder Trab erwünscht. Dadurch, dass sie stabiler sind, können sie auch einen Erwachsenen tragen. In England sind sie darum als Damenreitpferde sehr beliebt und werden zum Springen, zur Jagd, zum Trekking und zum Wanderreiten eingesetzt. Dabei erweisen sie sich als mutig, fleißig, zuverlässig und clever. Ein Welsh-Pony im Cob-Typ wird dann ins Stutbuch C eingetragen, wenn seine Eltern folgende Kombinationen aufweisen: A-C, A-D, C-C, C-D. Dabei dürfen die Nachkommen aus einer C-D Kreuzung nicht mehr als 137 cm Stockmaß haben.

SEKTION D: WELSH COB

Die Welsh Cobs sind schon fast keine Ponys mehr – manche von ihnen erreichen Großpferdegröße. Dabei ist der Name Programm: „Cob" ist walisisch für „Brocken". Dementsprechend zeichnen sich die Welsh Cobs der Sektion D durch kräftige Beine, gerne auch mit etwas Behang, und ausgeprägte Bemuskelung aus. Dazu gehört ein schöner, trockener Kopf mit großen, wachen Augen und beweglichen Ohren. Ganz wichtig sind aber auch energische, fördernde Gänge.

Auf den steilen Wiesen in den walisischen Bergen lernen die Ponys klettern und werden sehr trittsicher.

Die Welsh Ds können meist gut springen, haben ordentliche Gänge und sind ausdauernd. Das macht sie zu idealen Familien- und Freizeitpferden, die sowohl unter dem Sattel wie auch vor der Kutsche eingesetzt werden können.
Ein Welsh Cob der Sektion D ist entweder eine Kreuzung aus D-Cobs oder aus einem Welsh C mit einem Welsh D.

Den erkennbaren Adel haben die Welsh Ponys ihren Vollblutvorfahren zu verdanken.

Zum typischen Welsh Cob-Hengst gehört der kräftige Hals. Auch der übrige Körper ist kräftig gebaut.

Deutsches Reitpony

Das Deutsche Reitpony ist eine sehr junge Rasse, die erst 1965 anerkannt wurde. Entstanden ist sie durch Kreuzungen von Welsh Ponys mit Vollblütern und Arabern.

ZUCHTZIEL: KLEINES REITPFERD

Das Zuchtziel war dabei ein eindeutiges „weg vom Zottelpony", hin zum kleinen Reitpferd. Besonders wichtig waren den Züchtern dabei die Gänge. Sie gingen – durchaus richtig – davon aus, dass die Ponys als Lehrpferde ihren zweibeinigen Schülern auch beibringen sollten, einen schwungvollen Trab auszusitzen und dass sie die Voraussetzungen mitbringen sollten, an die Reiterhand heranzutreten, den Rücken aufzuwölben und die Hinterhand zu aktivieren. Dazu braucht es aber einen Rücken, der schwingen kann und dementsprechend eine gewisse Länge braucht.

Der angestrebte Rahmen – das Langrechteckformat – bedurfte einer sorgfältigen Selektion des Ausgangsmaterials. Bei den Welsh Ponys sind lange Rücken nicht häufig, die Araber sind eher kurz, aber dafür konnten die Vollblüter, die eingezüchtet wurden, mit dem erwünschten Format aufwarten. Dazu vererben sie als homogene Rasse relativ sicher. Als weitere Pluspunkte bringen sie ihren Adel, ihre Leistungsbereitschaft, die geradezu legendäre Härte und (bei Züchtern durchaus beliebt) eine gewisse Frühreife mit.

TEMPERAMENTSBÜNDEL

Das Problem war nur, dass Vollblüter oft recht nervös und explosiv sind, was bei Kinderreitpferden eher kontraproduktiv ist. Viele Jugendliche waren dem exaltierten Temperament ihrer kleinen Turniercracks nicht gewachsen. Auch hier war Selektion gefragt – und sie ist gelungen. Die meisten Deutschen Reitponys sind mittlerweile gelassen, freundlich und kinderlieb. Sie haben die Geduld, auch einmal einen Fehler zu verzeihen und sie bleiben auch dann cool, wenn es um sie herum wuselt.

Die intelligenten Reitponys wurden auf schwungvolle Gänge und ein eher warmblutähnliches Exterieur gezüchtet.

Deutsche Reitponys sieht man oft als Turnierpferd von jugendlichen Reitern.

Mit vier Fjordis vor der Kutsche geht wahrlich die Post ab.

Fjordpferd

Den Fjordis, wie sie ihre Fans liebevoll nennen, sieht man die Herkunft vom Urpferd des Nordens auf den ersten Blick an.
Das beginnt mit der Farbe: Fjordpferde sind immer Falben. Aber Falb ist nun einmal die „Tarnfarbe“ der Urpferde. Dazu gehört das weiße Mehlmaul und sehr oft ein „Spiegel“ – etwas Weiß auf der Kehrseite. Ebenso sind die Zebrastreifen an den Beinen noch Überreste der „Urfarbe“. Zum Ur- und zum Fjordpferd gehört auch der Aalstrich, ein schwarzer Streifen, der zwischen den Ohren beginnt und sich durch die Mähne über den Rücken zum Schweif zieht. Beim Fjordpferd ist er in der Mähne oft mit weißen Haaren abgesetzt und wird durch die traditionelle Stehmähne betont – wobei die schwarzen Haare in der Mitte etwas länger stehen gelassen werden als die weißen und hellen drum herum.

DAS PFERD DER NORDISCHEN WÄLDER

Die Fjordpferde sind eine sehr alte Rasse, die bis heute mit recht wenig Fremdeinfluss gezüchtet wurde. Das lag vermutlich daran, dass Norwegen recht abgelegen war und die Bauern dort mit ihren Pferden zufrieden waren. Die Fjordis waren ihre Gefährten bei der Arbeit auf dem Feld und im Wald, sie zogen die Wagen zum Markt und die Kutsche zur Kirche, sie ließen sich auch reiten und waren genügsam und langlebig. Was hätte es an ihnen umzuzüchten und zu verbessern gegeben?

REINZUCHT

Seit 1907 ist die Reinzucht auch im Stutbuch festgeschrieben. Nach Deutschland kamen die Fjordis in den 70ern des vorigen Jahrhunderts im Zug des Isländer-Trends. Er führte dazu, dass man sich auch in den Nachbarländern umschaute und dort die Fjordpferde entdeckte, die weniger zum Sommerekzem neigen und meist etwas größer sind.

Fjordponys sind sehr ursprüngliche, robuste Pferde mit meist ruhigem Temperament.

Haflinger

Ihren Namen haben die hübschen Blonden dem kleinen Ort Hafling am Höhenzug zum Tschögglberg zu verdanken, das in Südtirol gelegen ist. In dieser Gegend wurden schon immer zähe, nicht zu große Pferde gezüchtet, die im Sommer auf den Almen aufwuchsen. Sie wurden zur Arbeit auf den Feldern, aber auch als Rückepferde in den Wäldern und als Saumpferde für den Transport von Lasten über Gebirgspässe eingesetzt. Dabei war die Zucht früher vor allem durch Noriker und orientalische Pferde beeinflusst.

249 FOLIE

1874 – das Sarntal und die umliegenden Gegenden gehörten damals zur Donaumonarchie und waren vorwiegend deutschsprachig – wurde der Hengst 249 Folie geboren. Sein Vater war der Araber 133 El Bedavi XXII, die Mutter eine einheimische Stute. 249 Folie schlug als Vererber so ein, dass das damalige Ministerium für Ackerbau den Auftrag gab, alle guten Fohlen von ihm aufzukaufen und die Zucht mit seinen Nachkommen zu subventionieren. Das Ergebnis war, dass vor dem Ersten Weltkrieg alle Beschäler in der Haflingerzucht auf die drei 249 Folie-Söhne 14 Folie, 37 Laas und Liz. 252/233 Hafling zurückgingen.

Die Aufzucht auf Bergweiden sorgt für gesunde Pferde.

Haflinger sind grundsätzlich Füchse mit hellem Langhaar.

ÜBER LÄNDERGRENZEN

Am Ende des Ersten Weltkrieges sah es für die Haflinger erst einmal nicht so gut aus. Ihr eigentliches Zuchtgebiet Südtirol gehörte jetzt zu Italien. Dort standen die Stuten. Die Hengste unterdessen waren größtenteils in Österreich. Um weiter züchten zu können, mussten die Italiener erst wieder Hengste einkaufen. Weil es ihnen wirtschaftlich nicht gut ging, haben sie dafür Stuten nach Österreich und Bayern verkauft, sodass schließlich der Bestand an Original-Haflingern gut über die drei Länder aufgeteilt war.

HAFLINGERBOOM

Im März 1938 erfolgte der „Anschluss" Österreichs an Nazideutschland – und damit begann der große Haflingerboom. Es wurde gezüchtet, was das Zeug hielt – für den Krieg im Gebirge wurden schließlich jede Menge Haflinger als Trag- und Reitpferde gebraucht. Im Fohlenhof von Zams wurden vom Militär die Haflingerhengste gesammelt, die am ehesten dem geforderten Typ – klein, elegant und zäh – entsprachen.

Nach dem Krieg brach der Markt dann zusammen. Die Bergbauern in Nordtirol und Bayern hatten aber inzwischen die Qualitäten der Ponys zu schätzen gelernt und hielten ihnen ebenso die Treue wie die Italiener. Haflinger – nun wieder etwas größer und kräftiger – wurden in allen drei Ländern weiter gezüchtet. Eine kleine Herde landete sogar in der DDR, wo sie rassenrein weitergezüchtet wurde.

FREIZEITPFERDE

In den 70er und 80er Jahren des vorigen Jahrhunderts wurde der Haflinger als Freizeitpferd entdeckt – und prompt kam man auf die Idee, dass man die robusten Blonden doch ein wenig „veredeln" könne. Mehr Gang sollten sie bekommen, ein wenig leichter und schicker sollten sie werden, dabei aber ihre Langlebigkeit, ihre Trittsicherheit und natürlich auch die typische Fuchsfarbe mit dem hellen Langhaar behalten.

Man erinnerte sich daran, dass der Ursprung der Haflinger mit einem Araberhengst verbunden war – und so kreuzte man wieder Araber ein, wobei man natürlich auf Füchse setzte. Und tatsächlich schien die erste Generation aus der Kreuzungszucht alle Erwartungen zu erfüllen: Die Pferde waren hübsch, sie waren edel, sie konnten marschieren. In ihnen vereinigte sich das Beste aus beiden Rassen.

Die Freude hielt aber nicht an. Als die zweite Generation geboren wurde, wurde schnell klar, dass Haflinger x Araber eine typische Hybridkreuzung mit den typischen Problemen ist: eine großartige F1-Generation, dann eine breite Streuung in der F2-Generation. Da wurde so mancher Haflinger geboren, der zum Araber-Fundament einen Haflinger-Hintern mitbrachte und bei dem sich die Sensibilität des Arabers mit der Sturheit und dem Temperament des Haflingers zu einer schwierigen Mischung vereinigte.

Inzwischen hat man die Lektion gelernt und ist zur Reinzucht zurückgekehrt. „Veredlungsversuche" beschränken sich jetzt darauf, innerhalb der Rasse die Vertreter auszusuchen, die dem Zuchtziel eines zwar immer noch kräftigen, aber edlen Reitponys entsprechen, und mit ihnen weiter zu züchten.

Die Ergebnisse können sich sehen lassen und der Haflinger ist vermutlich das am weitesten verbreitete Pony in Deutschland und Österreich. Dabei kommt ihm übrigens auch zugute, dass Haflingerstuten nicht nur bis ins hohe Alter fruchtbar sind, sondern auch eine exzellente Milchleistung haben. Wird Stutenmilch verkauft, sind sehr oft Haflingerstuten an der Produktion beteiligt. Sie schaffen es, ein Fohlen zu ernähren und dabei noch zusätzlich Milch zu geben.

Welsh Pony

HERKUNFT England – Wales

EXTERIEUR Je nach Typ elegante oder eher robuste Kleinpferde mit hübschen Köpfen und stabilem Rücken auf klarem, korrektem Fundament. Man legt ausgesprochen großen Wert auf fördernde, elastische Gänge.

GRÖSSE Je nach Typ.
Sektion A: bis 122 cm
Sektion B: bis 137 cm
Sektion C: bis 137
Sektion D: über 137 cm

FARBEN Alle Farben, gerne auch Falben, Palominos, Cremellos und Perlinos. Schecken sind allerdings nicht zugelassen.

INTERIEUR Freundlich, klug, gelehrig und sehr menschenbezogen

VERWENDUNG Je nach Typ vielseitige Reit-, Jagd und Kuschpferde

Deutsches Reitpony

HERKUNFT Deutschland

EXTERIEUR Elegantes, vom Vollblut geprägtes Kleinpferd mit edlem Kopf. Die Schulter ist schräg und gut bemuskelt, die Sattellage gut. Das Deutsche Reitpony ist eher ein Langrechteckpferd mit trockenem Fundament und festen kleinen Hufen.

GRÖSSE Stockmaß zwischen 138 und 148 cm

FARBEN Alle Grundfarben, keine Schecken

INTERIEUR Intelligent, gelassen, kinderfreundlich, leistungsbereit

VERWENDUNG Deutsche Reitponys haben durchaus gute Gänge und einiges an Springvermögen, daher sind sie ideale Turnierponys für alle Disziplinen. Außerdem sind sie als Freizeitpferde auch für leichte Erwachsene geeignet.

Fjordpferd

HERKUNFT Norwegen

EXTERIEUR Fjordpferde haben einen hübschen, keilförmigem Kopf mit kleinen Ohren. Der Hals ist dick und muskulös, was die Beizäumung manchmal etwas schwer machen kann. Der Rücken ist eher kurz, die Sattellage nicht immer optimal, die Kruppe oft gespalten. Die Beine sind kompakt und kräftig.

GRÖSSE Stockmaß zwischen 135 und 150 cm

FARBEN Falben mit Aalstrich, weiße Abzeichen sind nicht erwünscht.

INTERIEUR Robust, ausgeglichen, gelehrig, fleißig, spätreif und langlebig

VERWENDUNG Freizeitpferd zum Reiten und Fahren

Haflinger

HERKUNFT Italien, Österreich

EXTERIEUR Kompakte Kleinpferde mit hübschem, keilförmigem Kopf, langem, nicht zu hoch angesetztem Hals, gut bemuskelter Schulter und eher langem, kräftigem Rücken. Die runde Kruppe ist vor allem bei den schwereren Haflingern manchmal leicht gespalten, der Schweif ist tief angesetzt. Die Beine sollten nicht zu lang, aber stabil und korrekt gestellt sein, die Hufe nicht zu groß, aber hart.

GRÖSSE Stockmaß zwischen 138 und 155 cm

FARBEN Füchse mit hellem Langhaar. Kleine, weiße Abzeichen im Gesicht sind zugelassen, ansonsten aber unerwünscht.

INTERIEUR Gutmütig, nervenstark, sehr leistungsbereit, fruchtbar und langlebig. Haflinger können durchaus Temperament entwickeln und manchmal etwas eigensinnig sein.

VERWENDUNG Fahr- und Reitpferd, sehr trittsicher, daher gute Geländepferde

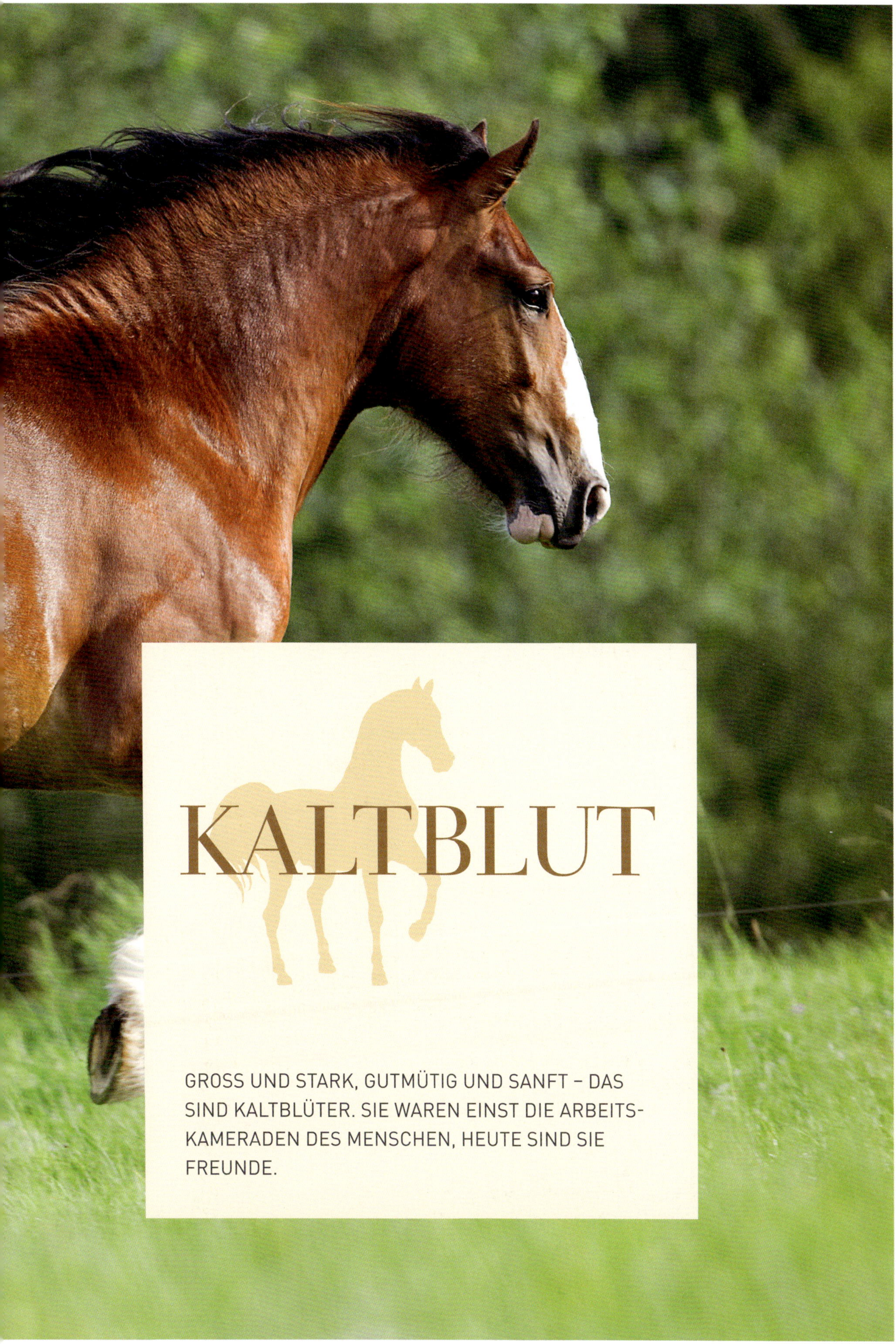

KALTBLUT

GROSS UND STARK, GUTMÜTIG UND SANFT – DAS SIND KALTBLÜTER. SIE WAREN EINST DIE ARBEITSKAMERADEN DES MENSCHEN, HEUTE SIND SIE FREUNDE.

MANCHE MÖGEN'S GEMÜTLICH

WER KANN SICH DEM CHARME UND DER AUSSTRAHLUNG EINES SCHWARZWÄLDER FUCHSES ENTZIEHEN, WENN ER IM GALOPP DAHER STÜRMT? WER MÖCHTE EINEN PERCHERON NICHT KNUDDELN UND STEHT NICHT BEEINDRUCKT VOR EINEM ZWEI METER GROSSEN SHIRE HORSE?

Nur nach dem, was nach der Messung auf dem Thermometer angezeigt wird, könnte niemand einen Kaltblüter von anderen Pferden unterscheiden. Die Körpertemperatur der erwachsenen, schweren Arbeitspferde liegt nämlich – ebenso wie die anderer Pferderassen – zwischen 37,5 und 38,0° Celsius. Temperaturen darüber und darunter würden auf ein ernsthaftes Gesundheitsproblem hinweisen.
Den Namen „Kaltblüter" haben die Pferde wohl eher der Tatsache zu verdanken, dass sie den Ruf haben, gelassener und nervenstärker als ihre eleganten Verwandten zu sein. Da, wo der Voll- oder Warmblüter erschrickt, bewahrt der Kaltblüter – so hoffen seine Züchter und Freunde – einen kühlen Kopf. Als Wagenpferd soll er auch an Dingen vorbeigehen, vor denen andere Pferde scheuen – vom klappernden Müllwagen bis zum Betonmischer. Das schwere Arbeitspferd muss „kaltblütig" sein, um seinen Job machen zu können.
Die Kernkompetenz der Kaltblüter war für Jahrhunderte das Ziehen schwerer Gewichte, so wie bei meinem Urgroßvater. Die ersten Pferde, mit denen ich je zu tun hatte, waren die Belgier Max und Moritz, mit denen mein Urgroßvater nicht nur seine Landwirtschaft betrieb, sondern außerdem ein Fuhrunternehmen.
Und dann wäre da auch noch die Waldwirtschaft, in der Pferde Maschinen bis heute überlegen sind. Kaltblüter können nämlich Baumstämme so manövrieren, dass sie dabei keine anderen Bäume anschlagen und verletzen, außerdem schonen sie den Boden im Wald.

DIE VIELFALT DER KALTBLÜTER

Unter dem Oberbegriff „Kaltblüter" wird ein breites Spektrum von den kompakten, durchaus temperamentvollen Schwarzwälder Füchsen über die Percherons bis hin zu den imposanten Shire Horses zusammengefasst.
Kaltblüter wurden in ganz Europa gezüchtet – und bis zum Aufkommen des Traktors und der schweren Zugmaschinen gab es deutlich mehr Kaltblüter als Reitpferde. Noch Ende der 30er Jahre des vorigen Jahrhunderts machten Kaltblüter 60 % des deutschen Pferdebestandes aus. Es gab allein 1,7 Millionen rheinische Kaltblüter in Deutschland! Sie zogen landwirtschaftliche Geräte, die ersten Straßenbahnen, Kanonen und – bis zu acht in einem Gespann – die schweren Fässer der Brauereien.
In England waren Kaltblüter sogar im Wasserverkehr im Einsatz – neben den englischen Kanälen, die als Verkehrsnetz das ganze Land durchziehen, verlaufen Treidelpfade, auf denen Kaltblüter die Kanalschuten gegen die Strömung zogen.

KRIEGSEINSATZ UND ZUKUNFT

Auch im Zweiten Weltkrieg nutzte man die Kaltblüter, sie waren gefragt, als der Treibstoff für die Zugfahrzeuge knapp wurde. Doch nach dem Krieg gingen ihre Einsatzmöglichkeiten verloren. In der Landwirtschaft übernahmen die Maschinen, die am Ruhetag weder gefüttert noch gemistet werden mussten, im Frachtverkehr Lokomotiven und LKWs. Um 1980 herum waren viele Kaltblutrassen vom Aussterben bedroht. Zum Glück hat sich in den letzten Jahren einiges getan. In Land- und Forstwirtschaft ist ein neues Öko-Bewusstsein entstanden, aus dem heraus nicht nur ein Gefühl dafür erwacht ist, dass alte Haustierrassen es wert sind, erhalten zu werden. Man hat auch entdeckt, dass vor allem in schwierigem Gelände Arbeitspferde umweltschonender eingesetzt werden können als Maschinen. Im Forst werden Rückepferde inzwischen sogar finanziell gefördert. Außerdem haben Freizeitreiter die sanften Großen für sich entdeckt. Es gibt wieder Hoffnung für die Kaltblüter. Sicher wird der Bestand nie mehr so groß werden wie einst, aber die meisten Rassen werden erhalten bleiben.

Kaltblüter als Reitpferde

Wer einen Kaltblüter als Reitpferd nutzen möchte, sollte einige Dinge beachten, um lange Zeit Freude mit seinem Pferd zu haben:

- Nur weil ein Pferd „stark" aussieht, ist es noch kein Gewichtsträger. Ob es wirklich mit einem schweren Reiter umgehen kann, ist zum einen von seinem Körperbau – ein stabiles Fundament und ein nicht zu langer, dafür aber kräftiger Rücken sind gefragt – und zum zweiten von seiner Balance abhängig.
- Die meisten Kaltblüter wurden speziell auf ihre Zugleistung hin gezüchtet. Balance unter dem Sattel ist oft nicht ihre Stärke und muss darum durch gezielte Ausbildung und Gymnastizierung erlernt werden.
- Kaltblüter sind Schrittpferde. Trab und Galopp sind für sie anstrengend. Wer durchs Gelände zischen will, ist mit einem Kaltblüter nicht unbedingt optimal bedient. Selbst gut ausgebildet und trainiert wird ein Kaltblüter nicht so ausdauernd traben und galoppieren wie ein Warmblüter.

Einen Kaltblüter zu reiten, erfordert gewisse Umsicht des Reiters.

Starke Jungs: Schwarzwälder Füchse

Schwarzwälder Fuchs

Die Schwarzwälder Füchse, manchmal auch „St. Märgener“ genannt, wurden ursprünglich nur innerhalb eines relativ kleinen Gebiets in Süddeutschland gezüchtet.
Nach einem Tiefstand der Zucht gibt es mittlerweile wieder sechs Hengstlinien. Um Inzucht zu vermeiden, haben sich die Schwarzwälder Züchter fremde Hengste zugelegt. Die ersten beiden waren die Noriker Füchse Reith-Nero (1961) und Wirts-Diamant (1970). Ihnen folgten der Freiberger Dayan und der Schleswiger Varus, die 1975 beziehungsweise 1980 eingesetzt wurden. Allerdings führte man den beiden letzteren nur sorgfältigst ausgewählte, sehr vererbungsfeste Schwarzwälder Stuten zu.
Von Dayan aus einer Stute von Remig fiel der Sohn Freyer, der mit einer Schwarzwälderin aus der alten Linie des Duden den Felix zeugte. Der durfte eine Merkur-Tochter decken, das Ergebnis war der Hengst Feldsee, der nun wieder der Schwarzwälder Zucht zur Verfügung steht. Mit nur 12,5% Freiberger-Blut ist nicht zu befürchten, dass er einen „Verfremdungseffekt“ bewirken wird. Ebenso ist es mit Vogstberg, einem Urenkel des Schleswiger Hengstes Varus. Mit rund 600 Stuten und 22 Hengsten gilt der Bestand der Schwarzwälder Füchse als gesichert. Es wird, wenn nicht deutlich mehr Pferde dazu kommen, wohl immer wieder nötig werden, ein wenig Fremdblut einzukreuzen.

DER SCHWARZWÄLDER WEG

König Wilhelm II. von Württemberg (1848–1921) soll einmal behauptet haben, das erste Wort, das seine Untertanen beherrschen würden, sei „Nein!“. Immerhin haben die Schwarzwälder Bauern mit ihrer Abneigung gegen das, was ihnen von oben verordnet wurde, ihre eigene Pferderasse gerettet.
Die kargen Weiden, die langen, harten Winter, das knappe Angebot an Kraftfutter und Heu in dieser Region führten zu einem kompakten, sehr genügsamen Pferd, das sich durch seine Trittsicherheit und sein Geschick im Holzrücken auszeichnete. Doch die Obrigkeit war der Überzeugung, dass die Pferde der Schwarzwälder Bauern zu klein waren. Um den „Missstand“ zu beheben, körte man kurzerhand die Schwarzwälder Hengste ab und verordnete den Züchtern größere Hengste – Belgier, Noriker und Süddeutsche Kaltblüter. Aber die Schwarzwälder Bauern züchteten im Vertrauen darauf, dass sie in ihren abgelegenen Tälern nur schwer zu kontrollieren waren, weiter mit ihren eigenen Hengsten und erhielten so die Rasse, bis auch von offizieller Seite eingesehen wurde, dass die „Vergrößerung“ des Schwarzwälders zu einer Verwässerung seiner guten Eigenschaften geführt hätte.

EIN REITPFERD?

Im Schwarzwald hat man schon immer Wert darauf gelegt, dass die Pferde in allen drei Grundgangarten vorwärtskommen, dazu erforderten die steilen Wege und Wälder, dass die Pferde gut balanciert und trittsicher sind. Damit ist der Schwarzwälder das Kaltblut, das man als Reitpferd empfehlen kann, wobei allerdings eine gewisse Erfahrung im Sattel nicht schadet. Die Blondschöpfe haben nämlich Temperament – und wenn 700 Kilogramm Fuchs losgehen, muss man gut sitzen und die Nerven haben, damit umzugehen.

Schleswiger sind meist Füchse.

Rheinisches Kaltblut

Das Rheinische Kaltblut ist der „Brummer“ unter den deutschen Kaltblütern und die jüngste Rasse. Sie ist erst um 1890 herum entstanden. Bis dahin war das Rheinische Kaltblut wie die meisten deutschen Arbeitspferde auch ein mittelschwerer Typ gewesen.
Doch auf den schweren, fruchtbaren Böden im Rheinland brauchte man mit dem Aufkommen tiefer gehender, breiterer Pflüge kräftigere Pferde, und so begann man, ungefähr ab 1875 schwere Ardenner und Brabanter Kaltblüter einzukreuzen. Die kalibrigen Tausend-Kilo-Pferde schaffen es nicht nur, die großen Pflüge zu ziehen, sondern auch den hochbeladenen Erntewagen.
1892 wurde das Rheinische Pferdestammbuch gegründet, wobei man bis 1914 vorwiegend auf importierte belgische Hengste setzte.
Der Boom in der deutschen Kaltblutzucht zwischen 1918 und 1940 führte dazu, dass die Rheinländer fast die Hälfte des deutschen Pferdebestandes ausmachten. Doch dann gingen die Bedeckungszahlen zurück, es wurden immer weniger Fohlen geboren und immer weniger Zuchtstuten eingetragen. 1956 wurde dann auch noch das rheinische Hengstdepot Wickrath aufgelöst. Die noch verbliebenen Hengste wurden ins westfälische Landgestüt Warendorf überstellt, wo man sich seither darum bemüht, immer zwei, drei Rheinländer Hengste vorzuhalten.

ZU VIEL PFERD?

Das Problem mit den Rheinländern kann man wohl wirklich mit „schlichtweg zu viel des Guten“ beschreiben. So viel Masse ist nicht nur relativ schwerfutterig, sondern auch in der Bewegung eher geruhsam. Ihr bevorzugtes Tempo ist der Schritt. Trab geht auch noch, aber bitte nicht zu viel. Galopp aber strengt die Dicken an und man sollte es ihnen wirklich nicht zumuten.
Damit sind sie als Reitpferde eher ungeeignet – wirklich bequem ist so ein schweres Pferd nämlich auch nicht. Es bleibt der Einsatz vor großen Kutschen. Und tatsächlich gibt es einige Brauereien, die traditionell einen Sechserzug Rheinländer halten. Aber ihr Bedarf reicht natürlich nicht aus, um die Rasse zu erhalten. Man kann nur noch auf Planwagen im Tourismuseinsatz und auf Liebhaber hoffen, doch im Moment müssen die Rheinländer leider als gefährdete Rasse gesehen werden.

Kaltblüter bringen um die 1.000 Kilogramm auf die Waage.

Schwarzwälder Fuchs

HERKUNFT Deutschland

EXTERIEUR Kompakte, kräftige Pferde mit kurzem, keilförmigem Kopf, kräftigem, nicht zu hoch angesetztem Hals, schräger Schulter, gut markiertem Widerrist und kurzem, kräftigem Rücken. Die breite, meist etwas gespaltene Kruppe mit dem tief angesetzten Schweif geht in kräftige „Hosen" (die Oberschenkelmuskulatur) über. Die Beine sind nicht zu lang, dafür sehr stabil und korrekt gestellt. Die Hufe sind fest. Auffallend ist das üppige Langhaar.

GRÖSSE Stockmaß zwischen 148 und 160 cm, das Gewicht liegt meist um die 700 kg

FARBEN Dunkelfüchse mit heller Mähne, weiße Abzeichen sind erlaubt.

INTERIEUR Genügsam, gutmütig, dabei aber durchaus mit einigem Temperament ausgestattet, außerdem intelligent und sehr fleißig

VERWENDUNG Die Spezialität der Schwarzwälder ist die Arbeit in der Waldwirtschaft als Rückepferde. Außerdem sind sie gute Fahrpferde und für Kaltblüter erstaunlich gute Reitpferde, da sie relativ leicht sind.

Rheinisches Kaltblut

HERKUNFT Deutschland

EXTERIEUR Kräftiges, aber harmonisches Pferd mit hübschem Gesicht und schönen Augen, kleinen Ohren, kräftigem, gut aufgesetztem Hals, schräger Schulter, relativ kurzem Rücken und runder, meist gespaltener Kruppe. Die Beine sind eher kurz, kompakt und haben harte Hufe. Auffallend ist das üppige Langhaar, das sich meist in einer Doppelmähne zeigt. Kötenbehang ist typisch für den Rheinländer, wenn auch nicht so lang und dicht wie bei den Shire Horses.

GRÖSSE Stockmaß zwischen 158 und 170 cm, das Gewicht liegt meist um die 1.000 kg

FARBEN Braune, Füchse und Schimmel

INTERIEUR Geduldig, gelassen, menschenbezogen und fleißig

VERWENDUNG Arbeitspferde für Land- und Forstwirtschaft, hohe Zugleistung. Rheinländer gelten als frühreif, aber nicht als besonders langlebig.

Belgisches Kaltblut

Der Belgische Kaltblüter, oft auch Brabanter oder flämisches Kaltblut genannt, ist der Prototyp des schweren Kaltblüters.
Im ehemaligen Brabant, zu Römerzeiten zur Provinz Gallia Belgica gehörend, wuchsen auf den fruchtbaren Böden schon damals schwere Pferde heran, die weit über ihr Herkunftsgebiet hinaus geschätzt wurden. Im Mittelalter trugen sie die Ritter in den Kampf, zu Napoleons Zeiten zogen sie Kanonen und dazwischen haben sie treu auf den Feldern gedient, Lastkähne und schwere Wagen gezogen und waren als Arbeitskameraden ihrer Menschen Teil der Kultur.
Sie waren aber auch immer Exportartikel. Fast alle anderen schweren Kaltblutrassen – die Rheinländer ebenso wie die Ardenner und Percherons – wurden vom Belgier beeinflusst. Belgier sind nicht nur stark und fleißig, sondern auch beweglich und hübsch anzuschauen.
Die Belgischen Kaltblüter waren einmal eine der größten Kaltblutrassen. Noch 1938 wurden rund 38.000 Fohlen ins Stammbuch eingetragen. 1960 waren es immerhin noch 12.000, doch dann kam der Einbruch und eine Weile sah es ausgesprochen schlecht für die alte Rasse aus. Doch inzwischen haben sich die Bestands- und Bedeckungszahlen wieder stabilisiert Es gibt rund 2.000 Zuchtstuten und damit genug Pferde, um ohne Inzuchtdepression weiterzuzüchten. Dahinter steht, dass die Belgier ebenfalls als Schlachtpferde gezüchtet werden. Aber inzwischen hat auch die alternative Land- und Forstwirtschaft den Belgier wiederentdeckt. Die Pferde leisten so viel wie ein kleiner Traktor, verdichten dabei aber nicht die Böden, produzieren keine Abgase und erlauben schonenden, ökologischen Ressourceneinsatz.

Belgier sind echte Kameraden, arbeitswillig und menschenbezogen.

Percheron

Es war auf einem Wanderritt in der Auvergne. Wir galoppierten über eine weitläufige Wiese auf einer Hochfläche, irgendwo im Hintergrund war einer der einsamen Bergbauernhöfe zu sehen. Plötzlich schien der Boden hinter uns zu beben. Als wir uns umdrehten, sahen wir, dass eine Herde kräftiger Schimmel aus einem der Täler auf uns zukam. Es waren vielleicht sieben oder acht Stuten, ihre Fohlen liefen an ihrer Seite mit – sie holten auf, setzten sich neben uns und schienen Spaß an dem kleinen Wettrennen mit den zierlicheren Vettern zu haben. Unser Führer erklärte uns, dass wir eine Herde Percherons getroffen hatten, die in der Auvergne als Schlachtpferde gezüchtet werden.

KALTBLUT MIT GANGVERMÖGEN

Die Stuten hatten sehr agil gewirkt und trotz ihres Gewichts hatten sie sich wendig und mit einigem Tempo bewegt. Tatsächlich sind die Percherons dafür bekannt, die Wendigsten unter den Kaltblütern zu sein. Obwohl sie auch über Jahrhunderte für den Einsatz als Zugpferde gezüchtet wurden, hat man bei ihnen immer Wert darauf gelegt, dass sie sich bewegen können – und zwar nicht nur im Schritt, sondern auch im Trab und im Galopp. Sie haben für Kaltblüter eine auffallend gute, schräge und auch bemuskelte Schulter. Aus der Schulterfreiheit ergibt sich, dass sie die Beine heben und das zeigen, was man gemeinhin „Knieaktion“ nennt (fälschlicherweise, denn das Knie ist beim Pferd bekanntlich hinten. Was da „in Action“ ist, sind Ellbogen- und Vorderfußwurzelgelenk.)

Ihre Befähigung als Reitpferde und ihre Dressurveranlagung rettet die Percherons davor, vollends in der Schlachtpferdezucht unterzugehen. Und mehr noch: Die Percherons sind im französischen Nationalgestüt Haras du Pin im normannischen Département Orne zu Hause. Dort sorgt man nicht nur dafür, dass den Züchtern im Land gute, leistungsgeprüfte Percheron-Hengste zur Verfügung stehen, sondern bemüht sich gerade, durch gesteuerte Kreuzungsversuche zwischen Percheron-Stuten und ausgesuchten PRE-Hengsten eine neue Rasse – die der „Spanish Normans“ – zu begründen.

Kraftpakete: Vier Percherons vor der Kutsche können eine Fußballmannschaft samt Gepäck ziehen.

Typische Shires sind Braune mit viel weiß, schwarzem Langhaar und sanftem Wesen.

Shire Horse

Um das Weiterbestehen der Shire Horses muss man sich bestimmt keine Sorgen machen. Ursprünglich aus England stammend, werden Shires inzwischen in den USA, Deutschland, den Niederlanden, Kanada, Südafrika, Australien und sogar Japan gezüchtet. Shire Horses sind in Mode – und das nicht nur als Zugpferde, sondern auch als Reitpferde, wobei das nicht immer unproblematisch ist.

KRAFT UND ELEGANZ

Die Rasse entstand im 18. Jahrhundert in England und wurde zum Beispiel im Norden in den Kohleminen eingesetzt, wo nicht nur tonnenweise Kohle von den Minen zur Verschiffung in den Hafen transportiert werden musste, sondern auch jede Menge Abraum. Dabei entwickelten sich die „gentle giants", wie die Engländer sie gerne nennen, zu den stärksten Pferden der Welt. Als 1924 ein Gespann Shires an einem Zugmessgerät getestet werden sollte, zeigte sich, dass die beiden Herren im Zug stärker waren als das Gerät. Die Skala reichte nicht aus und so blieb es bei einer Schätzung: Man vermutet, dass die beiden Shires um die 50 Tonnen ziehen konnten.

Ihre Zugleistung ist heute nicht mehr so gefragt, auch wenn es in England noch Brauereien gibt, die mit einem Zug Shires vor dem Bierwagen werben. Dort werden die Shires auch wegen ihrer Schönheit geschätzt: Man züchtet bevorzugt Braune und Rappen mit viel Weiß, die zu besonderen Gelegenheiten auf Hochglanz poliert werden.

Auch machen die Shires als Reitpferd Karriere, ihre Fans schwärmen von ihrer Sanftheit und Freundlichkeit. Es ist aber für die Riesen nicht immer ganz einfach, sich unter dem Reiter zu balancieren, vielen fällt das „Vorwärts-abwärts" schwer. Darum sollten gerade Shires sorgfältig ausgebildet werden.

Ardenner

HERKUNFT Belgien, Luxemburg, Frankreich

EXTERIEUR Der kräftige Körper mit langer, schräger Schulter und muskulöser Kruppe ruht auf vier kurzen, stämmigen Beinen. Der Kopf ist oft leicht geramst, der Hals eher kurz.

GRÖSSE Stockmaß zwischen 155 und 162 cm, Gewicht zwischen 700 und 1.000 kg

FARBEN Meist Schimmel, aber auch Braune und stichelhaarige Füchse

INTERIEUR Zuverlässig, robust und trotz ihrer Größe agil und lebhaft

VERWENDUNG Arbeitspferde für Land- und Forstwirtschaft, heute vorwiegend zur Fleischgewinnung gezüchtet

Belgisches Kaltblut

HERKUNFT Belgien

EXTERIEUR Ein gerader, nicht zu großer Kopf sitzt auf einem kurzen, schweren Hals mit Doppelmähne, der in eine breite Brust und kräftige, schräge Schultern übergeht. Der Widerrist ist meist nicht sehr ausgeprägt, der Rücken kurz, die Kruppe lang, gespalten und sehr gut bemuskelt. Die Beine sind kurz und stabil mit starkem Behang, die Hufe oft zu klein für das Gewicht.

GRÖSSE Stockmaß zwischen 155 und 177 cm, das Gewicht liegt zwischen 700 und 1.200 kg

FARBEN Rotschimmel, aber auch Braune, Falben und Schimmel

INTERIEUR Ruhig und sanftmütig, frühreif, aber langlebig

VERWENDUNG Arbeitspferde für Land- und Forstwirtschaft, hohe Zugleistung

Percheron

HERKUNFT Frankreich

EXTERIEUR Nicht zu schwerer Kaltblüter mit breiter, kräftiger Brust, langem, muskulösem Hals und kurzem Rücken, der in eine gespaltene Kruppe übergeht. Die Beine sind kräftig, aber länger als bei anderen Kaltblütern, ein leichter Kötenbehang gehört dazu. Percherons haben meist recht hübsche Köpfe mit feinen, beweglichen Ohren.

GRÖSSE Stockmaß zwischen 155 und 172 cm, Gewicht um die 900 kg

FARBEN Schimmel, selten Rappen

INTERIEUR Gutmütig, intelligent, agil und fleißig

VERWENDUNG Arbeitspferde für Land- und Forstwirtschaft, aber als Reitpferde geeignet

Shire Horse

HERKUNFT England

EXTERIEUR Große, nicht zu massige Kaltblüter, sehr oft mit leichter Ramsnase, langem, muskulösem Hals, manchmal etwas steiler Schulter, langem, kräftigem Rücken und langer, nur leicht gespaltener Kruppe. Sie haben lange, kräftige Beine mit festen, großen Hufen und reichlich Kötenbehang.

GRÖSSE Hengste mindestens 168 cm, Stuten mindestens 163 cm, Gewicht um die 1.200 kg

FARBEN Braune und Rappen mit viel Weiß. Füchse sind nicht erwünscht, Fuchshengste werden nicht zur Zucht zugelassen. Schimmel kommen vor.

INTERIEUR Sanft und liebenswürdig, geduldig und fleißig

VERWENDUNG Arbeitspferde für Land- und Forstwirtschaft, hohe Zugleistung. Shires sind auch oft unter dem Sattel in Shows zu sehen.

WILD LEBENDE PFERDE

AUCH IM FAST SCHON ÜBERVÖLKERTEN EUROPA LEBEN NACH WIE VOR PFERDE IN FREIHEIT WIE DEREINST VOR JAHRTAUSENDEN IHRE VORFAHREN.

FREI GEBOREN

BEIM THEMA „WILDE PFERDE" DENKEN DIE MEISTEN MENSCHEN AN MUSTANGS IN AMERIKA. DABEI GIBT ES IN EUROPA JEDE MENGE WILD LEBENDER PFERDE, ANGEFANGEN VON DEN CAMARGUE-PONYS IN FRANKREICH ÜBER DIE „NATIVE PONIES" IN ENGLAND UND IRLAND BIS HIN ZU DEN DÜLMENERN UND SENNER PFERDEN IN DEUTSCHLAND.

Pferde sind erstaunlich. Seit etwa 5.000 Jahren werden sie nun als Haustiere gehalten und von uns gezüchtet. Wir haben sie auf ihre Leistungsbereitschaft als Arbeitskameraden und „Transportmittel" selektiert, wir haben sie domestiziert und nicht wenige von uns sind überzeugt, dass ihr Pferd sie als „Freund" und Gesellschaft mag. Tatsächlich ist es aber wohl so, dass die Domestizierung des Pferdes nicht so weit ging wie die des Rindes oder des Hundes. Diesen beiden Spezies musste der Mensch erst die Aggressivität weg- und Sanftmut anzüchten. Bei Pferden war das nicht notwendig. Natürlich sind Pferde fähig, sich zu wehren, wenn es sein muss – und wer je erlebt hat, wie eine Stute, die ein Fohlen führt, zum Beispiel einen bedrohlichen Hund angreift, wird nicht daran zweifeln, dass Pferde mutig und stark sind. Gleichzeitig haben sie aber über Millionen von Jahren überlebt, weil sie zu subtiler, sozialer Interaktion innerhalb der eigenen Spezies fähig sind und auch die Körpersprache anderer Individuen verstehen.

Zebras auf der Steppe wissen zum Beispiel, was es zu bedeuten hat, wenn die nebenan weidenden Antilopen die Ohren stellen, und sie können sogar unterscheiden, ob diese sich zur Flucht bereit machen, weil ein Leopard angreifen will oder ob sie die satt Richtung Schatten marschierende Löwin nur beobachten.

EINFACH ZU ZÄHMEN

Pferde sind von Natur aus kommunikativ und kooperativ. Auf dieser Basis war es für die ersten Menschen, die Pferde zu Haustieren gemacht haben, wahrscheinlich nicht sehr schwer, sie zu zähmen. Dem gegenüber steht aber, wie wir heute wissen, dass sie offenkundig nicht einen solchen Grad an Domestikation erreicht haben wie andere Nutztiere. Die Schweine und Rinder, die heute in unseren Ställen stehen, würden wahrscheinlich im Winter keine Woche draußen überleben. Wo immer Pferde aus der Obhut des Menschen „entkommen" sind – ob in Amerika, Australien oder Afrika – und genug Land fanden, um sich zu ernähren und fortzupflanzen, sind sie innerhalb kürzester Zeit wieder verwildert und haben es sehr gut ohne den Menschen geschafft. Es ist offensichtlich, dass unsere braven Hauspferde, die ihre Menschen mit freundlichem Brummen begrüßen und ganz genau wissen, dass um halb zehn Kraftfutter serviert wird, immer noch alle Instinkte ihrer Vorfahren haben.
Allerdings sind die Pferde, die in Europa weitgehend frei leben, keine Ausreißer. Sie haben in allen Fällen Besitzer – nur haben die beschlossen, ihre Pferde eben nicht in den Stall zu sperren, sondern in einer Herde weitgehend frei leben zu lassen. Dabei wird fast überall insofern eingegriffen, dass Junghengste aus den Herden herausgefangen werden, um die Bestandsgröße zu kontrollieren; manchmal wird auch geimpft und entwurmt.

LANDSCHAFTSPFLEGER

In der Bielefelder Senne, einer Art Heidelandschaft mit Trockenwiesen auf ziemlich sandigem Untergrund, haben früher Pferde frei gelebt. Ihre Rasse – die Senner – gilt als eine der ältesten in Europa.
Im Mai 2000 wurde im Naturschutzgebiet Moosheide unter Leitung der dort angesiedelten Biologischen Station ein interessanter Versuch gestartet: Auf speziell ausgewiesenen und eingezäunten Flächen ließ man von Mai bis November jeweils drei bis fünf Junghengste frei leben.
Dabei wurde untersucht, wie sich die Beweidung durch die Pferde auf den Lebensraum auswirkt. Das Ergebnis war interessant: Man war bis dahin der Meinung gewesen, dass typische Trockenwiesenlandschaften nur durch die Beweidung mit Schafen erhalten werden können. Nun zeigte sich, dass Pferde ebenfalls als „Landschaftspfleger" eingesetzt werden können – und dass in ihrem Lebensraum sogar eine noch höhere Artenvielfalt entsteht als in Gebieten, in denen Schafe weiden. Die Pferde halten den Bewuchs so licht, dass sich Pflanzen ansiedeln können, die anderswo keine Chance haben. Dadurch wiederum wird es manchen Bodenbrütern ermöglicht, ihre Nester an den Rand der Weideflächen zu bauen.
Die Sandflächen, die von den Pferden frei gehalten werden, um sich darauf zu wälzen, wurden von Tierarten besiedelt, die an diese warmtrockenen Kleinstlebensräume angepasst sind – wie zum Beispiel die sehr selten gewordene Zauneidechse und die gefleckte Keulenschrecke. Die Biologische Station berichtet jedenfalls als Resultat des Versuches: „Bestimmte Pflegeziele sind durch Pferdebeweidung besser zu erreichen als durch Schafbeweidung. Dazu zählt vor allem eine Erhöhung der Strukturvielfalt durch die Schaffung schütterer Vegetationsstrukturen und offener Bodenstellen."

Landschaftspfleger: Freilebende Pferde schaffen neue Biotope.

Wildpferde mitten in Deutschland: Im Dülmener Bruch lebt eine Herde urtümlicher Ponys.

Dülmener Wildpferd

Am letzten Samstag im Mai geht es auf der Wildbahn der Herzöge von Croy traditionsgemäß rund. Wo sonst nur kleine Falben weiden, sind plötzlich Massen von Menschen unterwegs, wohin sich sonst kaum jemand verirrt, hängt nun der Duft von Bratwurst in der Luft. Am letzten Samstag im Mai wird nämlich die kleine Herde Dülmener Wildpferde zusammengetrieben. Die Fohlen werden eingefangen und bekommen das Brandzeichen der Herzöge von Croy, die jungen Hengste werden aussortiert. Danach ist wieder für ein Jahr Ruhe. Die Pferde erholen sich von der Aufregung und leben weiter, so wie wohl schon ihre Vorfahren vor 100.000 Jahren gelebt haben.

1316 wurden die wilden Pferde in dieser Gegend zum ersten Mal urkundlich erwähnt. Sie waren vermutlich Abkommen der Pferde, die schon zu Zeiten der Germanen in den großen Wäldern und Auen Mitteldeutschlands gelebt hatten. Man sieht ihnen die Abstammung von sehr ursprünglichen Tieren deutlich an: Sie sind – immer ein Zeichen für die genetische Nähe zum Wildpferd – Falben mit Aalstrich, Schulterkreuz und Zebrastreifen; sie haben das typische Mehlmaul, sie sind ausgesprochen robust und sie haben kein Problem damit, ohne Stall und Kraftfutter zu überleben. Nur in ganz kalten, harten Wintern bekommen sie etwas Zusatzfutter.

Ihr Lebensraum wurde aber stark eingeschränkt. Immer mehr der Niedermoore und Feuchtwiesen, auf denen die wilden Pferde lebten, wurden trockengelegt und landwirtschaftlich genutzt.

1847 wurde es so eng für die wilden Pferde, dass Herzog Alfred von Croy eingriff. Er ließ 20 der Ponys einfangen und in ein ungefähr 32 Hektar großes Gebiet im Merfelder Bruch bringen. Dort landete dann auch der Restbestand einer anderen Wildpferdeherde.

NATURSCHUTZGEBIET MERFELDER BRUCH

Seit Alfred von Croy die ersten Ponys im Merfelder Bruch untergebracht hat, sorgt die Familie von Croy für den Erhalt dieser besonderen Pferde. Der Merfelder Bruch ist inzwischen ein Naturschutzgebiet und erstreckt sich über 360 Hektar. Da dieses Gebiet nur einer bestimmten Zahl von Pferden Futter bietet, werden sie alljährlich im Mai zusammengetrieben und einige versteigert. Dabei beweisen die Dülmener Wildpferde ihre erstaunliche Anpassungsfähigkeit. Obwohl die meisten von ihnen beim Einfangen das erste Mal mit Menschen in Kontakt kommen, dauert es in der Regel nicht lange, bis sie begriffen haben, dass die Zweibeiner ihnen nichts Böses wollen, sondern stattdessen eine Quelle für Leckereien und Streicheleinheiten sind. Geht der Mensch geduldig und sanft mit dem Vierbeiner um, ist es kein weiter Weg mehr zum gegenseitigen Vertrauen.

Camargue-Pferd

Sie sind wahrscheinlich nicht nur die bekanntesten, sondern auch die meist fotografierten frei lebenden Pferde in Europa: Die Schimmel in der französischen Camargue. Camargue-Pferde im Sonnenuntergang, Camargue-Pferde und schwarze Stiere bei Vollmond, weiße Stute und braunes Fohlen beim Weiden im Wasser, Pferde und Reiher im Schilf – im Delta der Rhône finden Fotografen jede Menge toller Motive. Die Pferde dort stört es bestimmt nicht, als Poster über die ganze Welt verbreitet zu sein. Sie genießen ihr Dasein in Freiheit – und das vermutlich schon seit 3.000 Jahren. Die Camarguais sind Nachkommen der Urpferde, die in Frankreich zu Hause waren, wie Höhlenzeichnungen eindeutig zeigen. Dabei haben sie sich hervorragend an ihr Leben auf den Salzwiesen und im Flussdelta angepasst. Ihre Augen liegen tiefer und flacher im Kopf als bei anderen Pferden – wahrscheinlich als Schutz vor Insekten. Sie haben auffallend üppiges Langhaar entwickelt – wahrscheinlich aus genau demselben Grund. Und sie sind die einzigen Pferde, die ihre Nüstern schließen können, was es ihnen ermöglicht, Wasserpflanzen unter der Wasseroberfläche abzufressen.

LIEBLING DER EROBERER

Als Gaius Julius Cäsar in Gallien einzog, fielen auch ihm die wilden Ponys in der Camargue auf. Er erkannte, wie robust und leistungsfähig sie waren und war so begeistert, dass er in der Nähe von Arles gleich zwei Gestüte einrichtete, in denen die Camargue-Pferde für den Einsatz in seiner Kavallerie gezogen wurden.
Auch Napoleon mochte die kleinen Schimmel, allerdings konnte er ja selten etwas lassen, wie es war, sondern war immer um „Verbesserung“ bemüht. Im Fall der Camargue-Pferde bedeutete dies, dass man unter seiner Herrschaft versuchte, die kompakten Pferde zu vergrößern, zu veredeln und vielleicht auch ein bisschen schneller zu machen, indem man – ein bewährtes Rezept in ganz Europa – Araber- und Berberhengste einkreuzte.
Bei den Camargue-Pferden brachte das nicht viel. Ganz im Gegenteil: Den Kreuzungsprodukten ging die Härte und Leichtfuttrigkeit verloren.

OPTIMAL ANGEPASST

Zum Glück sind die Camarguais sehr von ihrer Umgebung beeinflusst und geprägt. Im Rhône-Delta überleben und vermehren sich nur die, die den Bedingungen dort optimal angepasst sind. Sie müssen auf nassen und kalten Böden durchhalten, sie sind im Sommer großer Hitze ausgesetzt, an ungefähr 200 Tagen im Jahr fegt der Mistral über die Gegend – das Rhône Delta verlangt von seinen Einwohnern Härte. Dementsprechend wurde der Fremdeinfluss durch die Araber und Berber bei den Camargue-Pferden ganz schnell wieder „ausgemendelt“.
Dafür haben die Camargue-Pferde etwas entwickelt, was bei europäischen Pferden nicht häufig vorkommt. Im Zusammenleben mit den schwarzen Kampfstieren, die ebenfalls in der Camargue gezüchtet werden, und im Einsatz als Hütepferde sind sie zu „Cow Sense“ gekommen und können beim Einfangen von Rindern mit den meisten Quarter Horses gut mithalten.

Optimal angepasst: Camargue-Pferde im Delta der Rhône

Dülmener Wildpferd

HERKUNFT Deutschland

EXTERIEUR Typischer Ponykopf mit breiter Stirn, großen Augen, kleinen Ohren, manchmal ein bisschen ramsköpfig. Der Hals ist lang und tief angesetzt, manche Dülmener haben einen leichten Unterhals. Die Schultern sind schräg und gut bemuskelt, der Widerrist nicht immer gut ausgeprägt, der Rücken ist relativ kurz und geht in eine runde Kruppe mit tief angesetztem Schweif über. Zum korrekten Fundament wünscht man sich kleine, feste Hufe. Das Langhaar ist sehr üppig, außerdem haben die Dülmener fast immer Kötenbehang.

GRÖSSE Stockmaß zwischen 125 und 145 cm

FARBEN Grau- und Braunfalben mit Aalstrich und Schulterkreuz. Weiße Abzeichen sind unerwünscht, Zebrastreifen kommen häufig vor.

INTERIEUR Gutmütig, freundlich, sehr robust und widerstandsfähig, manchmal ein bisschen stur

VERWENDUNG Freizeitponys

Camargue-Pferd

HERKUNFT Frankreich

EXTERIEUR Kompakte Kleinpferde, teilweise mit Ramsnase, tief angesetztem Hals, oft steiler Schulter und wenig ausgeprägtem Widerrist, kurzem Rücken und runder, muskulöser Kruppe. Sie stehen auf kräftigen Beinen, auffallend sind die meist recht großen, aber sehr harten Hufe und der üppige Behang.

GRÖSSE Stockmaß zwischen 135 und 150 cm

FARBEN Schimmel, die Fohlen werden als Rappen oder Braune geboren.

INTERIEUR Hart, widerstandsfähig und genügsam, sehr sozial und intelligent. Camargue-Pferde sind sehr spätreif – sie können erst mit sieben bis acht Jahren als ausgewachsen gelten. Dafür sind sie fruchtbar und langlebig.

VERWENDUNG Freizeitpferde, die sehr gut zum Wanderreiten geeignet sind. Außerdem eignen sie sich fürs Westernreiten und haben als Hütepferde einen ausgeprägten Cow Sense.

Connemara-Pony

Oliver Cromwell schickte Leute, die er nicht mochte, in die Connemara ins Exil. Er war überzeugt, dass es im ganzen englischen Herrschaftsbereich keine lebensunfreundlichere Ecke gäbe als die Region im Westen Irlands, in der Land und Wasser ineinander überzugehen scheinen, der Seewind ganzjährig über die Hochmoore streift und man jede Pflanze, die höher als wenige Zentimeter wachsen soll, mit einem Mäuerchen vor den Stürmen schützen muss. Doch Pferde sind bekanntlich, was ihre Umgebung angeht, nicht wählerisch. Sie können mit der extremen Trockenheit in den arabischen Wüsten umgehen, gedeihen auf den Hochsteppen in der Mongolei und kommen auch mit den feuchten Hochmooren in Connemara zurecht. Wenn der Sturm über die Hügel fegt, drehen sie die Kehrseiten in den Wind, nehmen die Köpfe tief und ertragen das schlechte Wetter mit stoischer Ruhe. Dabei haben sie ein robustes Nervenkostüm entwickelt – und obendrauf Trittsicherheit, Gelenkigkeit, Ausdauer und die soziale Kompetenz, die Leben in einer Sozietät unter harten Bedingungen verlangt.

Connemaras gibt es oft in sehr interessanten Farben.

Kleine Pferde, große Sprünge: Connemaras haben richtig viel Sprungvermögen.

SPRINGTALENTE

In der kargen Connemara wurden die Ponys aber auch veredelt. Sie konnten sich kein überflüssiges Fett leisten und sie mussten sich bei der Futtersuche über weite Strecken bewegen. Die Connemaras sind wahrscheinlich aus den Pferden der Kelten entstanden, dazu kamen noch Welsh Ponys und eine gute Portion Englisches Vollblut. Sie werden seit Jahrhunderten halbwild in den Mooren und auf den Hügeln gehalten und haben sich dabei zu ebenso robusten wie trittsicheren und wendigen Ponys entwickelt.

Was an ihnen immer wieder erstaunt: Fast alle Connemara-Ponys können richtig gut springen. Da war zum Beispiel Stroller, gerade 155 Zentimeter groß. Er gewann – in Konkurrenz mit Großpferden! – das Hamburger Derby. Und in der internationalen Vielseitigkeit war ein kleiner Falbe sehr erfolgreich unterwegs, der als Sohn einer Connemara-Mutter und eines Vollblut-Vaters so manchem Großpferd zeigte, wie man mit katzenhafter Geschicklichkeit auch große Sprünge überwinden kann.

New Forest-Pony

Bei „Forest“ denkt unsereins an Wald – und wenn man dann hört, dass der New Forest Nationalpark im Süden Englands rund 570 km^2 umfasst, denkt man natürlich an sehr große Wälder. Doch die sucht man im New Forest vergeblich. Wald ist in England knapp – das, was einmal da war, wurde schon im Mittelalter für den Schiffsbau abgeholzt. Danach wurde immer wieder aufgeforstet, aber mindestens die Hälfte des New Forest Nationalparks sind Heidegebiete.

Die Ponys wurden schon im 11. Jahrhundert urkundlich erwähnt. Es gab einige Einkreuzungsversuche, wirkliche Spuren hinterlassen haben aber nur Exmoor-Ponys. Die New Forests sind heute eine weitgehend einheitliche Rasse. Sie wird wie in alten Zeiten gezüchtet: Die Stuten laufen frei, die Hengste werden gezielt eingesetzt. Einmal im Jahr treibt man die Herde zusammen, markiert die neugeborenen Fohlen, impft durch, fängt die überzähligen Hengste heraus und lässt die anderen wieder laufen.

Die größte Stärke der New Forests ist ihr Charakter. Die Ponys aus der Heide sind liebenswürdig und charmant. Sie haben gute Nerven, sind geduldig und lernen schnell. Das macht sie zu idealen Kinderponys, in England sind sie häufig in den Pony Clubs vertreten.

Das New Forest Pony hat einen guten Charakter.

Fell-Ponys schufteten früher als Grubenponys in den Bergwerken.

Fell-Pony

Wer Friesen mag, gerne im Gelände reitet und nicht zu viel wiegt, sollte sich ein Fell-Pony anschauen. Die kompakten Rappen aus Nordengland haben üppiges Langhaar und Kötenbehang. Allerdings sind ihre Gänge flacher als beim Friesen und damit effizienter. Als Pferde, die halbwild in den Hügeln – Fells genannt – Cumbrias leben, sind Fell-Ponys trittsicher und robust.

Entstanden ist die Rasse vermutlich aus den einheimischen nordischen Ponys. Im Grenzgebiet zwischen England und Schottland wurde über Jahrhunderte immer wieder gekämpft und geschmuggelt, und so nutzten sowohl die Schmuggler als auch die Grenzhüter die Ponys als Reitpferde. Im 19. und 20. Jahrhundert sorgten Fell-Ponys für den Transport von Erz und Kohle zu den Häfen. In manchen Gegenden wurden dazu Karawanen mit 20 Ponys zusammengestellt, die jeweils bis zu 100 Kilogramm schwere Körbe über die 200 Kilometer lange Strecke zum nächsten Hafen trugen.

In den 80er Jahren des vorigen Jahrhunderts galten die Fells als gefährdete Rasse, inzwischen hat sich der Bestand erholt und es ist zu hoffen, dass die Fell-Ponys als nervenstarke Reitponys erhalten bleiben.

Shetland-Pony

Ganz oben im Norden vor der britischen Insel, von ständigen Stürmen umtost, liegt eine kleine Gruppe von Inseln: die Shetlands. Dort siedelten die Pikten. Sie kamen ungefähr 500 v. Chr. und brachten ihre robusten kleinen Ponys mit, die sich auf den salzigen Wiesen und in den Dünen der ständig nebligen, nassen Inseln ihr Futter selbst suchen mussten. In dem extrem rauen Klima überlebten nur die Robustesten und selbst die konnten dort nicht in die Höhe schießen. Dafür haben sich die Shetland-Ponys zu den stärksten Pferden überhaupt entwickelt. Das haben sie vor allem im späten 19. und in den Anfängen des 20. Jahrhunderts als Grubenponys im Norden Englands bewiesen. 90 Zentimeter große Ponys trugen 60 Kilogramm schwere Körbe voll Kohle aus den Bergen zu den Häfen, oft genug schleppten sie auf dem Rückweg Lebensmittel und ihre Führer.

Aber auch vor dem Wagen leisten die Kleinen Erstaunliches: Ein Shetty wiegt ungefähr 200 Kilogramm. Auf der Kurzstrecke zieht es bis zum Dreifachen seines Körpergewichts, auf langen Strecken sind 300 Kilogramm kein Problem. Das macht Shettys auch heute noch als Fahrpferde interessant. Zwei Shettys können locker eine 120 bis 150 Kilogramm schwere Kutsche mit vier Erwachsenen ziehen – erst recht, wenn der Wagen mit gummibereiften Rädern leicht läuft.

Shettys sind bei richtiger Haltung gutmütig und gelehrig – und trotz ihrer geringen Größe „richtige Pferde" mit den entsprechenden Bedürfnissen. Sie werden heute weltweit gezüchtet, aber am urtümlichsten immer noch in ihrer Heimat, auf den sturmumtosten Shetland-Inseln. Dort leben sie weitgehend frei und ernähren sich von dem kargen Gras. Sind die Wiesen abgeweidet, lässt man die Leitstute am Halfter neben dem Boot zur nächsten Insel schwimmen, der Rest der Herde folgt.

Geliebte Shetties: die starken Kleinen aus dem stürmischen Norden

Connemara-Pony

HERKUNFT Irland

EXTERIEUR Kräftige Ponys mit hübschem, trockenem Kopf, guter, schräger Schulter, gut ausgeformtem Widerrist und einem Rücken mit guter Sattellage sowie gut bemuskelter Kruppe. Sie stehen auf nicht zu langen Beinen mit gut ausgeprägten Gelenken und auffallend kräftigem Röhrbein (zwischen 18 und 21 cm Umfang).

GRÖSSE Stockmaß zwischen 138 und 153 cm

FARBEN Viele Schimmel und Falben, es gibt aber auch Braune und Rappen. Füchse kommen vor, gelten aber als untypisch.

INTERIEUR Clever, lernfähig, temperamentvoll, dabei aber mit guten Nerven

VERWENDUNG Hervorragende Freizeit- und Sportponys für Kinder und leichte Erwachsene. Sie können oft sehr gut springen und haben meist auch schöne, elastische Gänge.

New Forest-Pony

HERKUNFT England

EXTERIEUR Edle, aber kompakte Reitponys mit hübschem, trockenem Kopf, guter Schulter und Sattellage, kurzem Rücken, manchmal etwas zu kurzer Kruppe, nicht zu langen Beinen und kleinen, festen Hufen. Aufgrund des kurzen, starken Rückens können New Forest-Ponys auch einen Erwachsenen tragen.

GRÖSSE Stockmaß zwischen 135 und 148 cm

FARBEN Alle Farben, Schecken sind unerwünscht

INTERIEUR Liebenswert, charmant, rittig und lernbereit, dabei sehr nervenstark

VERWENDUNG Aufgrund ihrer Gelassenheit und Geduld hervorragende Kinderponys, dazu haben sie ordentliche Gänge und können einigermaßen springen.

Fell-Pony

HERKUNFT England

EXTERIEUR Kräftige Ponys mit hübschem, trockenem Kopf, teilweise hoch aufgesetztem Hals, kurzem Rücken und runder Kruppe. Bemerkenswert ist das stabile Fundament – Fell-Ponys haben bis zu 20 cm Röhrbeinumfang. Auffallend ist das meist sehr üppige Langhaar und der Kötenbehang. Damit sehen Fell-Ponys aus wie Miniatur-Friesen.

GRÖSSE Stockmaß zwischen 135 und 142 cm

FARBEN Vor allem Rappen, aber auch Braune und Schimmel

INTERIEUR Robuste, starke, freundliche Pferde mit viel Geduld und Lernvermögen. Fell-Ponys sind sehr trittsicher.

VERWENDUNG Freizeitponys für Kinder und leichte Erwachsene

Shetland-Pony

HERKUNFT Schottland

EXTERIEUR Kompakte Ponys mit großem, aber hübschem Kopf, großen Augen und kleinen Ohren, die oft im dichten Langhaar fast verschwinden. Der lange, tief angesetzte Hals geht in einen rumpfigen Körper über, die Sattellage und der Widerrist sind nicht immer gut ausgeprägt, der Rücken ist eher kurz, die runde Kruppe ist gut bemuskelt. Die Beine sind relativ kurz, die Hufe klein und fest. Auffallend sind das üppige Langhaar und der Kötenbehang.

GRÖSSE Stockmaß zwischen 95 und 107 cm

FARBEN Alle, Tigerschecken werden allerdings nicht für die Weiterzucht zugelassen.

INTERIEUR Intelligent, lernfähig, manchmal ein wenig stur. Shettys sind sehr spätreif, aber dafür extrem langlebig.

VERWENDUNG Freizeitponys für Kinder und Fahrpferde. Shettys können bis zum Doppelten ihres Gewichts ziehen.

SERVICE

WEITERFÜHRENDE LITERATUR RUND UM DAS PFERD, NÜTZLICHE ADRESSEN UND EIN STICHWORTREGISTER FINDEN SIE IN UNSEREM SERVICETEIL.

ZUM WEITERLESEN

Baboev, Artur / Klimuk, Aleksandr: **Goldene Pferde**, Die legendären Achal-Tekkiner; KOSMOS 2014
Die über 2.000 Jahre alte Rasse der russischen Achal-Tekkiner ist wahrhaft legendär. Das golden glänzende Fell, die unübertroffene Schnelligkeit, unglaubliche Ausdauer und die bedingungslose Treue zu ihren Reitern kennzeichnet diese Pferde, die zu den edelsten der Welt gehören. Dieser Bildband fängt die Schönheit und das Wesen der goldenen Pferde in außergewöhnlichen Fotos ein und beschreibt die Geschichte, Zucht und die ganz besonderen Eigenschaften dieser Rasse.

Behling, Silke / Binder, Sibylle L. / Schriever, Anja: **Pferde verstehen, erziehen und reiten**; KOSMOS 2014
Dieser Ratgeber mit vielen Fotos macht Pferdefreunde Schritt für Schritt mit Pferdeverhalten, Pferdeerziehung und dem Einstieg ins Reiten vertraut.

Gohl, Christiane: **Was der Stallmeister noch wusste;** KOSMOS 2015
Ausflüge in eine Zeit, in der das Reiten kein Hobby, sondern ein wichtiger Teil des Lebens war, bringen Kurioses, Amüsantes und vor allem erstaunlich Nützliches ans Licht.

Schöning, Dr. Barbara: **Pferdeverhalten,** Körpersprache und Kommunikation, Lernstrategien und Pferdeerziehung; KOSMOS 2014
Auch wenn unsere Pferde längst nicht mehr in freier Wildbahn ums Überleben kämpfen, sind ihre Ängste, Instinkte und Handlungsprinzipien gleich geblieben. Dieses Buch trägt dazu bei, Pferdeverhalten zu erkennen und zu verstehen. Wer weiß, wie Pferde die Hierarchie in der Herde klären, warum sie bei Gefahr mit Flucht reagieren oder weshalb sie nicht gerne allein sind, kann sie verständnisvoll und pferdegerecht zu zuverlässigen Partnern erziehen.

Stern, Horst: **So verdient man sich die Sporen**; KOSMOS 2015
Die populärste Reitlehre der Welt im wunderbaren und unnachahmlichen Stil von Horst Stern – seit über 30 Jahren unerreicht! Horst Stern lernte selbst reiten, um dieses Buch schreiben zu können – und weiß daher genau, was Reiteinsteiger wissen wollen.

Wild, Jenny: **Von Pferden lernen, sich selbst zu verstehen**, KOSMOS 2014
Pferde geben uns in allen Situationen ein direktes, unmittelbares und unverfälschtes Feedback. Das gibt uns die Möglichkeit, sehr viel über uns zu lernen. Dieses Buch erklärt die Prinzipien des Natural Horsemanship und ist angereichert mit praktischen Beispielen aus dem Alltag mit Pferden. Es verhilft zu einem Gefühl der Harmonie, Sicherheit und Freiheit im Umgang mit Pferden.
Auch als E-Book erhältlich.

NÜTZLICHE ADRESSEN

Die aktuellen Adressen der Zuchtverbände finden Sie auf der Homepage der nationalen Vereinigungen.

Deutsche Reiterliche Vereinigung (FN)
Freiherr-von-Langen-Str. 13
D-48231 Warendorf
www.pferd-aktuell.de

Österreichischer Pferdesportverband (OEPS)
Geiselbergstraße 26-32/Top 512
A-1110 Wien
www.oeps.at

Schweizerischer Verband für Pferdesport (SVPS)
Papiermühlestr. 40 H
Postfach 726
CH-3000 Bern 22
www.fnch.ch

REGISTER

BILDNACHWEIS

Mit 265 Farbfotos von Christiane Slawik, www.slawik.com.
Weitere Aufnahmen von Artur Baboev (2, Seite 24, 25); Gestüt Birkhof (1, Seite 22 oben links); Rainer Jakob/ Jakobphotos (5, Seite 43 oben rechts, 45, 54, 74, 99); Gabriele Kärcher/Sorrel (3, Seite 58 oben rechts, 73 oben, 165); Maresa Mader (9, Seite 30, 38, 39 oben links, 43 unten links, 64, 115 oben rechts, 118 oben rechts, 129 unten, 218 unten links); Horst Streitferdt (8, Seite 32, 34, 39 unten rechts, 52 unten links, 52 unten rechts, 57 oben rechts, 60, 204 oben links); Sabine Stuewer (10, Seite 71, 198, 199, 201, 202 unten, 203 oben links, 206 oben, 206 unten, 210 oben links, 244 unten) und Jacques Toffi (10, Seite 22 oben rechts, 22 unten, 41, 55, 58 oben links, 58 unten, 65, 78, 81, 98 unten links).

IMPRESSUM

Umschlaggestaltung von GRAMISCI Editorialdesign unter Verwendung zweier Farbfotos von Christiane Slawik/ww.slawik.com.
Das Foto auf der Umschlagvorderseite zeigt ein Arabisches Vollblut in Kairo.

Mit 312 Farbfotos

Alle Angaben und Methoden in diesem Buch sind sorgfältig recherchiert, erwogen und geprüft. Sie entbinden den Pferdefreund nicht von der Eigenverantwortung für sein Tier und sich selbst. Die Anwendung der beschriebenen Methoden liegt in eigener Verantwortung. Der Verlag und die Autorin übernehmen keine Haftung für Personen-, Sach- oder Vermögensschäden, die aus der Anwendung der vorgestellten Materialien und Methoden entstehen.

Gedruckt auf chlorfrei gebleichtem Papier

ISBN 978-3-440-13537-2
Redaktion: Birgit Bohnet
Gestaltungskonzept: GRAMISCI Editorialdesign
Gestaltung und Satz: Atelier Krohmer, Dettingen/Erms
Produktion: Nina Renz
Printed in Germany / Imprimé en Allemagne

FSC
www.fsc.org
MIX
Papier aus verantwortungsvollen Quellen
FSC® C004592